材料类
基础化学实验

刘志雄　主编
伍建华　向延鸿　副主编

化学工业出版社
·北京·

内 容 简 介

本书分为化学实验基本知识和材料基础化学实验两大部分。化学实验基本知识部分包括实验室的基础知识、实验室的仪器设备管理、实验室安全、实验报告的撰写、化学实验的一些基本操作。材料基础化学实验共50个实验，分为验证实验、综合实验和创新实验三类，递进式编排，分类清楚，目的明确，详细讲解化学反应原理，注重实验细节的操作，便于学生掌握要领。书中附有一些常用实验数据、常用指示剂的种类和常用试剂的配制等。

本书可供高等院校化学化工、材料相关专业师生参考。使用学校可根据教学实际选择不同实验来进行教学。

图书在版编目（CIP）数据

材料类基础化学实验/刘志雄主编．—北京：化学工业出版社，2020.12（2022.1重印）

ISBN 978-7-122-37988-7

Ⅰ.①材… Ⅱ.①刘… Ⅲ.①材料科学-应用化学-化学实验-教材 Ⅳ.①TB3-33

中国版本图书馆CIP数据核字（2020）第228683号

责任编辑：彭爱铭　　装帧设计：李子姮

责任校对：李雨晴

出版发行：化学工业出版社（北京市东城区青年湖南街13号　邮政编码100011）

印　　装：涿州市般润文化传播有限公司

710mm×1000mm　1/16　印张12　字数250千字　2022年1月北京第1版第2次印刷

购书咨询：010-64518888　　售后服务：010-64518899

网　　址：http://www.cip.com.cn

凡购买本书，如有缺损质量问题，本社销售中心负责调换。

定　　价：59.00元

前言

化学是一门实验性很强的学科，化学实验是化学理论、规律产生的基础。尤其是材料基础化学实验作为材料科学与工程专业学生的第一门专业实验课程，它直接关系到学生能否掌握材料基础化学基础知识和基本技能，能否有效地掌握科学思维方法、培养科研能力、养成科学的精神和品质。该实验课程在材料科学与工程专业中占有举足轻重的地位。

本书是为材料类专业学生编写的一本基础化学实验教材，目的是使学生在掌握并加深基础化学的知识、了解现代化学的研究方法和实验技术、提高综合应用化学各学科的知识和实验能力等方面打下坚实的基础。本教程在编写过程中，根据专业特点和实验室现有的实验条件，把一些实验性质和实验内容相近的项目进行归类、整理，形成了基础实验、设计性实验、综合性实验为主线的实验体系。所谓设计性实验是通过查阅文献、设计实验方案、分析实验结果等，对学生的科研能力进行初步系统的训练。而综合性实验则涉及某类实用材料的合成、测试分析以及性能评价的一系列实验内容。本教程内容涉及无机化学、有机化学、物理化学和分析化学四大化学的基础知识，实验方法包括物质的合成、分离、组成分析和性能测试。在选择实验时，编者既注重选择具有一定普适性的化学实验，又注重多种学科之间的交叉融合。

本书由刘志雄主编，伍建华、向延鸿担任副主编，刘清华参与了部分资料整理工作。全稿由刘志雄统稿。虽然编者在内容的取舍和编写中尽了最大的努力，但书中的不当之处在所难免，恳请读者批评指正。

在此感谢学校及学院和同事对本书出版的大力支持，鸣谢湖南省学位与研究生教育改革研究项目（2019JGZD075）和吉首大学独立设置实验（实训）课程建设项目（JDDL2016003）经费的资助。

编者

2020 年 7 月

目录

第一章 化学实验基本知识

第一节 化学实验概述

一、化学实验的重要意义 1
二、化学实验教学的目的 1
三、掌握学习方法 2

第二节 化学实验室规则

第三节 实验室的管理

一、属于危险品的化学药品 4
二、化学试剂级别 4
三、试剂的存放 4
四、实验室试剂存放要求 5
五、精密仪器的管理 5
六、其他实验物品的管理 6

第四节 化学实验基本操作

一、玻璃器皿的洗涤 6
二、玻璃仪器的干燥 7
三、固体试剂的取用 7
四、液体试剂的取用 7

第二章 材料基础化学实验

实验一 玻璃管加工和塞子的钻孔 9
实验二 仪器的领取、洗涤和干燥 17
实验三 溶剂的配制 20
实验四 硝酸钾的制备及提纯 24
实验五 中和法测定盐酸和氢氧化钠溶液的浓度 27
实验六 一种钴（Ⅲ）配合物的制备 29
实验七 五水硫酸铜的制备、提纯和检验 32
实验八 醋酸电离度和电离常数的测定 37
实验九 氧化还原反应与电极电势 39

实验十　由废铁屑制备硫酸亚铁铵　43
实验十一　氯化铅的溶度积和溶解热测定　45
实验十二　废干电池的回收　47
实验十三　磺基水杨酸合铁（Ⅲ）配合物的组成及其稳定常数的测定　48
实验十四　第一过渡系元素性质　52
实验十五　离子鉴定和未知物的鉴别　56
实验十六　碱式碳酸铜的制备与表征　57
实验十七　铜、银、锌、镉、汞的性质　60
实验十八　电解质溶液　65
实验十九　蛋壳中碳酸钙含量的测定　69
实验二十　工业纯碱中总碱度测定　71
实验二十一　食用白醋中醋酸含量的测定　74
实验二十二　分光光度法测定邻二氮菲合铁（Ⅱ）离子中的铁　76
实验二十三　高锰酸钾法测定双氧水的含量　78
实验二十四　含碘食盐中含碘量的测定　81
实验二十五　配合物的生成和性质　84
实验二十六　铁矿石全铁含量的测定（无汞定铁法）　87
实验二十七　氯化物中氯含量的测定（莫尔法）　89
实验二十八　铅锌矿中锌镉含量的测定　90
实验二十九　补钙制剂中钙含量的测定　92
实验三十　水样中化学耗氧量（COD）的测定　93
实验三十一　猕猴桃根中微量金属元素的测定　95
实验三十二　钼矿中钼的测定　96
实验三十三　蒸馏和沸点的测定　98
实验三十四　重结晶提纯法　101
实验三十五　蒸馏工业酒精　105
实验三十六　无水乙醇的制备　106
实验三十七　环己烯的制备　109
实验三十八　1-溴丁烷的制备　111
实验三十九　正丁醚的制备　113
实验四十　咖啡因的提取及其紫外光谱分析　115
实验四十一　安息香缩合反应　119
实验四十二　肉桂酸的制备与纯化　120

实验四十三　乙酰苯胺的制备与纯化　122
实验四十四　乙酸乙酯的制备　124
实验四十五　恒温水浴组装及性能测试　127
实验四十六　化学平衡常数及分配系数的测定　132
实验四十七　线性电位扫描法测定镍在硫酸溶液中的钝化行为　136
实验四十八　固体在溶液中的吸附　140
实验四十九　凝固点降低法测定相对分子质量　143
实验五十　乙酸乙酯皂化反应速率常数的测定　147

附录

附录 1　不同温度下水的饱和蒸气压　150
附录 2　一些无机化合物的溶解度　151
附录 3　气体在水中的溶解度　154
附录 4　常用酸、碱的浓度　154
附录 5　弱电解质的电离常数（离子强度等于零的稀溶液）　155
附录 6　溶度积　156
附录 7　常见沉淀物的 pH　158
附录 8　某些离子和化合物的颜色　159
附录 9　标准电极电势　163
附录 10　常见配离子的稳定常数　171
附录 11　某些试剂溶液的配制　172
附录 12　危险药品的分类、性质和管理　173
附录 13　相对原子质量表　174
附录 14　常用指示剂　175
附录 15　常用缓冲溶液的配制　177
附录 16　常用基准物质及其干燥条件与应用　178
附录 17　常用熔剂和坩埚　179
附录 18　常用酸碱溶液的质量分数、相对密度和溶解度　180

参考文献

第一章　化学实验基本知识

第一节　化学实验概述

一、化学实验的重要意义

化学是一门中心科学。一方面，化学学科本身发展迅猛，另一方面，化学在发展过程中为相关学科的发展提供了物质基础，可以说化学当今正处在一个多边学科的中心。

化学离不开实验。化学实验的重要性主要表现在三个方面。第一，化学实验是化学理论产生的基础，化学的规律和成果建筑在实验成果之上；第二，化学实验也是检验化学理论正确与否的唯一标准；第三，化学学科发展的最终目的是发展生产力。在二十一世纪，化学化工产品在国际市场上将成为仅次于电子产品的第二大类产品，而化学实验正是化学学科与生产力发展的基本点。

化学学科已发生巨大变化，其中实验化学发展迅速，成果惊人。今天化学家不仅研究地球重力场作用下发生的化学过程，而且已开始系统研究物质在磁场、电场和光能、力能以及声能作用下的化学反应；在高温、高压、高纯、高真空、无氧、无水、太空失重和强辐射等条件下的化学反应过程。因此，化学实验推动着化学学科乃至相关学科飞速发展，引导人类进入崭新的物质世界。

二、化学实验教学的目的

著名化学家、中科院院士戴安邦教授对实验教学作了精辟的论述：实验教学是实施全面化学教育的有效形式。

强调实验教学，这是因为实验教学在化学教学方面起着课堂讲授不能代替的特殊作用。通过化学实验教学，不仅要传授化学知识，更重要的是培养学生的能力和优良的素质，掌握基本的操作技能、实验技术，培养分析问题、解决问题的能力，养成严谨的实事求是的科学态度，树立勇于开拓的创新意识。

学生通过系统地学习基础化学实验，可以逐渐熟悉化学实验的基本知识，熟练掌握实验基本操作技能，获得大量物质变化的感性认识；进一步熟悉元素及其化合物的重要性质和反应，掌握化合物的一般分离和制备方法；加深对化学基本原理和基础知识的理解和掌握，从而养成独立思考、独立准备和进行实验的实践能力。

三、掌握学习方法

为了达到上述实验目的，不仅要有正确的学习态度，而且还要有正确的学习方法。基础化学实验的学习方法大致可分为下列三个步骤。

1. 预习

为了使实验能够获得良好的效果，实验前必须对本次实验内容进行全面预习。

① 阅读实验教材、教科书和参考资料中的有关内容。

② 明确本实验的目的。

③ 了解实验的内容、步骤、操作过程和实验时应注意的安全知识、操作技能和实验现象。

④ 在预习的基础上，写好预习报告。

若发现学生预习不充分，教师可让学生重新进行预习，要求学生在了解实验内容之后再进行实验。

2. 实验

根据实验教材上所规定的方法、步骤和试剂用量进行操作，并应该做到下列几点。

① 认真做好各项操作，细心观察现象，并及时、如实地做好详细的实验记录。

② 如果发现实验现象和理论不符合，应首先尊重实验事实，并认真分析和检查其原因，也可以做对照实验、空白实验或自行设计的实验来核对，必要时应多次重做验证，从中得到有益的科学结论和学习科学思维的方法。

③ 实验全过程中应勤于思考，仔细分析，力争自己解决问题。但遇到疑难问题而自己难以解决时，可提请教师指点。

④ 在实验过程中应保持肃静，严格遵守实验室工作规则。

3. 实验报告

实验完毕应对实验现象进行解释并作出结论，或根据实验数据进行处理和计算，独立完成实验报告，交指导教师审阅。若实验现象、解释、结论、数据、计算等不符合要求，或实验报告写得草率，应重做实验或重写报告。

(1) 化学实验报告的内容

① 实验名称、实验目的，实验时室温、气压、日期。

② 实验仪器装置图。

③ 实验数据。

④ 实验数据处理（结果计算、作曲线图）。

⑤ 讨论　实验中误差原因分析；实验中存在的问题？有何建议？实验中主要收获。

(2) 实验报告的要求

① 实事求是，所得实验数据必须是从实验中得来，必须严格尊重实验事实，对实验数据必须有高度的责任感。

② 实验报告中的讨论一项，必须作为重要的一项认真写好。

③ 实验报告要求书写工整，条理清楚，叙述简要、中肯。

④ 关于实验原理、测定步骤，一般不要求写在实验报告上，但须写在预习报告上。

第二节　化学实验室规则

为了保证化学实验课正常、有效、安全地进行，保证实验课的教学质量，学生必须遵守下列规则。

① 实验前一定要做好实验预习和实验准备工作，检查实验所需的仪器、药品是否齐全。如果要做规定以外的实验，应先提出申请，获得教师批准后才能实施。

② 实验时要集中精神，认真操作，仔细观察，积极思考，如实详细地做好实验记录，观察实验过程中的一些细微变化的现象，并对现象进行合理的解释。

③ 实验中必须保持肃静，不准大声喧哗，不得到处乱走。不得无故缺席，因故缺席未做的实验应该补做。

④ 爱护国家财物，小心使用仪器和实验设备，注意节约水、电、气。每人应取用自己的仪器，不得随意动用他人的仪器；公用仪器和临时供用的仪器用毕应洗净，并立即送回原处。如有损坏，必须及时登记补领并且按照规定赔偿。

⑤ 加强环境保护意识，采取积极措施，减少有毒气体和废液对大气、水和周围环境的污染。

⑥ 剧毒药品必须有严格的管理、使用制度；领用时要登记，用完后要回收或销毁，并把用过的桌子和地面擦净，洗净双手。

⑦ 实验台上的仪器、药品应整齐地放在一定的位置上，并保持台面的整洁。每人准备一个废品杯，实验中的废纸、火柴梗和碎玻璃等应随时放入废品杯中。待实验结束后，集中倒入垃圾箱。酸性溶液应倒入废液缸，切勿倒入水槽，以防腐蚀下水管道；碱性废液倒入水槽并用水冲洗。

⑧ 按规定的量取用药品，注意节约。称取药品后，及时盖好原瓶盖，放在指定地方的药品不得擅自拿走。

⑨ 使用精密仪器时，必须严格按照操作规程进行操作，细心谨慎，避免粗枝大叶而损坏仪器。如发现仪器有故障，应立即停止使用，报告教师，及时排除故障。

⑩ 在使用燃气时要严防泄漏，火源要与其他物品保持一定的距离，用后要关闭煤气阀门。

⑪ 实验后，应将所用仪器洗净并整齐地放回实验柜内。实验台和试剂架必须揩净，最后关好电闸、水龙头和燃气开关。实验柜内仪器应存放有序，清洁整齐。

⑫ 每次实验后由学生轮流值勤，负责打扫和整理实验室，并检查水龙头、燃气开关、门、窗是否关紧，电闸是否拉掉，以保持实验室的整洁和安全。教师检查合格后方可离去。

⑬ 如果发生意外事故，应保持镇静，不要惊慌失措；遇有烧伤、烫伤、割伤

时应立即报告教师，及时救治。

⑭ 实验完毕后，应将实验记录本交给指导老师检查。实验数据必须准确、整洁。每次实验必须记录实验题目、日期、室温、大气压，并且在指定时间内，按照规定格式要求，写好实验报告。

第三节 实验室的管理

化验室所需的化学药品及试剂品种很多，加强化学药品管理不仅是保证分析数据准确的需要，也是确保安全的需要。化验室只宜存放少量短期内需用的药品。化学药品存放时要分类，无机物可按酸、碱、盐分类，盐类中可按周期表金属元素的顺序排列，如钾盐、钠盐等；有机物可按官能团分类，如烃、醇、酚、醛、酮、酸等，另外也可按应用分类，如基准物、指示剂、色谱固定液等。

一、属于危险品的化学药品

① 易爆和不稳定物质 如浓过氧化氢、有机过氧化物等。

② 氧化性物质 如氧化性酸、过氧化氢等。

③ 可燃性物质 除易燃的气体、液体、固体外，还包括在潮气中会产生可燃物的物质，如碱金属的氢化物、碳化钙，以及接触空气自燃的物质，如白磷等。

④ 有毒物质 如氰化物、砷化物。

⑤ 腐蚀性物质 如酸、碱等。

⑥ 放射性物质。

二、化学试剂级别

化学试剂按所含杂质的多少分为三类：优级纯（GR）或一级品，用于精密分析和科学研究；分析纯（AR）或二级品，用于质量分析和一般科研工作；化学纯（CP）或三级品，用于一般分析工作。此外还有实验试剂（LR）等。另外，根据专用试剂的用途，还有色谱纯试剂、光谱纯试剂等。试剂等级及标识见表 1-1。

表 1-1 试剂等级及标识

品别	一级品	二级品	三级品	四级品
纯度分类	优级纯	分析纯	化学纯	实验试剂
英文代号	GR	AR	CP	LR
标签颜色	绿	红	蓝	其他颜色

三、试剂的存放

每个试剂瓶上都应贴上标签，并标明试剂的名称、纯度、浓度和配制日期，标签外应涂蜡或用透明胶带保护。

四、实验室试剂存放要求

① 固体试剂一般存放在易于取用的广口瓶中，液体试剂则存放在细口的试剂瓶中。试剂瓶的瓶盖一般是磨口的，在盛强碱性试剂（如氢氧化钠、氢氧化钾等）时，应换用橡皮塞，避免试剂与玻璃成分二氧化硅起反应而黏结，难以开启瓶盖；氢氟酸由于腐蚀玻璃，须用塑料或铅制容器保存；易氧化性物质如金属钠、钾等，应放置在煤油中。

② 易燃易爆试剂储存于铁柜（壁厚 1mm 以上）中，柜的顶部有通风口，严禁在实验室存放大于 20L 的瓶装易燃体，易燃易爆药品不要放在冰箱内（防爆冰箱除外）。

③ 相互混合或接触后可以产生激烈反应、燃烧、爆炸、放出有毒气体的两种或两种以上的化合物称为不相容化合物，不能混放。这种化合物多为强氧化性物质与还原性物质。

④ 腐蚀性试剂宜放在塑料或搪瓷的盘或桶中，以防因瓶子破裂造成事故。

⑤ 要注意化学药品的存放期限，一些试剂在存放过程中会逐渐变质，甚至形成危害物。醚类、四氢呋喃、二氧六环、烯烃、液体石蜡等在见光条件下若接触空气可形成过氧化物，放置愈久愈危险。乙醚、丁醚、四氢呋喃、二氧六环等若未加阻化剂（对苯二酚、苯三酚、硫酸亚铁等），存放期限不得超过一年。已开过瓶的乙醚，若加 1,2,3-苯三酚（每 100mL 加 0.1mg）存放期限可达两年。

⑥ 药品柜和试剂溶液均应避免阳光直晒及靠近暖气等热源。要求避光的试剂应装于棕色瓶中或用黑纸或黑布包好存于暗柜中。见光易分解的试剂（如硝酸银、高锰酸钾、碘化钾等）应装在棕色瓶中，但见光分解的双氧水只能装在不透明的塑料瓶中，并储存于避光阴凉处，因为棕色瓶玻璃材质中的重金属离子会加速双氧水的分解。

⑦ 发现试剂瓶上标签掉落或将要模糊时应立即贴好标签。无标签或标签无法辨认的试剂都要当成危险物品重新鉴别后小心处理，不可随便乱扔，以免引起严重后果。

⑧ 剧毒品应锁在专门的毒品柜中，建立领用需经申请、审批、双人登记签字制度。

五、精密仪器的管理

安放仪器的房间应符合该仪器的要求，以确保仪器的精度及使用寿命。做好仪器室的防震、防尘。建立专人管理责任制，仪器的名称、规格、数量、单价、出厂和购置的年月都要登记准确，大型精密仪器每台建立技术档案，包括以下内容。

① 仪器说明书、装箱单、零配件清单。

② 安装、调试、性能鉴定、验收记录，索赔记录。

③ 使用登记本、检修记录。

④ 大型仪器使用、维修应由专人负责，使用维修人员经考核合格方可独立操

作使用。如需拆卸、改装应有一定的审批手续。

六、其他实验物品的管理

除精密仪器外可以把其他实验物品分为三类：低值品、易耗品和材料，材料一般指消耗品如金属原材料、非金属原材料、试剂等；易耗品指玻璃仪器、元器件等；低值品则指价格不够固定资产标准又不属于材料范围的用品，如电表、工具等，这些物品使用频率高，流动性大，管理上以心中有数、方便使用为目的，要建立必要账目。在仪器框和实验框中分门别类存入，对工具、电料等都要养成取用完后放回原处的习惯，有腐蚀性蒸汽的酸应注意盖严，定时通风，勿与精密仪器置于同一室中。

第四节　化学实验基本操作

一、玻璃器皿的洗涤

化学实验经常使用大量的玻璃仪器，这些玻璃仪器经使用后常沾有化学药品，既有可溶性物质，也有灰尘和其他不溶性物质及油污等有机物质。为了得到准确的实验结果，实验前必须将实验仪器洗涤干净。每次用过后要立即洗涤，避免残留物变质固化，造成洗涤困难。

1. 水洗

在玻璃仪器内注入约占总容量 1/3 的自来水，用力振荡片刻，倒掉，照此连洗 2～3 次，可洗去沾附易溶物及部分灰尘。

2. 刷洗

用水不能清洗干净时，可用毛刷由外到里刷洗仪器，每次用水量不要太多，刷洗 2～3 次检查是否清洗干净。若不能用水刷洗干净，须用毛刷蘸少量去污粉（洗洁精、洗衣粉等）再进行刷洗，直至刷洗干净为止，再用水彻底冲洗。

3. 针对性洗涤

有些不溶污垢久置后很难用刷洗方法洗去，这时可根据污垢的性质进行针对性洗涤，即利用酸碱中和反应、氧化还原反应、配位反应等将不溶物转化为易溶物再进行清洗，如银镜反应沾附的银及沉积的硫化银可加入硝酸生成易溶硝酸银；未反应完的二氧化锰，反应生成的难溶氢氧化物、碳酸盐等可用盐酸处理生成可溶氯化物；沉积在器壁上的银盐，一般用硫代硫酸钠溶液洗涤，生成易溶配合物；沉积在器壁上的碘可用硫代硫酸钠溶液洗涤，也可用碘化钾或氢氧化钠溶液清洗。

4. 洗液洗涤

洗液由浓硫酸与饱和重铬酸钾溶液配制而成（具体配法：重铬酸钾 25g 溶于 50mL 水中，冷却后向溶液中慢慢加入 450mL 浓硫酸），具有强氧化性和强酸性，能有效地去除还原性污垢、难溶于水的有机物和易溶于酸的碱性污垢。在用洗液洗涤前，应先用水刷洗仪器，除去污物，并尽量倒掉残留水，避免稀释洗液影响洗涤效果。用洗液洗涤时，要注意安全。若不慎溅洒，应立即用水清洗。洗液变绿后，不再具有氧化性和去污能力，勿再使用。

5. 混合酸洗

很多污垢（如金属铂、铼、钨、铝及硫化汞、氧化硅等）用上述方法不能洗净，这些污垢可用浓硝酸与浓盐酸的混合酸（体积比为 1∶3 时称为王水）或浓硝酸与氢氟酸的混合酸来清洗，这两种洗涤剂都是利用氧化还原反应和配位反应来达到清洗目的。洗净后玻璃仪器应透明且不挂水珠，在进行多次清洗时，使用的洗涤剂应本着“少量多次”的原则，这样既可节约试剂，也能保证洗涤效果，用自来水洗净后，根据实验需要，有时还需用蒸馏水、去离子水或试液清洗。

二、玻璃仪器的干燥

实验时所用的仪器，除必须清洗外，有时还要求干燥。干燥的方法主要有以下几种。

1. 倒置晾干

将洗净的仪器倒置在干净的仪器柜内或滴水架上，任其滴水晾干。

2. 热（冷）风吹干

洗净的仪器若急需干燥，可用电吹风直接吹干。若在吹风前先用易挥发的有机溶剂（如乙醇、丙酮、石油醚等）淋洗一下，则干得更快。或用玻璃仪器快速烘（吹）干仪吹干。

3. 加热烘干

将洗净的仪器放在电热（或鼓风）干燥箱内烘干，烘箱温度要控制在 105℃左右，能加热的仪器，如烧杯、蒸发皿等可用酒精灯或电炉小火烤干，容器外壁的水珠应先擦干。

三、固体试剂的取用

取用固体试剂时一般用药匙，材质有牛角、塑料和不锈钢等。有的药匙两端有大小两个勺，取用大量固体时用大勺，取用少量固体时用小勺。药匙必须保持干燥、洁净，最好专匙专用。取用固体试剂时，先将瓶盖取下，仰放在实验台上，试剂取用后，要立即盖上瓶盖（注意不要盖错），并将试剂瓶放回原处，标签向外。取用一定量固体试剂时，可将固体放在纸上（不能用滤纸，为什么?）或表面皿上，根据要求在台秤或天平上称量。具有腐蚀或易潮解的固体不能放在纸上，应放在玻璃容器内进行称量。称量后多余的试剂不能倒回原瓶（为什么?）。固体颗粒较大时，应在干净研钵中研碎。研钵中所盛固体量不得超过研钵容积的 1/3。

四、液体试剂的取用

1. 从细口瓶取用试剂

取下瓶盖，把它仰放在实验台上，用左手拿住容器（如试管、量筒等），右手握住试剂瓶，掌心对着试剂瓶上的标签，倒出所需量的试剂。倒完后，应该将试剂瓶口在容器上靠一下，再使瓶子竖直，以免液滴沿外壁流下。在将液体从试剂瓶中倒入烧杯时，用右手握住试剂瓶，左手拿玻璃棒，使棒的下端斜靠在杯中，将瓶口靠在玻璃棒上，使液体沿着玻璃棒往下流。使用时提起滴管，用手指捏紧滴管上部的橡皮头，排去空气，再把滴管伸入试剂瓶中吸。

2. 从滴瓶中取试剂

往试管中滴加试剂时，只能把滴管尖头垂直放在管口上方满加，严禁将滴管伸入试管内，滴完后将管随即放入原滴瓶，切勿插错，一只滴瓶上的滴管不能用来移取其他试剂瓶中的试剂。也不能用其他吸管伸入试剂瓶吸取试液，以免污染试剂。

3. 易水解盐的溶液的配制

配制易水解盐的溶液，必须把它们先溶解在相应的酸溶液或碱溶液中以抑制水解。对于易氧化的盐，不仅需要酸化溶液，而且应在该溶液中加入相应的纯金属。

4. 溶解时有较高溶解热发生的溶液的配制

试剂溶解时如有较高的溶解热发生，则配制溶液的操作一定要在烧杯中进行。在配制过程中，加热和搅拌可加速溶解，但搅拌不宜太猛，更不能使搅棒触及烧杯壁。

第二章　材料基础化学实验

实验一　玻璃管加工和塞子的钻孔

一、实验目的

① 了解酒精灯和酒精喷灯的构造和原理，掌握正确的使用方法。

② 练习玻璃管（棒）的截断、弯曲、拉制和熔烧等基本操作。

③ 练习塞子钻孔的基本操作。

④ 完成玻璃棒、滴管的制作和洗瓶的装配。

二、实验原理

玻璃无固定的熔点，玻璃管加热至一定温度后逐渐变软。玻璃管的软化温度与玻璃的原料组成、质量、管壁的厚度等有关。加工玻璃管，需要掌握好“火候”，最适宜的工作温度是玻璃管受热软化尚未自行流动，处于黏滞状态的温度。未达到黏滞状态，则玻璃管太硬，弯曲时易折断；超过黏滑状态，则玻璃管太软，极易变形，不易加工成所需的形状。有煤气设备的实验室，使用煤气灯最方便，其火焰最高温度约达1500℃；如无煤气灯，也可用酒精喷灯，好的酒精喷灯的火焰最高温度能达到1000℃以上，一般酒精喷灯火焰的温度分布情况见图2-1。

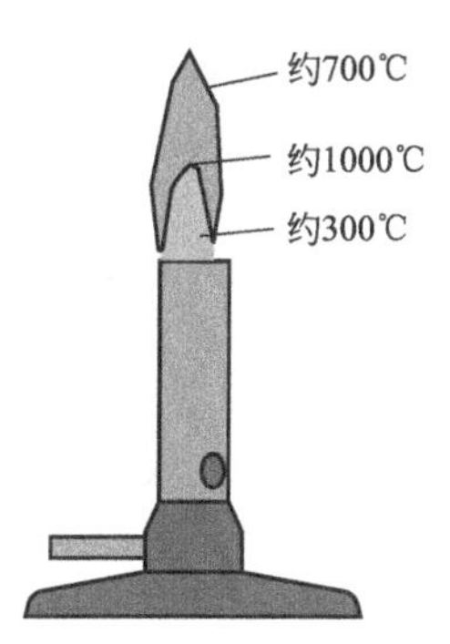

图2-1　酒精喷灯火焰的温度分布情况

加工时通常把玻璃管放在火焰2/3高度处旋转加热，使之易于软化。加工成所需形状后，还要在温度较低火焰中加热数分钟，然后放在石棉网上任其自行冷却，这叫退火。如果不退火或退火方法不当，冷后可能自行破裂。

要使化学实验中各种不同仪器装配成套，需借助于塞子。实验室中常用的塞子有软木塞和橡皮塞两种。软木塞使用前必须用压塞机压紧压软；如无压塞机，可把木塞横放在桌面上，用一块木板在塞子上滚压。软木塞不易与有机物作用，但易被酸、碱腐蚀，质量差的还容易漏气，橡皮塞不漏气，能耐强碱腐蚀，但易被强酸（尤其是硝酸）和有机溶剂溶胀侵蚀，污染产物，而且价格较贵。选用何种塞子，视具体情况而定，塞子的大小要和仪器口径相适合，一般以塞子进入仪器口的 1/2～2/3 为宜。塞子上孔的大小既要使玻璃管、温度计等能够插入，又要保持插入后不漏气，因此钻孔时需选用大小合适的打孔器。在软木塞上钻孔，需选用比插入玻璃管外径略小的打孔器，如在橡皮塞上钻孔，则需选用比插入玻璃管外径略大的打孔器，因为橡皮塞有弹性，打孔器拔出后，橡皮恢复原状，使孔径变小。

三、实验仪器与材料

1. 仪器

酒精灯、喷灯、压塞机、打孔器。

2. 材料

直径 7mm、长 5cm 的玻璃管 2 根，直径 10mm、长 50cm 的玻璃管 1 根，经洗涤并干燥的破试管（软质）3 支，胶头、橡皮塞和软木塞等。

四、实验步骤

1. 灯的使用

酒精灯和酒精喷灯是实验室常用的加热器具。酒精灯的温度一般可达 400～500℃；酒精喷灯可达 700～1000℃。

(1) 酒精灯

① 酒精灯的构造　酒精灯一般是由玻璃制成的。它由灯壶、灯帽和灯芯构成（图 2-2）。酒精灯的正常火焰分为三层（图 2-3）。内层为焰心，温度最低。中层为内焰（还原焰），由于酒精蒸气燃烧不完全，并分解为含碳的产物，所以这部分火焰具有还原性，称为“还原焰”，温度较高。外层为外焰（氧化焰），酒精蒸气完全燃烧，温度最高。进行实验时，一般都用外焰来加热。

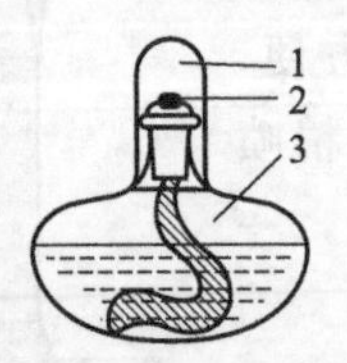

图 2-2　酒精灯的构造

1—灯帽；2—灯芯；3—灯壶

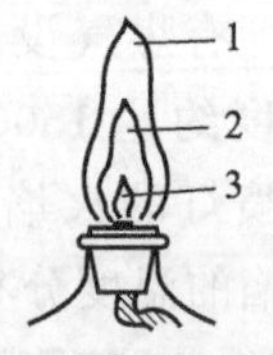

图 2-3　酒精灯的灯焰

1—外焰；2—内焰；3—焰心

② 酒精灯的使用方法

a. 新购置的酒精灯应首先配置灯芯。灯芯通常是用多股棉纱拧在一起或编织而成的，它插在灯芯瓷套管中。灯芯不宜过短，一般浸入酒精后还要长 4～5cm。

对于旧灯，特别是长时间未用的酒精灯，取下灯帽后，应提起灯芯瓷套管，用洗耳球或嘴轻轻地向灯壶内吹几下以赶走其中聚集的酒精蒸气，再放下套管检查灯芯，若灯芯不齐或烧焦都应用剪刀修整为平头等长，如图 2-4 所示。

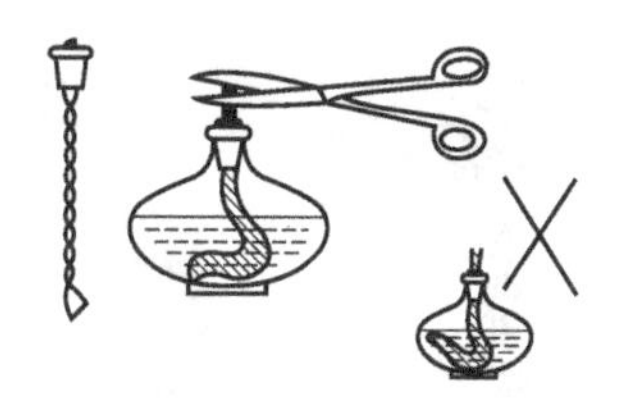

图 2-4　检查灯芯并修整

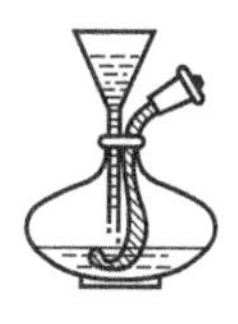

图 2-5　添加酒精

b. 酒精灯壶内的酒精少于其容积的 1/2 时，应及时添加酒精，但酒精不能装得太满，以不超过灯壶容积的 2/3 为宜。添加酒精时，一定要借助小漏斗（图 2-5），以免将酒精洒出。燃着的酒精灯，若需添加酒精时，首先必须熄灭火焰，决不允许在酒精灯燃着时添加酒精，否则很易起火而造成事故。

c. 新装的灯芯须放入灯壶内酒精中浸泡，而且将灯芯不断移动，使每端灯芯都浸透酒精，然后调好其长度，才能点燃。因为未浸过酒精的灯芯，一点燃就会烧焦。点燃酒精灯一定要用火柴点燃，决不允许用燃着的另一酒精灯对点（图 2-6）。否则会将酒精洒出，引起火灾。

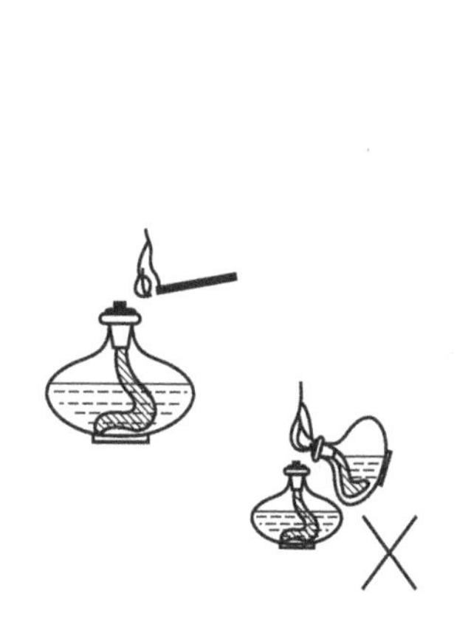

图 2-6　点燃

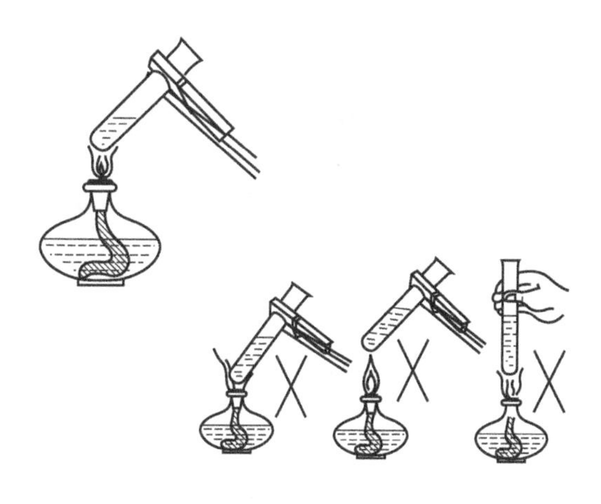

图 2-7　加热方法

d. 加热时，若无特殊要求，一般用温度最高的火焰（外焰与内焰交界部分）来加热器具。加热的器具与灯焰的距离要合适，过高或过低都不正确。被加热的器具与酒精灯焰的距离可以通过铁环或垫木来调节。被加热的器具必须放在支撑物（三脚架或铁环等）上，或用坩埚钳、试管夹夹持，决不允许用手拿着仪器加热（图 2-7）。

e. 若要使灯焰平稳，并适当提高温度，可以加一金属网罩（图 2-8）。

f. 加热完毕或因添加酒精要熄灭酒精灯时，必须用灯帽盖灭，盖灭后需重复盖一次，让空气进入且让热量散发，以免冷却后盖内造成负压使盖打不开。决不允许用嘴吹灭酒精灯（图 2-9）。

（2）酒精喷灯

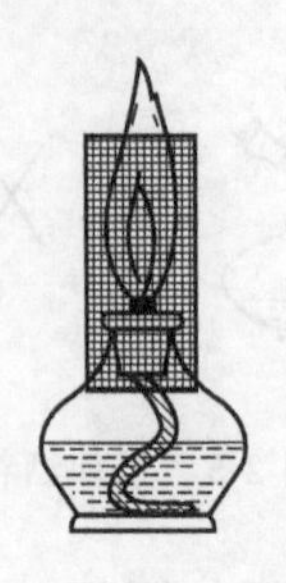

图 2-8 提高温度的方法

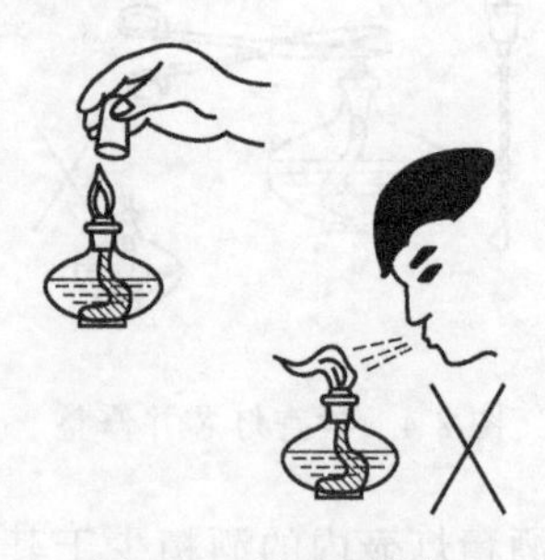

图 2-9 熄灭酒精灯

① 类型和构造 见图 2-10。

② 使用方法

a. 使用酒精喷灯时，首先用捅针捅一捅酒精蒸气出口，以保证出气口畅通。

b. 借助小漏斗向酒精壶内添加酒精，酒精壶内的酒精不能装得太满，以不超过酒精壶容积（座式）的 2/3 为宜。

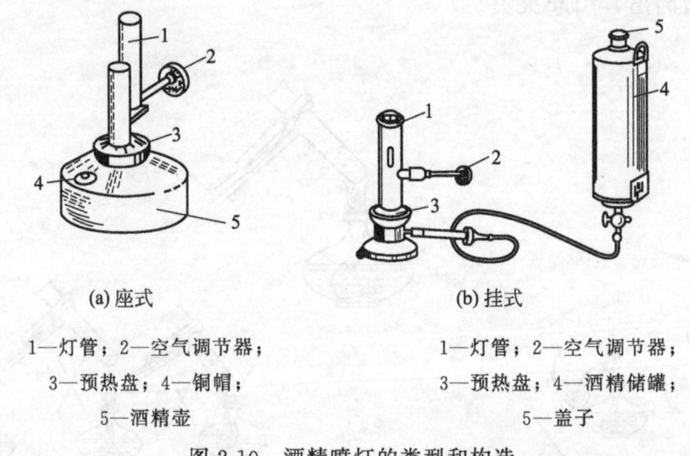

(a) 座式

1—灯管；2—空气调节器；
3—预热盘；4—铜帽；
5—酒精壶

(b) 挂式

1—灯管；2—空气调节器；
3—预热盘；4—酒精储罐；
5—盖子

图 2-10 酒精喷灯的类型和构造

c. 往预热盘里注入一些酒精，点燃酒精使灯管受热，待酒精接近燃完且在灯管口有火焰时，上下移动调节器调节火焰为正常火焰（图 2-11）。

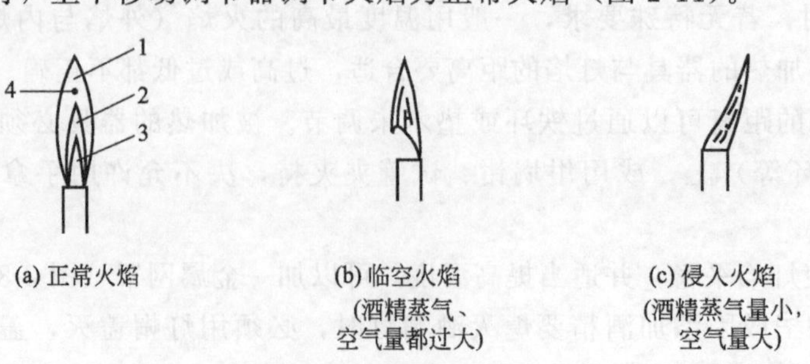

(a) 正常火焰

(b) 临空火焰
（酒精蒸气、
空气量都过大）

(c) 侵入火焰
（酒精蒸气量小，
空气量大）

图 2-11 灯焰的几种情况

1—氧化焰（温度约 700～1000℃）；2—还原焰；3—焰心；4—最高温度点

d. 座式喷灯连续使用不能超过半小时，如果超过半小时，必须暂时熄灭喷灯，待冷却后，添加酒精再继续使用。

e. 用毕后，用石棉网或硬质板盖灭火焰，也可以将调节器上移来熄灭火焰。若长期不用时，须将酒精壶内剩余的酒精倒出。

f. 若酒精喷灯的酒精壶底部凸起时，不能再使用，以免发生事故。

2. 玻璃加工

(1) 玻璃管（棒）的截断 将玻璃管（棒）平放在桌面上，依需要的长度左手按住要切割的部位，右手用锉刀的棱边（或薄片小砂轮）在要切割的部位按一个方向（不要来回锯）用力锉出一道凹痕（图 2-12)。锉出的凹痕应与玻璃管（棒）垂直，这样才能保证截断后的玻璃管（棒）截面是平整的。然后双手持玻璃管（棒)，两拇指齐放在凹痕背面［图 2-13(a)］，并轻轻地由凹痕背面向外推折，同时两食指和拇指将玻璃管（棒）向两边拉［图 2-13(b)］，如此将玻璃管（棒）截断。如截面不平整，则不合格。

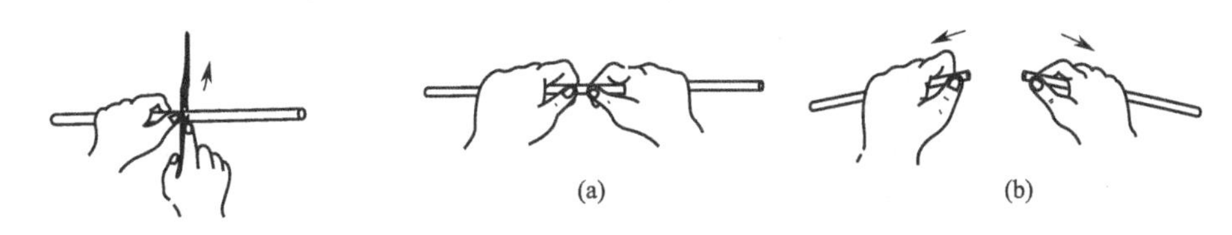

图 2-12 玻璃管的锉痕　　图 2-13 玻璃管的截断

(2) 熔光 切割的玻璃管（棒)，其截断面的边缘很锋利，容易割破皮肤、橡皮管或塞子，所以必须放在火焰中熔烧，使之平滑，这个操作称为熔光（或圆口)。将刚切割的玻璃管（棒）的一头插入火焰中熔烧。熔烧时，角度一般为 45°，并不断来回转动玻璃管（棒）（图 2-14)，直至管口变成红热平滑为止。

熔烧时，加热时间过长或过短都不好，过短，管（棒）口不平滑；过长，管径会变小。转动不匀，会使管口不圆。灼热的玻璃管（棒)，应放在石棉网上冷却，切不可直接放在实验台上，以免烧焦台面，也不要用手去摸，以免烫伤。

图 2-14 熔光

(3) 弯曲

① 烧管 先将玻璃管用小火预热一下，然后双手持玻璃管，把要弯曲的部位斜插入喷灯（或煤气灯）火焰中，以增大玻璃管的受热面积（也可在灯管上罩以鱼尾灯头扩展火焰，来增大玻璃管的受热面积)，若灯焰较宽，也可将玻璃管平放于火焰中，同时缓慢而均匀地不断转动玻璃管，使之受热均匀（图 2-15)。两手用力均等，转速缓慢一致，以免玻璃管在火焰中扭曲。加热至玻璃管发黄变软时，即可自焰中取出，进行弯管。

② 弯管 将变软的玻璃管取离火焰后稍等一两秒钟，使各部温度均匀，用“V”字形手法（两手在上方，玻璃管的弯曲部分在两手中间的正下方）［图 2-16

(a)] 缓慢地将其弯成所需的角度。弯好后，待其冷却变硬才可撒手，将其放在石棉网上继续冷却。冷却后，应检查其角度是否准确，整个玻璃管是否处于同一个平面上。

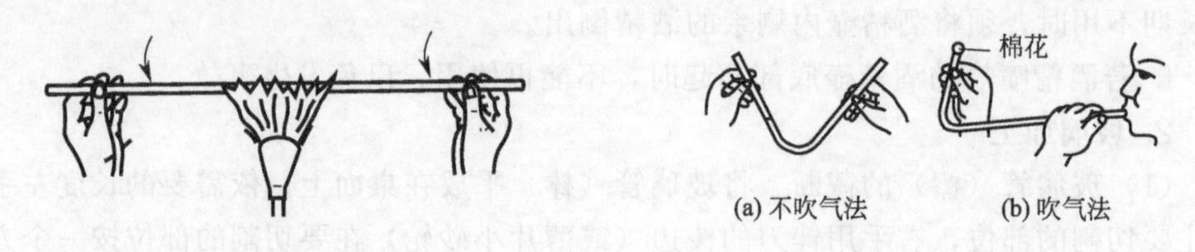

图 2-15　烧管方法　　图 2-16　弯管的方法

120°以上的角度可一次弯成，但弯制较小角度的玻璃管，或灯焰较窄，玻璃管受热面积较小时，需分几次弯制（切不可一次完成，否则弯曲部分的玻璃管就会变形）。首先弯成一个较大的角度，然后在第一次受热弯曲部位稍偏左或稍偏右处进行第二次加热弯曲，如此第三次、第四次加热弯曲，直至变成所需的角度为止。弯管好坏的比较和分析见图 2-17。

（4）制备毛细管和滴管

① 烧管　拉细玻璃管时，加热玻璃管的方法与弯玻璃管时基本一样，不过要烧得时间长一些，玻璃管软化程度更大一些，烧至红黄色。

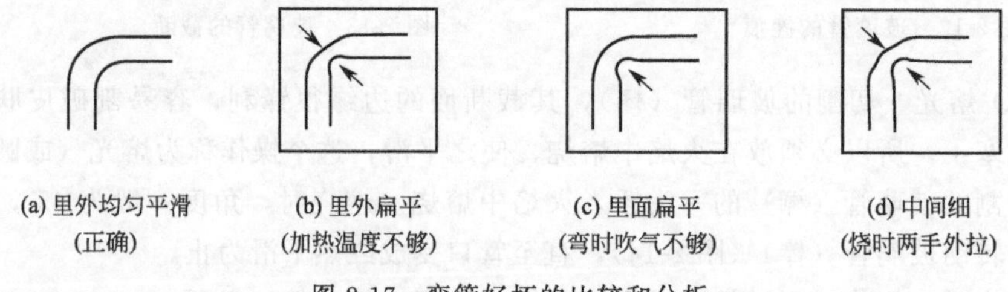

图 2-17　弯管好坏的比较和分析

② 拉管　待玻璃管烧成红黄色软化以后，取离火焰，两手顺着水平方向边拉边旋转玻璃管（图 2-18），拉到所需要的细度时，一手持玻璃管向下垂一会儿。冷却后，按需要长短截断，形成两个尖嘴管。如果要求细管部分具有一定的厚度，应在加热过程中当玻璃管变软后，将其轻缓向中间挤压，减短它的长度，使管壁增厚，然后按上述方法拉细。

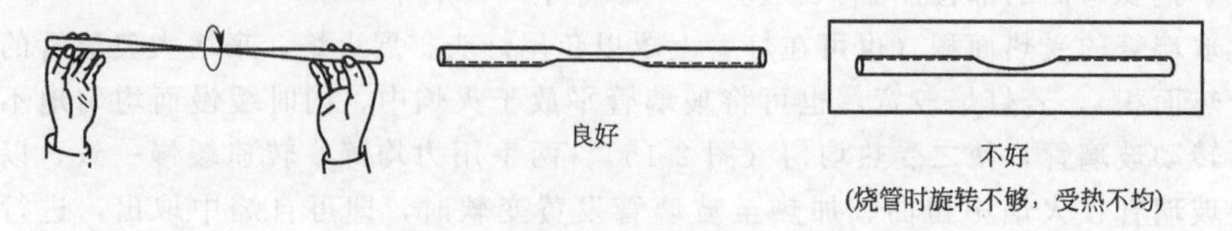

图 2-18　拉管方法和拉管好坏比较

③ 制滴管的扩口　将未拉细的另一端玻璃管口以 40°角斜插入火焰中加热，并不断转动。待管口灼烧至红热后，用金属锉刀柄斜放入管口内迅速而均匀地旋转

（图 2-19），将其管口扩开。另一扩口的方法是待管口烧至稍软化后，将玻璃管口垂直放在石棉网上，轻轻向下按一下，将其管口扩开。冷却后，安上胶头即成滴管。

3. 塞子与塞子钻孔

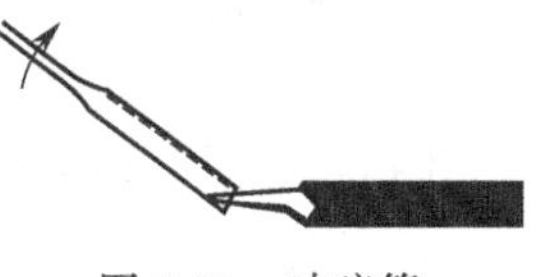

图 2-19　玻璃管

容器上常用的塞子有软木塞、橡皮塞和玻璃磨口塞。软木塞易被酸或碱腐蚀，但与有机物的作用较小。橡皮塞可以把容器塞得很严密，但对装有机溶剂和强酸的容器并不适用。相反，盛碱性物质的容器常用橡皮塞。玻璃磨口塞不仅能把容器塞得紧密，且除氢氟酸和碱性物质外，可作为盛装一切液体或固体容器的塞子。

为了能在塞子上装置玻璃管、温度计等，塞子需预先钻孔。如果是软木塞可先经压塞机（图 2-20）压紧，或用木板在桌子上碾压（图 2-21），以防钻孔时塞子开裂。常用的钻孔器是一组直径不同的金属管（图 2-22）。它的一端有柄，另一端很锋利，可用来钻孔。另外还有一根带柄的铁条在钻孔器金属管的最内层管中，称为捅条，用来捅出钻孔时嵌入钻孔器中的橡皮或软木。

图 2-20　压塞机

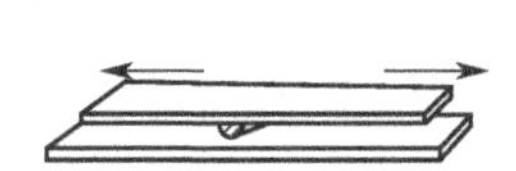

图 2-21　将软木塞放在桌子上碾压

图 2-22　钻孔器

（1）塞子大小的选择　塞子的大小应与仪器的口径相适合，塞子塞进瓶口或仪器口的部分不能少于塞子本身高度的 1/2，也不能多于 2/3（图 2-23）。

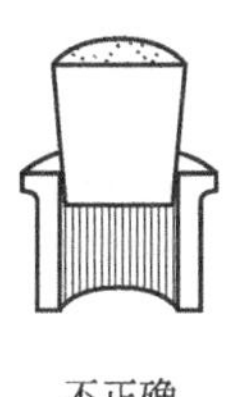

不正确

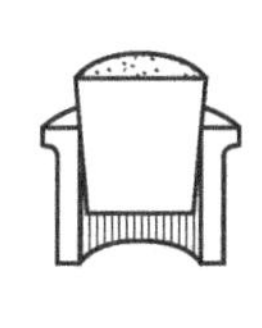

正确

不正确

图 2-23　塞子大小的选取

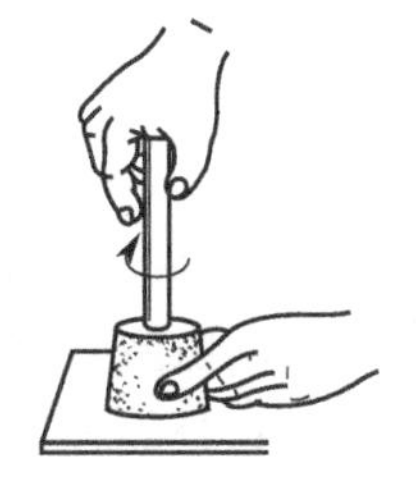

图 2-24　钻孔方法

（2）钻孔器大小的选择　选择一个比要插入橡皮塞的玻璃管口径略粗一点的钻孔器，因为橡皮塞有弹性，孔道钻成后由于收缩而使孔径变小。

（3）钻孔的方法　如图 2-24 所示，将塞子小头朝上平放在实验台上的一块垫板上（避免钻坏台面），左手用力按住塞子，不得移动，右手握住钻孔器的手柄，并在钻孔器前端涂点甘油或水。将钻孔器按在选定的位置上，沿一个方向，一边旋转一边用力向下钻动。钻孔器要垂直于塞子的面上，不能左右摆动，更不能倾斜，以免把孔钻斜。钻至深度约达塞子高度一半时，反方向旋转并拔出钻孔器，用带柄捅条捅出嵌入钻孔器中橡皮或软木。然后调换塞子大头，对准原孔的方位，按同样的方法钻孔，直到两端的圆孔贯穿为止；也可以不调换塞子的方位，仍按原孔直接钻通到垫板上为止。拔出钻孔器，再捅出钻孔器内嵌入的橡皮或软木。

孔钻好以后，检查孔道是否合适，如果选用的玻璃管可以毫不费力地插入塞孔里，说明塞孔太大，塞孔和玻璃管之间不够严密，塞子不能使用。若塞孔略小或不光滑，可用圆锉适当修整。

(4) 玻璃导管与塞子的连接　将选定的玻璃导管插入并穿过已钻孔的塞子，一定要使所插入导管与塞孔严密套接。

先用右手拿住导管靠近管口的部位，并用少许甘油或水将管口润湿［图 2-25(a)］，然后左手拿住塞子，将导管口略插入塞子，再用柔力慢慢地将导管转动着逐渐旋转进入塞子［图 2-25(b)］，并穿过塞孔至所需的长度为止。也可以用布包住导管，将导管旋入塞孔［图 2-25(c)］。如果用力过猛或手持玻璃导管离塞子太远，都有可能将玻璃导管折断，刺伤手掌。

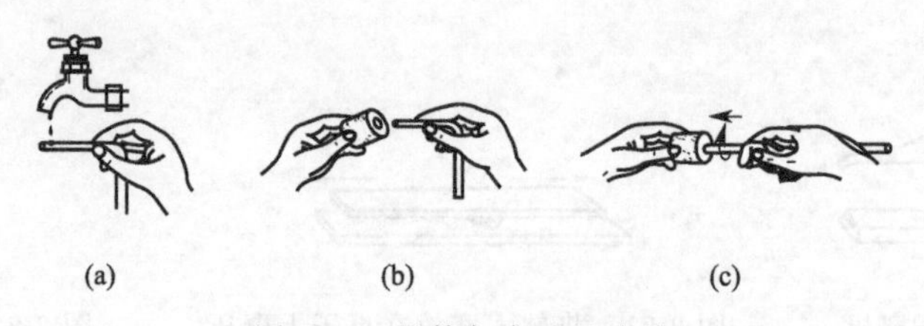

图 2-25　导管与塞子的连接

温度计插入塞孔的操作方法与上述一样，但开始插入时，要特别小心以防温度计的水银球破裂。

4. 实验用具的制作

(1) 小试管的玻璃棒　切取 18cm 长的小玻璃棒，将中部置火焰上加热，拉细到直径约为 1.5mm 为止。冷却后用三角锉刀在细处切断，并将断处熔成小球，将玻璃棒另一端熔光，冷却，洗净后便可使用（图 2-26）。

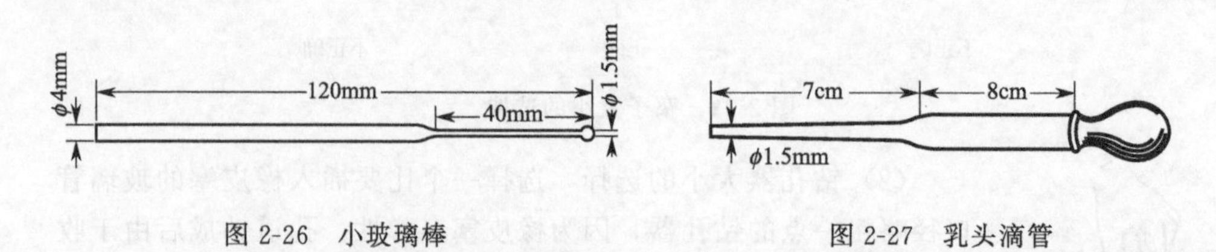

图 2-26　小玻璃棒　　图 2-27　乳头滴管

(2) 乳头滴管　切取 26cm 长（内径约 5mm）的玻璃管，将中部置火焰上加热，拉细玻璃管。要求玻璃管细部的内径为 1.5mm，毛细管长约 7cm，切断并将口熔光。把尖嘴管的另一端加热至发软，然后在石棉网上压一下，使管口外卷，冷却后，套上橡胶乳头即制成乳头滴管（图 2-27）。

(3) 洗瓶　准备 500mL 聚氯乙烯塑料瓶一个，适合塑料瓶瓶口大小的橡皮塞一个，33cm 长玻璃管一根（两端熔光）。

a. 按前面介绍的塞子钻孔的操作方法，将橡皮塞钻孔。

b. 按图 2-28 的形状，依次将 33cm 长的玻璃管一端 5cm 处在酒精喷灯上加热后拉一尖嘴，弯成 60°角，插入橡皮塞塞孔后，再将另一端弯成 120°角（注意两个弯角的方向），即制成一个洗瓶。

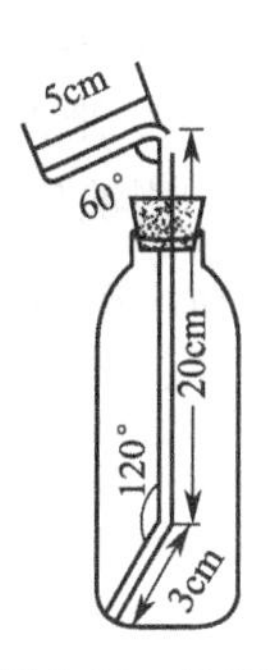

图 2-28　洗瓶

五、注意事项

① 切割玻璃管、玻璃棒时要防止划破手。

② 使用酒精喷灯前，必须先准备一块湿抹布备用。

③ 灼热的玻璃管、玻璃棒，要按先后顺序放在石棉网上冷却，切不可直接放在实验台上，防止烧焦台面；未冷却之前，也不要用手去摸，防止烫伤手。

④ 装配洗瓶时，拉好玻璃管尖嘴，弯好 60°角后，先装橡皮塞，再弯 120°角，并且注意 60°角与 120°角在同一方向同一平面上。

六、思考题

① 酒精灯和酒精喷灯的使用过程中，应注意哪些安全问题？

② 在加工玻璃管时，应注意哪些安全问题？

③ 切割玻璃管（棒）时，应怎样正确操作？

④ 塞子钻孔时，应如何选择钻孔器的大小？

实验二　仪器的领取、洗涤和干燥

一、实验目的

① 熟悉无机化学实验室规则和要求。

② 领取无机化学实验常用仪器并熟悉其名称、规格，了解使用注意事项。

③ 学习并练习常用仪器的洗涤和干燥方法。

二、实验原理

1. 玻璃仪器的一般洗涤方法

为了得到准确的实验结果，每次实验前和实验后必须要将实验仪器洗涤干净。尤其对于久置变硬不易洗掉的实验残渣和对玻璃有腐蚀作用的废液，一定要在实验后立即清洗干净。洗涤仪器的方法如下。

(1) 振荡水洗　注入 1/3 左右的水，稍用力振荡后把水倒掉，连洗几次。

(2) 毛刷刷洗　内壁有不易洗掉的物质，可用毛刷刷洗。

① 倒去试管中的废液。

② 注入 1/3 左右的水。

③ 选择毛刷。

④ 来回柔力刷洗。

刷洗后，用水振荡数次，必要时用蒸馏水洗。用水和毛刷刷洗仪器，可以去掉仪器上附着的尘土、可溶性物质及易脱落的不溶性物质，但洗不去油污和一些有机物。注意使用毛刷刷洗时，不可用力过猛，以免戳破容器。

(3) 药剂洗涤法（对症下药法） 对于那些无法用普通水洗方法洗净的污垢，须根据污垢的性质选用适当的洗液，通过化学方法除去。

① 合成洗涤剂水刷洗 去污粉是由碳酸钠、白土和细沙混合而成。它是利用 Na_2CO_3 的碱性具有强的去污能力，细沙的摩擦作用，白土的吸附作用，增加了对仪器的清洗效果。细沙有损玻璃，一般不使用。

市售的餐具洗涤灵是以非离子表面活性剂为主要成分的中性洗液，可配成1%～2%的水溶液，也可用5%的水溶液。刷洗仪器，温热的洗涤液去污能力更强，必要时可短时间浸泡。

先将待洗仪器用少量水润湿后，加入少量去污粉或洗涤剂，再用毛刷擦洗，最后用自来水洗去去污粉颗粒、残余洗涤剂，并用蒸馏水洗去自来水中带来的钙、镁、铁、氯等离子，每次蒸馏水的用量要少（本着“少量、多次”的原则）。

② 铬酸洗液（因毒性较大尽可能不用） 铬酸洗液的配法如下：称25g工业重铬酸钾，加50mL水，加热溶解。冷却后，将450mL浓硫酸沿玻璃棒慢慢加入上述溶液中，边加边搅。冷却，转入棕色细口瓶备用。如呈绿色，可加入浓硫酸将三价铬氧化后继续使用。

铬酸洗液有很强的氧化性和酸性，对有机物和油垢的去污能力特别强。洗涤时，仪器应用水冲洗并倒尽残留的水后，尽量保持干燥，以免洗液被稀释。倒少许洗液于器皿中，转动器皿使其内壁被洗液浸润（必要时可用洗液浸泡）。洗液可反复使用，用后倒回原瓶并密闭，以防吸水，再用水冲洗器皿内残留的洗液，直至洗净为止。

实验中常用的移液管、容量瓶和滴定管等具有精确刻度的玻璃器皿，可恰当地选择洗液来洗。

铬酸洗液具有很强腐蚀性和毒性，故近年来较少使用。NaOH/乙醇溶液洗涤附着有机物的玻璃器皿，效果较好。

不论用哪种方法洗涤器皿，最后都必须用自来水冲洗，当倾去水后，内壁只留下均匀一薄层水，如壁上挂着水珠，说明没有洗净，必须重洗。直到器壁上不挂水珠，再用蒸馏水或去离子水荡洗三次。

洗液对皮肤、衣服、桌面、橡皮等有腐蚀性，使用时要特别小心。六价铬对人体有害，又污染环境，应尽量少用。

③ 碱性高锰酸钾洗液 4g高锰酸钾溶于少量水，加入10g氢氧化钠，再加水至100mL。主要洗涤油污、有机物。浸泡后器壁上会留下二氧化锰棕色污迹，可用盐酸洗去。

④ 对症洗涤法 针对附着在玻璃器皿上不同物质性质，采用特殊的洗涤法，

如硫黄用煮沸的石灰水；难溶硫化物用 HNO_3/HCl；铜或银用 HNO_3；AgCl 用氨水；煤焦油用浓碱；黏稠焦油状有机物用回收的溶剂浸泡；MnO_2 用热浓盐酸等。

光度分析中使用的比色皿等，系光学玻璃制成，不能用毛刷刷洗，可用 HCl/乙醇浸泡、润洗。

2. 玻璃仪器的洗涤次序

倒净废液→清水冲洗→洗液浸洗→清水荡洗→去离子水漂洗。

仪器刷洗后，都要用水冲洗干净，最后再用去离子水冲洗三次，把由自来水中带来的钙、镁、氯等离子洗去。

3. 仪器洗涤干净的标准

洗净的仪器外观清洁、透明，并且可被水完全湿润。将仪器倒转过来，水即顺器壁流下，器壁上只留下一层薄而均匀的水膜，不挂水珠。

4. 玻璃仪器的干燥方法

(1) 晾干法　仪器洗净后倒置，控去水分，自然晾干。适于容量仪器。

(2) 烤干法　将仪器外壁擦干后用酒精灯烤干（用外焰，并不停转动仪器，使其受热均匀）。该法适于可加热或耐高温的仪器，如试管、烧杯等。

(3) 干燥箱烘干　将待烘干的仪器水倒净，放在金属托盘上在电烘箱中于105℃烘半小时。此法不能用于精密度高的容量仪器。

(4) 气流烘干　将洗涤好的玻璃仪器倒置在加热风管上，开启电源，调节温控旋钮至适当位置，一般干燥 5～10min 即可。

(5) 吹干法　电吹风吹干（也可以用少量乙醇润洗后再吹干）。

(6) 有机溶剂法　先用少量丙酮或无水乙醇使仪器内壁均匀润湿后倒出，再用乙醚使仪器内壁均匀润湿后倒出。再依次用电吹风冷风和热风吹干，此种方法又称为快干法。

三、实验仪器与材料

1. 仪器

试管，烧杯，表面皿，漏斗，量筒，烧瓶，容量瓶等。

2. 材料

洗洁精，试管刷等。

四、实验步骤

1. 认领仪器

按仪器清单逐个领取无机实验中常用仪器。

2. 洗涤仪器

用水和洗洁精将领取的仪器洗涤干净，抽取两件交教师检查。将洗净的仪器合理地放于柜内。

3. 干燥仪器

烤干两支试管交给老师检查。

参照仪器清单画出所领仪器的平面图，列出其规格、主要用途、使用方法和注意事项、理由等。

五、注意事项

① 口小、管细的仪器，不便用刷子洗，可用少量王水或铬酸洗液洗涤。

② 量器不可以用作溶解、稀释操作的容器；不可以量取热溶液，不可以加热（因为这会影响仪器的精度）；不可以长期存放溶液。

③ 洗涤用水时，应做到少量多次的原则。

④ 洗干净的仪器，不能用布和软纸擦拭，以免使布上或纸上的少量纤维留在容器上反而沾污了仪器。

⑤ 烘、烤完的热仪器不能直接放在冷的、特别是潮湿的桌面上，以免局部骤冷而破裂。

六、思考题

① 烤干试管时，为什么开始管口要略向下倾斜？

② 容量仪器应用什么方法干燥？为什么？

③ 玻璃仪器洗涤洁净的标志是什么？

实验三　溶剂的配制

一、实验目的

① 学习移液管、容量瓶和电子天平的使用方法。

② 掌握溶液的一般配制方法和基本操作。

③ 了解特殊溶液的配制方法。

二、实验原理

在化学实验中，常常需要配制各种溶液来满足不同实验的要求。如果实验对溶液浓度的准确性要求不高，可以采用粗略配制的方法；如果实验对溶液浓度的准确性要求较高，就采用准确配制的方法。配制准确浓度溶液的固体试剂必须是组成与化学式完全符合且摩尔质量大的高纯物质，在保存和称量时其组成和质量稳定不变，即通常说的基准物质。

在配制溶液时，除注意准确度外，还要考虑试剂在水中的溶解性、热稳定性、挥发性、水解性等因素的影响。对于易水解的物质，在配制溶液时还要考虑先以相应的酸溶解易水解的物质，再加水稀释；如果是易被氧化的物质，还要考虑加入还原剂防止氧化。

根据配制前试剂的物态和溶液准确性的要求不同，配制时所选用的仪器和方法也有所不同，无论是粗配还是准确配制一定体积、一定浓度的溶液，首先要计算所需试剂的用量，包括固体试剂的质量或液体试剂的体积，然后再进行配制。

1. 由固体试剂配制溶液

(1) 有关计算

① 质量分数

$$x=\frac{m_{溶质}}{m_{溶液}}$$

$$m_{溶质}=\frac{xm_{溶剂}}{1-x}=\frac{x\rho_{溶剂}V_{溶剂}}{1-x}$$

式中 $m_{溶质}$——固体试剂的质量；

$m_{溶剂}$——溶剂的质量；

x——溶质质量分数；

$\rho_{溶剂}$——溶剂的密度。4℃时，水的密度 $\rho=1.0000\mathrm{g\cdot mL^{-1}}$；

$V_{溶剂}$——溶剂体积。

② 质量摩尔浓度

$$m_{溶质}=\frac{Mbm_{溶剂}}{1000}=\frac{M\cdot b\cdot\rho_{溶剂}\cdot V_{溶剂}}{1000}$$

式中 b——质量摩尔浓度，$\mathrm{mol\cdot kg^{-1}}$；

M——固体试剂摩尔质量，$\mathrm{g\cdot mol^{-1}}$。

其他符号说明同前。

③ 物质的量浓度

$$m_{溶质}=cVM$$

式中 c——物质的量浓度，单位为 $\mathrm{mol\cdot L^{-1}}$；

V——溶液体积，L。

其他符号说明同前。

(2) 配制方法

① 粗略配制 算出配制一定体积溶液所需固体试剂质量，用台秤称取所需固体试剂，倒入带刻度烧杯中，加入少量蒸馏水搅动使固体完全溶解后，用蒸馏水稀释至刻度（定容），即得所需的溶液。然后将溶液移入试剂瓶中，贴上标签，备用。

② 准确配制 用分析天平称取所需固体试剂，放在烧杯中加适量水溶解，转入容量瓶中用去离子水定容，摇匀后再移入试剂瓶中，贴上标签，备用。

2. 用液体（或浓溶液）试剂配制溶液

(1) 有关计算

① 体积比溶液

液体试剂（浓溶液）体积：溶剂体积=体积比

② 物质的量浓度

$$V_{原}=\frac{c_{新}V_{新}}{c_{原}}$$

式中 $c_{新}$——稀释后溶液的物质的量浓度；

$V_{新}$——稀释后溶液体积；

$c_{原}$——原溶液的物质的量浓度；

$V_{原}$——取原溶液的体积。

若由已知质量分数溶液配制，则

$$c_{原}=\frac{\rho x}{M}\times 1000$$

式中　M——溶质的摩尔质量；

ρ——液体试剂（或浓溶液）的密度。

（2）配制方法

① 粗略配制　用量筒量取所需体积的液体，转入有少量水的有刻度烧杯中混合并定容（若放热，需冷至室温再定容），混匀后转入试剂瓶，贴上标签，备用。

② 准确配制　用移液管吸取较浓的准确浓度的溶液注入给定体积的容量瓶中，加去离子水定容，摇匀后再移入试剂瓶中，贴上标签，备用。

三、实验仪器与试剂

1. 仪器

烧杯（50mL、100mL），移液管（5mL 或分刻度的），容量瓶（50mL、100mL），量筒（10mL、50mL），试剂瓶，台秤，分析天平。

2. 实验试剂

固体药品：$CuSO_4\cdot 5H_2O$，Na_2CO_3（AR），$SnCl_2\cdot 2H_2O$，锡粒。

液体药品：浓硫酸，醋酸（$2.00mol\cdot L^{-1}$），浓盐酸。

3. 材料

标签纸。

四、实验步骤

1. 粗略配制 50mL $1mol\cdot L^{-1}$ 的 $CuSO_4$ 溶液

用台秤称取一定量的 $CuSO_4\cdot 5H_2O$ 晶体，倒入 100mL 刻度烧杯中，加少量去离子水，加热搅拌使固体完全溶解，冷却后再用水稀释至刻度（定容）。将配制好的溶液转入贴有标签的试剂瓶中。

2. 准确配制 50.00mL $0.1mol\cdot L^{-1}$ 的 Na_2CO_3 溶液

在电子分析天平上称取一定量的无水碳酸钠（准至 0.0001g）至小烧杯中，加入少量去离子水溶解，冷却后转入 50mL 容量瓶中，用去离子水少量多次洗涤烧杯并转入容量瓶中，定容，摇匀。将配制好的溶液转入贴有标签的试剂瓶中。计算 Na_2CO_3 溶液的准确浓度。

3. 粗略配制 50mL $3mol\cdot L^{-1}$ H_2SO_4 溶液

在 250mL 烧杯中加入 40mL 去离子水，量取一定体积的浓硫酸沿烧杯内壁慢慢流下，并用玻璃棒缓慢搅拌至冷却后加去离子水至 50mL。将配制好的溶液转入贴有标签的试剂瓶中。

4. 准确配制 100.0mL 0.100mol·L^{-1} 的 HAc 溶液

用已处理好的移液管吸取一定体积的 2.00mol·L^{-1} 的 HAc 溶液注入 100.0mL 的容量瓶中，加去离子水定容，摇匀。将配制好的溶液转入贴有标签的试剂瓶中。

5. 配制 50mL0.1mol·$L^{-1}$$SnCl_2$ 溶液

用台秤称取一定量的 $SnCl_2 \cdot 2H_2O$ 晶体，倒入 100 mL 烧杯中，加入 5～10mL 6mol·L^{-1} 盐酸溶解后加去离子水搅拌，定容。再加入一粒锡粒。将配制好的溶液转入贴有标签的试剂瓶中。

五、注意事项

1. 容量瓶的使用

(1) 检漏。

(2) 洗涤　先用洗涤精洗涤，然后用自来水清洗，最后用少量去离子水润洗 2～3 次。

(3) 装液　已溶解并冷却了的溶液，用玻棒引流（玻棒倾斜）。

(4) 定容　加去离子水至刻度线约差 1cm 处，改用滴管逐滴滴加至刻度（视线与刻度弯月面的下线相切）。

(5) 摇匀　左手按住塞子，右手托住瓶底，侧转约 15 次。

2. 吸管（移液管）的使用

(1) 洗涤　先用洗涤精洗涤，然后用自来水清洗，最后用 3～5mL 去离子水润洗内壁 2～3 次，吸干尖嘴水分，再用待取液 2～3mL 润洗内壁 2～3 次。

(2) 吸液（演示）　左手握洗耳球，右手拿移液管上部，吸管下端液面下约 1cm 处（太浅吸进空气，太深沾污试液，顶底吸不进试液），读数精度为 0.01mL。

(3) 放液　左手拿住接收液体的容器并倾斜，右手使移液管垂直且尖嘴靠在容器壁上，稍微松动食指，让溶液沿壁流下，不要将残留在尖嘴内的液体吹出（除标有“吹”字外），因尖嘴内的液体已不包含在一定体积的溶液内。

3. 台秤

先调零，后称量；左物右码；药品不能直接放在秤盘上，砝码不得用手拿；称后砝码及游码复原。

4. 电子天平的使用

(1) 预热　将天平接通电源，显示器即显示“OFF”，预热 60min。

(2) 开启天平　按 ON/OFF 键。

(3) 校准　按“TARE”键，显示“0.0000g”；按“CAL”键，显示“CAL”，再显示时在秤盘中央加上校正砝码，同时关上防风罩的玻璃门，等待自动校准；当显示器出现“+200.0000g”同时蜂鸣器响了一下后天平校准结束。移去校准砝码，天平稳定后显示“0.0000g”。若按“CAL”键后出现 CAL-E，可按“TARE”

键。再重复以上操作。

(4) 称重

① 简单称重 在天平显示“0.0000g”时，将称重样品放于秤盘上，关门等待天平稳定后显示单位“g”，读取称重结果。

② 去皮 在天平空盘时显示“0.0000g”，将空容器放在天平秤盘上，显示容器重量值，去皮（按“TARE”键，即显示“0.0000g”）；给容器加上称量样品，显示净重量值；按“TARE”键后显示“0.0000g”，移去样品及容器，显示负的累加值。

(5) 结束 关闭天平，断开电源，填写使用登记簿，罩好天平罩。

六、思考题

① 用容量瓶配制溶液时，要不要把容量瓶干燥？要不要用被稀释溶液洗三遍，为什么？

② 怎样洗涤移液管？水洗净后的移液管在使用前还要用吸取的溶液来洗涤，为什么？

③ 某同学在配制硫酸铜溶液时，用分析天平称取硫酸铜晶体，用量筒取水配成溶液，此操作对否？为什么？

④ 在配制 $SbCl_3$ 溶液时，如何防止水解？

实验四 硝酸钾的制备及提纯

一、实验目的

① 了解水溶液中利用离子相互反应来制备无机化合物的一般原理和步骤。

②了解结晶和重结晶的一般原理和操作方法。

③ 掌握固体溶解、加热蒸发的基本操作。

④ 掌握减压过滤（包括热过滤）的基本操作。

二、实验原理

本实验用 KCl 和 $NaNO_3$ 来制备 KNO_3：$NaNO_3 + KCl \longrightarrow KNO_3 + NaCl$

在 $NaNO_3$ 和 KCl 的混合溶液中，同时存在 Na^+、K^+、Cl^- 和 NO_3^- 四种离子。由它们组成的四种盐在不同温度下的溶解度（g/100g H_2O 或 g / 100g 水）如表 2-1 所示。

表 2-1 KNO_3、KCl、$NaNO_3$、NaCl 不同温度下溶解度 单位：g/100g H_2O

化合物	温度/℃				
	10	30	50	80	100
KNO_3	21.2	45.5	83.5	167	246.0
KCl	31.0	37.0	42.6	51.1	56.7
$NaNO_3$	88.0	95.0	114	148	180.0
NaCl	35.7	36.1	36.8	—	39.8

由上述数据可看出，在30℃时，除硝酸钠以外，其他三种盐的溶解度都差不多，因此不能使硝酸钾晶体析出。但是随着温度的升高，氯化钠的溶解度几乎没有多大改变，而硝酸钾的溶解度却增大得很快。因此只要把硝酸钠和氯化钾的混合溶液加热，在高温时氯化钠的溶解度小，趁热把它滤去，然后冷却滤液，则因硝酸钾的溶解度急剧下降而析出。

在初次结晶中一般混有一些可溶性杂质，为了进一步除去这些杂质，可采用重结晶方法进行提纯。

这里需要指出的是，上述表中溶解度都是单组分体系的数据，混合体系中各物质的溶解度数据是会有差异的。但不影响为理解原理而进行的有关计算和讨论。

三、实验仪器与试剂

1. 仪器

50mL烧杯、20mL量筒两支试管。

粗称仪器（简称“粗称”）：台秤、称量纸、药匙。

加热装置（简称“加热”）：燃气灯、三脚架（铁架台＋双顶丝夹＋铁圈）、石棉网、打火机。

减压过滤装置（简称“抽滤”）：布氏漏斗、圆形定性滤纸、剪刀、单孔橡皮塞、吸滤瓶、SHB-Ⅱ 循环水多用真空泵、橡皮管。

2. 实验试剂

固体试剂：$NaNO_3$、KCl固体。

液体试剂：饱和KNO_3溶液、0.1mol·L^{-1} $AgNO_3$（滴瓶）。

四、实验步骤

1. 硝酸钾的制备

在50mL烧杯中加入8.5g $NaNO_3$和7.5g KCl，再加入15mL蒸馏水。

将烧杯放在石棉网上，用小火加热、搅拌，使其溶解，继续加热蒸发至原体积的三分之二，这时烧杯内开始有较多晶体析出（什么晶体?）。趁热减压过滤，滤液中很快出现晶体（这又是什么晶体?）。

另取8mL蒸馏水加入吸滤瓶中，使结晶重新溶解，并将溶液转移至烧杯中缓缓加热，蒸发至原有体积的三分之二，静置、冷却（可用冷水浴冷却），待结晶重新析出，再进行减压过滤。用饱和KNO_3溶液滴洗两遍，将晶体抽干、称量，计算实际产率。

将粗产品保留少许（0.5g）供纯度检验用，其余的产品进行下面重结晶。

2. 硝酸钾的提纯

按质量比为$KNO_3:H_2O=2:1$的比例，将粗产品溶于所需蒸馏水中，加热并搅拌，使溶液刚刚沸腾即停止加热（此时，若晶体尚未溶解完，可加适量蒸馏水使其刚好溶解完）。冷却到室温后，抽滤并用饱和 KNO_3 溶液 4～6mL，用滴管逐滴加于晶体的各部位洗涤、抽干、称量。

3. 产品纯度的检验

取少许粗产品和重结晶后所得 KNO_3 晶体分别置于两支试管，用蒸馏水配成溶液，然后各滴 2 滴 0.1mol·L^{-1} $AgNO_3$ 溶液，观察现象，并作出结论。

五、注意事项

① 将 $NaNO_3$ 20g，KCl 17g，放入烧杯中，加入 35mL 蒸馏水，使固体刚好全部溶解。

② 待溶液蒸发至原来体积的 1/2 时，便要停止加热，并趁热用热滤漏斗进行过滤。

③ 重结晶法提纯 KNO_3 中，将粗产品放在烧杯中，应加入计算量（2∶1）的蒸馏水直至晶体刚好全部溶解为止。

六、思考题

① 怎样利用溶解度差别从氯化钾-硝酸钠制备硝酸钾？
② 硝酸钾的制备实验成败的关键在何处，应采取哪些措施才能使实验成功？
③ 产品的主要杂质是什么？怎样提纯？
④ 重结晶时，粗产品与水的质量比为什么是 2∶1？

附 1. 减压过滤（称抽滤或“吸滤”）

如图 2-29 所示，布氏漏斗 1，通过橡皮塞装在吸滤瓶 2 的口上，吸滤瓶的支管与真空泵的橡皮管相接。被滤物转入铺有滤纸的布氏漏斗中。由于真空泵中急速水流不断将空气带走，使吸滤瓶内造成负压，促使液体较快通过滤纸进入瓶底，沉淀留在布氏漏斗中。

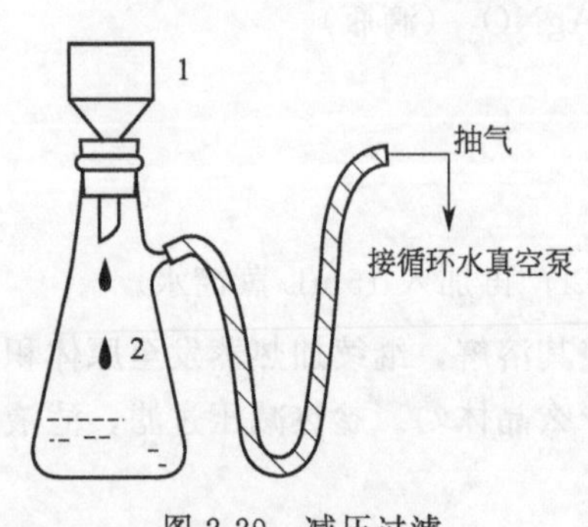

图 2-29 减压过滤

训练减压过滤法，需掌握五个要点：①抽滤用的滤纸应比布氏漏斗的内径略小一些，但又能把瓷孔全部盖没；②布氏漏斗端的斜口应该面对（不是背对）吸滤瓶的支管；③将滤纸放入漏斗并用蒸馏水润湿后，慢慢打开水泵，先抽气使滤纸贴紧，然后才能往漏斗内转移溶液；④在停止过滤时，应先拔去连接吸滤瓶的橡皮管，后关掉连接水泵的自来水开关；⑤为使沉淀抽得更干，可用塞子或小烧杯底部紧压漏斗内的沉淀物。

附 2. 热过滤

如果溶液中的溶质在温度下降时容易析出大量结晶，而我们又不希望它在过滤过程中留在滤纸上，这时就要趁热进行过滤。热过滤有普通热过滤和减压热过滤两种。普通热过滤是将普通漏斗放在铜质的热漏斗内（图 2-30），铜质热漏斗内装有热水，以维持必要的温度。减压热过滤是先将滤纸放在布氏漏斗内并润湿之，再将它放在水浴上以热水或水蒸气加热（图 2-31），然后快速完成过滤操作。

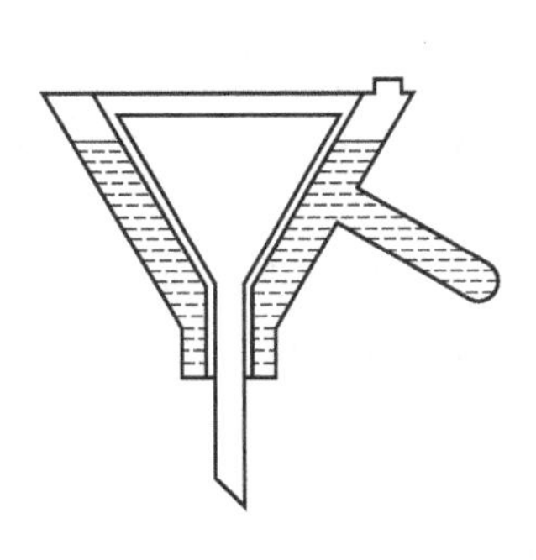

图 2-30 普通热过滤漏斗

图 2-31 加热布氏漏斗

实验五 中和法测定盐酸和氢氧化钠溶液的浓度

一、实验目的

① 进一步练习滴定操作。

② 测定盐酸和氢氧化钠溶液的浓度。

二、实验原理

利用酸碱中和反应，可测定酸或碱的浓度。

盐酸浓度的标定是以 Na_2CO_3 作为基准物质，甲基橙作指示剂，滴定至溶液由黄色到橙色即为终点。

$$Na_2CO_3 + 2HCl \xlongequal{} 2NaCl + H_2CO_3$$

$$H_2CO_3 \rightarrow H_2O + CO_2 \uparrow$$

氢氧化钠溶液浓度的测定是以甲基橙为指示剂，用标准盐酸溶液滴定氢氧化钠溶液，滴定至溶液由黄色变为橙色即为终点。

三、实验用品

1. 仪器

烘箱、移液管、万分之一分析天平、称量瓶、250mL 烧杯、容量瓶、锥形瓶、搅拌棒、洗瓶、滴管。

2. 试剂

固体 Na_2CO_3：AR，270℃干燥 2h，保持在干燥器内。

甲基橙指示剂：0.1%水溶液、$0.1mol \cdot L^{-1}$ 盐酸溶液、未知碱液（向实验老师领取）。

四、实验步骤

1. 盐酸浓度的标定

在分析天平上用称量瓶准确称取无水碳酸钠 1.2～1.5g（精确到 0.1mg），置于 250mL 烧杯中，加 50mL 水搅拌溶解后，定量转入 250mL 容量瓶中，用水稀释至刻度，摇匀备用。

用移液管移取 25.00mL 上述 Na_2CO_3 标准溶液于锥形瓶中，加 1 滴甲基橙指示剂，用 HCl 溶液滴定至溶液刚好由黄色变为橙色，即为终点，记下所消耗的 HCl 溶液的体积。平行标定三份。计算出 HCl 溶液的浓度。

2. 未知碱浓度的测定

用移液管移取 25.00mL 未知碱液于 250mL 锥形瓶中，加 1 滴甲基橙指示剂，用 HCl 标准溶液滴定至溶液由黄色变为橙色即为终点，记下所消耗的 HCl 溶液的体积。平行滴定三份。计算未知碱溶液的浓度。

五、思考题

① 为什么本实验要取两次或三次实验操作的平均值？

② 在进行中和滴定时，为什么要用标准酸溶液润洗酸式滴定管 2～3 次？用酸溶液润洗后的滴定管，如果再用蒸馏水润洗一次，这种操作是否正确？

附：容量瓶使用操作

① 容量瓶使用前应先检查　瓶塞是否漏水；标线位置距离瓶口是否太近，如果漏水或标线距瓶口太近，则不宜使用。

检查的方法是，加自来水至标线附近，盖好瓶塞后，一手用食指按住塞子，其余手指拿住瓶颈标线以上部分，另一手指尖托住瓶底边缘（图 2-32），倒立两分钟。如不漏水，将瓶直立，将瓶塞旋转 180°后，再倒过来试一次。在使用中，不可将扁头的玻璃磨口塞放在桌面上，以免沾污和搞错。操作时，可用一手的食指及中指（或中指及无名指）夹住瓶塞的扁头（图 2-33）。当操作结束时，随手将瓶盖盖上。也可用橡皮圈或细绳将瓶塞系在瓶颈上，细绳应稍短于瓶颈。操作时，瓶塞系在瓶颈上，尽量不要碰到瓶颈，操作结束后立即将瓶塞盖好。在后一种做法中，特别要注意避免瓶颈外壁对瓶塞的沾污。如果是平顶的塑料盖子，则可将盖子倒放在桌面上。

② 洗涤容量瓶时，先用自来水洗几次，倒出水后，内壁如不挂水珠，即可用蒸馏水洗好备用。否则就必须用洗液洗涤。先尽量倒去瓶内残留的水，再倒入适量洗液（250mL 容量瓶，倒入 10～20mL 洗液已足够），倾斜转动容量瓶，使洗液布满内壁，同时将洗液慢慢倒回原瓶。然后用自来水充分洗涤容量瓶及瓶塞，每次洗涤应充分振荡，并尽量使残留的水流尽。最后用蒸馏水洗三次。应根据容量瓶的大小决定用水量，如 250mL 容量瓶，第一次约用 30mL，第二次、第三次约用 20mL 蒸馏水。

③ 用容量瓶配制溶液时，最常用的方法是将待溶固体称出，置于小烧杯中，

加水或其他溶剂将固体溶解，然后将溶液定量转移入容量瓶中。定量转移时，烧杯口应紧靠伸入容量瓶的搅拌棒（其上部不要碰瓶口，下端靠着瓶颈内壁），使溶液沿玻璃棒和内壁流入（图 2-34）。溶液全部转移后，将玻璃棒和烧杯稍微向上提起，同时使烧杯直立，再将玻璃棒放回烧杯。注意勿使溶液流至烧杯外壁而受损失。用洗瓶吹洗玻璃棒和烧杯内壁，如前将洗涤液转移至容量瓶中。如此重复多次，完成定量转移。当加水至容量瓶的四分之三左右时，用右手食指和中指夹住瓶塞的扁头，将容量瓶拿起，按水平方向旋转几周，使溶液大体混匀。继续加水至距离标线约 1cm 处，等 1～2min；使附在瓶颈内壁的溶液流下后，再用细而长的滴管滴加水（注意勿使滴管接触溶液）至弯月面下缘与标线相切（也可用洗瓶加水至标线）。无论溶液有无颜色，一律按照这个标准。即使溶液颜色比较深，但因最后所加的水位于溶液最上层，而尚未与有色溶液混匀，所以弯月面下缘仍然非常清楚，不会有碍观察。盖上干的瓶盖。用一只手的食指按住瓶塞上部，其余四指拿住瓶颈标线以上部分。用另一只手的指尖托住瓶底边缘，将容量瓶倒转，使气泡上升到顶，此时将瓶振荡数次，正立后，再次倒转过来进行振荡。如此反复 10 次以上，将溶液混匀。最后放正容量瓶，打开瓶塞，使瓶塞周围的溶液流下（图 2-35），重新塞好塞子后，再倒转振荡 1～2 次，使溶液全部混匀。

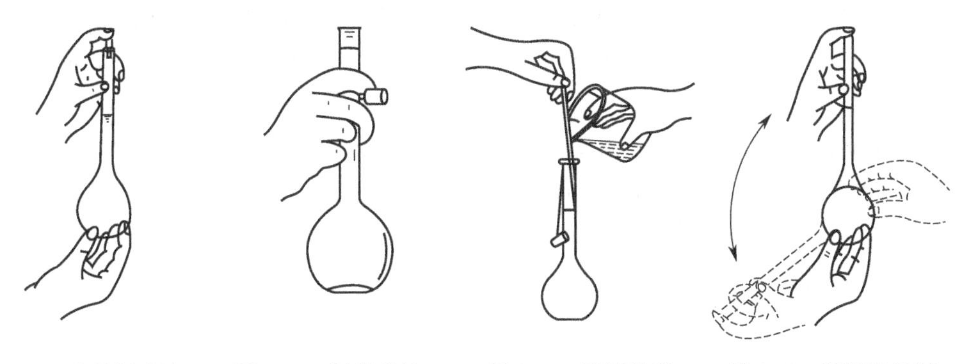

图 2-32　容量瓶拿法　　图 2-33　瓶塞拿法　　图 2-34　溶液转移　　图 2-35　振荡容量瓶

实验六　一种钴（Ⅲ）配合物的制备

一、实验目的

掌握制备金属配合物最常用的方法——水溶液中的取代反应和氧化还原反应，了解其基本原理和方法。对配合物组成进行初步推断。学习使用电导仪。

二、实验原理

运用水溶液中的取代反应来制取金属配合物，是在水溶液中的一种金属盐和一种配体之间的反应。实际上是用适当的配体来取代水合配离子中的水分子。氧化还原反应是将不同氧化态的金属化合物，在配体存在下使其适当地氧化或还原以制得该金属配合物。

Co(Ⅱ）的配合物能很快地进行取代反应（是活性的），而Co(Ⅲ）配合物的取代反应则很慢（是惰性的）。Co(Ⅲ）的配合物制备过程一般是，通过Co(Ⅲ)（实际上是它的水合配合物）和配体之间的一种快速反应生成Co(Ⅲ）的配合物，然后使它被氧化成为相应的Co(Ⅲ）配合物（配位数均为6)。

常见的Co(Ⅲ）配合物有：

$[Co(NH_3)_6]^{3+}$（黄色）、$[Co(NH_3)_5H_2O]^{3+}$（粉红色）、$[Co(NH_3)_5Cl]^{2+}$（紫红色）、$[Co(NH_3)_4CO_3]^{+}$（紫红色）、$[Co(NH_3)_3(NO_2)_3]$（黄色）、$[Co(CN)_6Cl]^{4-}$（紫色）、$[Co(NO_2)_6]^{3-}$（黄色）等。

用化学分析方法确定某配合物的组成，通常先确定配合物的外界，然后将配离子破坏再来看其内界。配离子的稳定性受很多因素影响，通常可用加热或改变溶液酸碱性来破坏它。本实验是初步推断，一般用定性、半定量甚至估量的分析方法。推定配合物的化学式后，可用电导仪来测定一定浓度配合物溶液的导电性，与已知电解质溶液的导电性进行对比，可确定该配合物化学式中含有几个离子，进一步确定该化学式。

游离的 Co^{2+} 离子在酸性溶液中可与硫氰化钾作用生成蓝色配合物 $[Co(SCN)_4]^{2-}$。因其在水中离解度大，故常加入硫氰化钾浓溶液或固体，并加入戊醇和乙醚以提高稳定性。由此可用来鉴定 Co^{2+} 离子的存在。其反应如下：

$$Co^{2+} + 4SCN^- = [Co(SCN)_4]^{2-}$$

游离的 NH_4^+ 离子可由奈氏试剂来检定，其反应如下：

$$NH_4^+ + 2\underset{(奈氏试剂)}{[HgI_4]^{2-}} + 4OH^- = \underset{(红褐色)}{[Hg_2ONH_2]I}\downarrow + 7I^- + 2H_2O$$

三、实验用品

1. 仪器

台秤，锥形瓶，量筒，漏斗（$\phi=6cm$），铁架台，酒精灯，药匙，试管夹，漏斗架，石棉网，普通温度计，电导仪，干燥箱等。

2. 试剂

固体药品：氯化铵，氯化钴，硫氰化钾。

液体药品：浓氨水，硝酸（浓），盐酸（$6mol \cdot L^{-1}$），H_2O_2（30%），$AgNO_3$（$2mol \cdot L^{-1}$），$SnCl_2$（$0.5mol \cdot L^{-1}$、新配），奈氏试剂，乙醚，戊醇等。

3. 材料

pH 试纸，滤纸。

四、实验步骤

1. 制备Co(Ⅲ)配合物

在100mL锥形瓶中将1.0g氯化铵溶于6mL浓氨水中，待完全溶解后手持锥形瓶颈不断振摇，使溶液均匀。分数次加入 2.0g 氯化钴粉末，边加边摇动，加完后继续摇动使溶液成棕色稀浆。再往其中滴加 2～3mL 30% H_2O_2，边加边摇动，加完后再摇动。当固体完全溶解溶液中停止起泡时，慢慢加入 6mL 浓盐酸，边加边摇动，并在水浴上微热，温度不要超过 85℃，边摇边加热 10～15min，然后在室温下冷却混合物并摇动，待完全冷却后过滤出沉淀。用 5mL 冷水分数次洗涤沉淀，接着用 5mL 冷的 6mol·L^{-1} 盐酸洗涤，产物在 105℃左右烘干并称量。

2. 组成的初步推断

① 用小烧杯取 0.3g 所制得的产物，加入 35mL 蒸馏水，混匀后用 pH 试纸检验其酸碱性。

② 用烧杯取 15mL 上述实验①中所得混合液，慢慢滴加 2mol·L^{-1} $AgNO_3$ 溶液并搅动，直至加一滴 $AgNO_3$ 溶液后上部清液没有沉淀生成。然后过滤，往滤液中加 1～2mL 浓硝酸并搅动，再往溶液中滴加 $AgNO_3$ 溶液，看有无沉淀，若有，比较一下与前面沉淀的量的多少。

③ 取 2～3mL 实验①中所得的混合液于试管中，加几滴 0.5mol·L^{-1} $SnCl_2$ 溶液（为什么?），振荡后加入一粒绿豆大小的硫氰化钾固体，振摇后再加入 1mL 戊醇、1mL 乙醚，振荡后观察上层溶液中的颜色（为什么?）。

④ 取 2mL 实验①中所得的混合液于试管中，加入少量蒸馏水，得清亮溶液后，加 2 滴奈氏试剂并观察变化。

⑤ 将实验①中剩下的混合液加热，观察溶液变化，直至其完全变成棕黑色后停止加热，冷却后用 pH 试纸检验溶液的酸碱性，然后过滤（必要时用双层滤纸）。取所得清液，分别做一次③、④实验。观察现象与原来的有什么不同。

通过这些实验你能推断出此配合物的组成吗？能写出其化学式吗？

⑥由上述自己初步推断的化学式来配制 100mL 0.01 mol·L^{-1} 该配合物的溶液，用电导仪测量其电导率，然后稀释 10 倍后再测其电导率并与表 2-2 对比，来确定其化学式中所含离子数。

表 2-2　KCl、$BaCl_2$ 和 $K_3Fe(CN)_6$ 的电导率

电解质	类型(离子数)	电导率/(S/m)①	
		0.01mol·L^{-1}	0.001mol·L^{-1}
KCl	1-1 型(2)	1230	133
$BaCl_2$	1-2 型(3)	2150	250
$K_3Fe(CN)_6$	1-3 型(4)	3400	420

① 电导的 SI 制单位为西门子，符号为 S，1S=1Ω^{-1}。

五、注意事项

① 台秤的使用，左物右码，砝码用镊子夹取，用后归位。

② 对于固体试剂的取用，不要洒落，放入试管中要借助纸条送入。

③ 水浴锅的使用，要注意水位的合适高度及温度范围的控制。

④ 减压过滤，注意正确选择或剪裁滤纸的大小，布氏漏斗与抽滤瓶的正确连接。本实验抽滤时可用双层滤纸，以防穿孔。转移沉淀时只能用5mL水并分成几次洗涤锥形瓶残留物。洗涤沉淀时应拔掉管子停止抽滤，洗涤剂使用要少量多次，抽滤完毕先拔管后关电。

⑤ 使用干燥箱注意正确开关门，滤纸、试剂不得直接放在干燥箱内，注意箱内的清洁。

⑥ 电导仪的使用，正确使用电极；注意选择合适的量程进行测量，正确读数。

六、思考题

① 将氯化钴加入氯化铵与浓氨水的混合液中，发生什么反应，生成何种配合物？

② 上述实验中加过氧化氢起何作用，如不用过氧化氢还可以用哪些物质？用这些物质有什么不好？上述实验中加浓盐酸的作用是什么？

实验七 五水硫酸铜的制备、提纯和检验

一、实验目的

① 了解金属与酸作用制备盐的方法。

② 掌握并巩固无机制备过程中加热、常压过滤、减压过滤、结晶等基本操作。

③ 学习重结晶基本操作。

④ 了解产品纯度检验的原理及方法。

⑤ 了解结晶水合物中结晶水含量的测定原理和方法。

⑥ 进一步熟悉分析天平的使用，学习研钵、干燥器等仪器的使用和沙浴加热、恒重等基本操作。

二、实验原理

$CuSO_4 \cdot 5H_2O$ 俗称蓝矾、胆矾，是蓝色透明三斜晶体，在空气中缓慢风化。易溶于水，难溶于无水乙醇。加热时失水，当加热至258℃失去全部结晶水而成为白色无水 $CuSO_4$。无水 $CuSO_4$ 易吸水变蓝，利用此特性来检验某些液态有机物中微量的水。

$CuSO_4 \cdot 5H_2O$ 用途广泛，如用于棉及丝织品印染的媒染剂、农业的杀虫剂、水的杀菌剂、木材防腐剂、铜的电镀等。同时，还大量用于有色金属选矿（浮选）工作、船舶油漆工业及其他化工原料的制造。

$CuSO_4 \cdot 5H_2O$ 的生产方法有多种，如电解液法、废铜法、氧化铜法、白冰铜法、二氧化硫法。工业上常用电解液法，方法是将电解液与铜粉作用后，经冷却结晶、分离、干燥而制得。

纯铜属于不活泼金属，不能溶于非氧化性酸中，本实验采用浓硝酸作氧化剂，以废铜屑与硫酸、浓硝酸作用来制备 $CuSO_4$。反应式为：

$$Cu+2HNO_3+H_2SO_4 = CuSO_4+2NO_2\uparrow+2H_2O$$

溶液中除生成 $CuSO_4$ 外，还含有一定量的 $Cu(NO_3)_2$ 和其他一些可溶性或不溶性杂质。不溶性杂质可过滤除去。$CuSO_4$ 可利用 $CuSO_4$ 和 $Cu(NO_3)_2$ 在水中溶解度的不同分离出来（表 2-3）。

由表 2-3 中数据可知，$Cu(NO_3)_2$ 在水中的溶解度不论在高温或低温都比 $CuSO_4$ 大得多。因此，当热溶液冷却到一定温度时，$CuSO_4$ 首先达到过饱和而开始从溶液中结晶析出，随着温度继续下降，$CuSO_4$ 不断从溶液中析出，$Cu(NO_3)_2$ 则大部分仍留在溶液中，只有小部分随 $CuSO_4$ 析出。这一小部分 $Cu(NO_3)_2$ 和其他一些可溶性杂质，可再通过重结晶的方法除去，最后达到制备得到纯 $CuSO_4$ 的目的。

表 2-3　$CuSO_4$ 和 $Cu(NO_3)_2$ 在水中的溶解度

盐	溶解度/(g/100g)				
	0℃	20℃	40℃	60℃	80℃
$CuSO_4\cdot 5H_2O$	23.3	32.3	46.2	61.1	83.8
$Cu(NO_3)_2\cdot 6H_2O$	81.8	125.1	—	—	—
$Cu(NO_3)_2\cdot 3H_2O$	—	—	160	178.5	208

很多离子型的盐从水溶液中析出时，常含有一定量的结晶水（或称水合水）。结晶水与盐类结合得比较牢固，但受热到一定温度时，可以脱去结晶水的一部分或全部。

$CuSO_4\cdot 5H_2O$ 晶体在不同温度下按下列反应逐步脱水[1]：

$$CuSO_4\cdot 5H_2O \xrightarrow{48℃} CuSO_4\cdot 3H_2O+2H_2O$$

$$CuSO_4\cdot 3H_2O \xrightarrow{99℃} CuSO_4\cdot H_2O+2H_2O$$

$$CuSO_4\cdot H_2O \xrightarrow{218℃} CuSO_4+H_2O$$

因此，对于经过加热能脱去结晶水，又不会发生分解的结晶水合物中结晶水的测定，通常是把一定量的结晶水合物（不含吸附水）置于已灼烧至恒重的坩埚中，加热至较高温度（以不超过被测定物质的分解温度为限）脱水，然后把坩埚移入干燥器中，冷却至室温，再取出用分析天平称量。由结晶水合物经高温加热后的失重值可算出该结晶水合物所含结晶水的质量分数，以及每物质的量的该盐所含结晶水的物质的量，从而可确定结晶水合物的化学式。由于压力不同、粒度不同、升温速率不同，有时可以得到不同的脱水温度及脱水过程。

---

[1] 在各种无机化学教科书和有关手册中，$CuSO_4\cdot 5H_2O$ 逐步脱水的温度数据相差很大。本数据取自刘建民、马秦儒等“$CuSO_4\cdot 5H_2O$ 加热过程中的行为”一文（《大学化学研讨会论文集》，北京大学出版社，1990 年 10 月，128～129）。

三、实验仪器、试剂与材料

1. 仪器

台式天平，蒸发皿，普通漏斗，漏斗架，布氏漏斗，吸滤瓶，真空泵，表面皿，滴管，酒精灯，水浴锅，量筒（100mL、10mL），坩埚，泥三角，坩埚钳，干燥器，铁架台，铁圈，沙浴盘，温度计（300℃），分析天平，烧杯（250mL、100mL）。

2. 实验试剂

HNO_3（1mol·L^{-1}），浓 HNO_3（AR），H_2SO_4（1mol·L^{-1}），H_2SO_4（3mol·L^{-1}），HCl（2mol·L^{-1}），H_2O_2（3%），KSCN（1mol·L^{-1}），$NH_3\cdot H_2O$（2mol·L^{-1}），$NH_3\cdot H_2O$（6mol·L^{-1}），铜片。

3. 材料

pH 试纸，滤纸，沙子。

四、实验步骤

1. 铜片的净化

称取 3g 剪碎的铜片，置于干燥的蒸发皿中，加入 7mL 1mol·L^{-1} HNO_3 溶液，小火加热，以洗去铜片上的污物（不要加热太久，以免铜过多地溶解在稀 HNO_3 中影响产率）。用倾注法除去酸液，用水洗净铜片。

2. $CuSO_4\cdot 5H_2O$ 的制备

向盛有铜片的蒸发皿中加入 12mL 3mol·L^{-1} H_2SO_4，水浴加热，温热后，分多次缓慢加入 5mL 浓硝酸（反应过程中产生大量有毒的NO_2 气体，操作应在通风橱中进行）。待反应缓和后，盖上表面皿，在水浴上继续加热至铜片几乎全部溶解（加热过程中需要补加 6mL 3mol·L^{-1} H_2SO_4 和 1.5mL 浓 HNO_3）。趁热倾注法过滤，用 5mL 蒸馏水分两次洗涤滤纸。将滤液转入洗净的蒸发皿中，在水浴上缓慢加热，浓缩至表面出现晶膜为止。取下蒸发皿，使溶液逐渐冷却，析出结晶，减压抽滤得到 $CuSO_4\cdot 5H_2O$ 粗品，晶体用滤纸吸干。

称其粗品质量，计算产率（以湿品计算，应不少于 85%）。

$$产率=\frac{产品质量}{理论产量}$$

3. 重结晶法提纯 $CuSO_4\cdot 5H_2O$

称出 1g 上面制得的粗 $CuSO_4\cdot 5H_2O$ 晶体留作分析样品，其余的放入小烧杯中，按 $CuSO_4\cdot 5H_2O$：H_2O＝1：2 的比例（质量比）加入纯水，加热溶解。滴加 2mL 3% H_2O_2，将溶液加热，同时滴加 2mol·$L^{-1}$$NH_3\cdot H_2O$（或 0.5mol·$L^{-1}$ NaOH）直到溶液 pH＝4，再多加 1～2 滴，加热片刻，静置，使生成的 $Fe(OH)_3$ 及其他不溶物沉降。过滤，滤液转入洁净的蒸发皿中，滴加 1mol·L^{-1}

H_2SO_4 溶液，调节 pH 至 1～2，然后在石棉网上加热、蒸发、浓缩至液面出现晶膜时，停止加热。以冷水冷却，抽滤（尽量抽干），取出结晶，放在两层滤纸中间挤压，以吸干水分，称其质量，计算产率。

4. $CuSO_4 \cdot 5H_2O$ 纯度检查

① 将 1g 粗 $CuSO_4 \cdot 5H_2O$ 晶体，放入小烧杯中，用 10mL 蒸馏水溶解，加入 $1mol \cdot L^{-1}$ H_2SO_4 酸化，加 2mL 3% H_2O_2，煮沸片刻，使 Fe^{2+} 氧化为 Fe^{3+}，待溶液冷却后，在搅拌下滴加 $6mol \cdot L^{-1}$ $NH_3 \cdot H_2O$，直至最初生成的蓝色沉淀完全溶解，溶液呈深蓝色为止。此时 Fe^{3+} 成为 $Fe(OH)_3$ 沉淀，而 Cu^{2+} 则成为 $[Cu(NH_3)_4]^{2+}$ 离子。

将此溶液分 4～5 次常压过滤，用滴管吸取 $6mol \cdot L^{-1}$ $NH_3 \cdot H_2O$ 洗涤滤纸至蓝色消失，滤纸上留下黄色的 $Fe(OH)_3$ 沉淀。用少量蒸馏水冲洗，再用滴管将 3mL 热的 $2mol \cdot L^{-1}$ HCl 溶液逐滴滴在滤纸上至 $Fe(OH)_3$ 沉淀全部溶解，以洁净的试管接收滤液。然后在滤液中加入 2 滴 $1mol \cdot L^{-1}$ KSCN 溶液，并加水稀释至 5mL，观察血红色配合物的产生。保留此液供后面比较用。

② 称取 1g 提纯过的 $CuSO_4 \cdot 5H_2O$ 晶体，重复上述操作，比较两种溶液血红色的深浅，确定产品的纯度。

5. 恒重坩埚

将一洗净的坩埚及坩埚盖置于泥三角上。小火烘干后，用氧化焰灼烧至红热。将坩埚冷却至略高于室温，再用干净的坩埚钳将其移入干燥器中，冷却至室温（注意，热坩埚放入干燥器后，一定要在短时间内将干燥器盖子打开 1～2 次，以免内部压力降低，难以打开）。取出，用分析天平称量。重复加热至脱水温度以上，冷却、称量，直至恒重。

6. 水合硫酸铜脱水

(1) 在已恒重的坩埚中加入 1.0～1.2g 研细的水合硫酸铜晶体，铺成均匀的一层，再在分析天平上准确称量坩埚及水合硫酸铜的总质量，减去已恒重坩埚的质量即为水合硫酸铜的质量。

(2) 将已称量的、内装有水合硫酸铜晶体的坩埚置于沙浴盘中。将其四分之三体积埋入沙内，再在靠近坩埚的沙浴中插入一支温度计（300℃），其末端应与坩埚底部大致处于同一水平。加热沙浴至约 210℃，然后慢慢升温至 280℃左右，调节煤气灯以控制沙浴温度在 260～280℃之间。当坩埚内粉末由蓝色全部变为白色时停止加热（需 15～20min）。用干净的坩埚钳将坩埚移入干燥器内，冷至室温。将坩埚外壁用滤纸揩干净后，在分析天平上称量坩埚和脱水硫酸铜的总质量。计算脱水硫酸铜的质量。重复沙浴加热，冷却、称量，直到“恒重”（本实验要求两次称量之差≤1mg）。实验后将无水硫酸铜倒入回收瓶中。

将实验数据填入表 2-4。由实验所得数据，计算每物质的量的 $CuSO_4$ 中所结合的结晶水的物质的量（计算出结果后，四舍五入取整数）。确定水合硫酸铜的化学式。

7. 数据记录与处理

表 2-4 恒重干锅及加热后干锅加无水硫酸铜质量

空坩埚质量/g			(空坩埚+五水硫酸铜的质量)/g	(加热后坩埚+无水硫酸铜质量)/g		
第一次称量	第二次称量	平均值		第一次称量	第二次称量	平均值

五、注意事项

① 熟悉实验过程中固体的溶解、过滤、蒸发、结晶、重结晶、固液分离、沙浴加热、研钵的使用、干燥器的准备和使用等基本操作，学习分析天平的使用方法。

② $CuSO_4 \cdot 5H_2O$ 的用量最好不要超过 1.2g。

③ 加热脱水一定要完全，晶体完全变为灰白色，不能是浅蓝色。

④ 注意恒重。

⑤ 注意控制脱水温度。

六、思考题

① 为什么要在精制后的 $CuSO_4$ 溶液中调节 pH=1 使溶液呈强酸性？

② 制备 $CuSO_4 \cdot 5H_2O$ 时，为什么要加入少量浓硝酸？为什么要分多次缓慢加入？

③ 蒸发、结晶制备 $CuSO_4 \cdot 5H_2O$ 时，为什么刚出现晶膜时即停止加热而不能将溶液蒸干？

④ 什么叫重结晶？NaCl 可以用重结晶法进行提纯吗？为什么？

⑤ 在粗 $CuSO_4$ 溶液中 Fe^{2+} 杂质为什么要氧化为 Fe^{3+} 后再除去？为什么要调节溶液的 pH=4？pH 太大或太小有何影响？

⑥ 在水合硫酸铜结晶水的测定中，为什么用沙浴加热并控制温度在 280℃左右？

⑦ 加热后的坩埚能否未冷却至室温就去称量？加热后的热坩埚为什么要放在干燥器内冷却？

⑧ 在高温灼烧过程中，为什么必须用煤气灯氧化焰而不能用还原焰加热坩埚？

⑨ 为什么要进行重复的灼烧操作？什么叫恒重？其作用是什么？

附注：

① 如果用废铜屑为原料，应先放在蒸发皿中以强火灼烧至表面生成黑色的 CuO，然后再与 H_2SO_4 反应。有时为避免有害气体产生污染实验室环境，也可直接以 CuO 为原料制备 $CuSO_4$。方法如下：取 3.5g CuO 置于 100mL 小烧杯中，加入 30mL 3mol·L^{-1} H_2SO_4（工业纯）反应制得粗 $CuSO_4 \cdot 5H_2O$，然后再按实验

步骤 3，用重结晶法制得纯 $CuSO_4 \cdot 5H_2O$。

② 试剂行业中 $CuSO_4 \cdot 5H_2O$ 提纯流程如下：

粗 $CuSO_4 \cdot 5H_2O$ 75kg $\xrightarrow{\text{蒸汽}}$ 加 $CuSO_4$ 1～5kg pH＝4 $\xrightarrow{\text{蒸汽}}$ 加 H_2O_2 750mL 放置 30min $\xrightarrow{\text{检测 } Fe^{2+}}$ 蒸发结膜加 H_2SO_4 至 pH＝1 → 结晶→离心分离→洗涤→成品

③ 若溶液倒入太多，滤纸会被蓝色溶液全部或大部浸润，以致用 $NH_3 \cdot H_2O$ 过多或洗不彻底，用 HCl 溶解 $Fe(OH)_3$ 沉淀时，$[Cu(NH_3)_4]^{2+}$ 离子便会一起流入试管中，遇大量 SCN^- 生成黑色 $Cu(SCN)_2$ 沉淀影响检验结果。

实验八　醋酸电离度和电离常数的测定

一、实验目的

① 测定醋酸电离度和电离常数，加深对电离度、电离平衡常数和弱电解质电离平衡的理解。

② 掌握数字酸度计的使用方法。

③ 进一步掌握滴定原理，滴定操作及正确判断滴定终点。

二、实验原理

醋酸（CH_3COOH 或 HAc）是弱电解质，在水溶液中存在以下电离平衡：

$$HAc \rightleftharpoons H^+ + Ac^-$$

其平衡关系为

$$K=\frac{[H^+][Ac^-]}{[HAc]}$$

c 为 HAc 的起始浓度，$[H^+]$、$[Ac^-]$、$[HAc]$ 分别为 H^+、Ac^-、HAc 的平衡浓度，α 为电离度，K 为电离平衡常数。

在纯的 HAc 溶液中，$[H^+]=[Ac^-]=c\alpha$，$[HAc]=c(1-\alpha)$

则

$$\alpha=\frac{[H^+]}{c}\times 100\%, K=\frac{[H^+][Ac^-]}{[HAc]}=\frac{[H^+]^2}{c-[H^+]}$$

当 $\alpha<5\%$ 时，$c-[H^+]\approx c$，故 $K=\frac{[H^+]^2}{c}$

根据以上关系，通过测定已知浓度 HAc 溶液的 pH 值，就知道其 $[H^+]$，从而可以计算该 HAc 溶液的电离度和电离平衡常数。

三、实验仪器与试剂

1. 仪器

碱式滴定管，吸量管（10mL），移液管（25mL），锥形瓶（50mL），烧杯

(50mL)，pH 计。

2. 实验试剂

HAc（0.2mol·L^{-1}），0.2mol·L^{-1} NaOH 标准溶液，酚酞指示剂。

四、实验步骤

1. 醋酸溶液浓度的测定

以酚酞为指示剂，用已知浓度的 NaOH 标准溶液标定 HAc 的准确浓度，把结果填入表 2-5。

表 2-5 HAc 溶液浓度的标定

测定序号				
NaOH 溶液的浓度/mol·L^{-1}				
HAc 溶液的用量/mL				
NaOH 溶液的用量/mL				
HAc 溶液的浓度/mol·L^{-1}	测定值			
	平均值			

2. 配制不同浓度的 HAc 溶液

用移液管和吸量管分别吸取 25.00mL、5.00mL、2.50mL 已测得准确浓度的 HAc 溶液，把它们分别加入三个 50mL 容量瓶中，再用蒸馏水稀释至刻度，摇匀，并计算出这三个容量瓶 HAc 溶液的准确浓度。

3. 测定醋酸溶液的 pH，计算醋酸的电离度和电离平衡常数

把以上四种不同浓度的 HAc 溶液分别加入四只洁净干燥的 50mL 烧杯中，按由稀到浓的次序在 pH 计上分别测定它们的 pH，并记录数据和室温。计算电离度和电离平衡常数，并将有关数据填入表 2-6。

表 2-6 不同浓度 HAc 溶液的 pH 及电离度和电离平衡常数（温度 25℃）

溶液编号	c /mol·L^{-1}	pH	[H^+] /mol·L^{-1}	α	电离平衡常数 K	
					测定值	平均值
1						
2						
3						
4						

本实验测定的 K 在 1.0×10^{-5}～2.0×10^{-5} 范围内合格（25℃的文献值为 1.76×10^{-5}）。

五、注意事项

① 注意实验过程中的滴定管、移液管、吸量管、容量瓶和 pH 计的正确使用方法。

② 注意酸碱滴定管的正确使用，在接近刻度时一定要逐滴加入醋酸（或水），

配成准确浓度的醋酸溶液。

③ 在进行不同浓度的醋酸溶液的配制时，一定要注意采用干燥的小烧杯(100mL)，以免使浓度发生变化，或液面过低，无法将玻璃电极完全浸没。

六、思考题

① 烧杯是否必须烘干？还可以怎样处理？

② 测定 pH 时，为什么要按从稀到浓的次序进行？

③ 若所用的醋酸浓度极稀，醋酸的电离度>5%时，是否还能用 $K=\frac{[H^+]^2}{c}$ 式计算电离平衡常数？为什么？

④ 改变所测醋酸溶液的浓度或温度，则电离度和电离常数有无变化？若有变化，会有怎样的变化？

⑤ 下列情况能否用 $K=\frac{[H^+]^2}{c}$ 求电离常数？

A. 在 HAc 溶液中加入一定量的固体 NaAc（假设溶液的体积不变）。

B. 在 HAc 溶液中加入一定量的固体 NaCl（假设溶液的体积不变）。

⑥ 在 NaOH 标准溶液装入碱式滴定管中滴定待测 HAc 溶液，以下情况对滴定结果有何影响？

A. 滴定过程中滴定管下端产生了气泡。

B. 滴定近终点时，没有用蒸馏水冲洗锥形瓶的内壁。

C. 滴定完后，有液滴悬挂在滴定管的尖端处。

D. 滴定过程中，有一些滴定液自滴定管的活塞处渗漏出来。

实验九　氧化还原反应与电极电势

一、实验目的

① 熟悉电极电势与氧化还原反应的关系。

② 了解浓度、酸度、温度对氧化还原反应的影响。

③ 了解原电池的装置和原理。

二、实验原理

氧化还原反应的实质是物质间电子的转移或电子对的偏移。氧化剂、还原剂得失电子能力的大小，即氧化还原能力的强弱，可根据它们相应电子对的电极电势的相对大小来衡量。电极电势的数值越大，则氧化态的氧化能力越强，其氧化态物质是较强的氧化剂。电极电势的数值越小，则还原态的还原能力越强，其还原态物质是较强的还原剂。只有较强的氧化剂和较强的还原剂之间才能够发生反应，生成较弱的氧化剂和较弱的还原剂，故根据电极电势可以判断反应的方向。

利用氧化还原反应产生电流的装置称原电池。原电池的电动势 $E_{池}=\varphi_{(+)}-\varphi_{(-)}$，根据能斯特方程，当氧化型或还原型物质的浓度、酸度改变时，电极电势的数值会随之发生改变。本实验利用伏特计测定原电池的电动势来定性比较浓度、酸度等因素对电极电势及氧化还原反应的影响。

三、仪器和试剂

1. 仪器

试管、烧杯、表面皿、培养皿、U形管、伏特计、水浴锅、导线、砂纸、鳄鱼夹。

2. 试剂

HCl（$2mol \cdot L^{-1}$）、HNO_3（$1mol \cdot L^{-1}$、浓）、H_2SO_4（$1mol \cdot L^{-1}$、$3mol \cdot L^{-1}$）、HAc（$3mol \cdot L^{-1}$）、$H_2C_2O_4$（$0.1mol \cdot L^{-1}$）、$NH_3 \cdot H_2O$（浓）、NaOH（$6mol \cdot L^{-1}$，40%）、$ZnSO_4$（$1mol \cdot L^{-1}$）、$CuSO_4$（$1mol \cdot L^{-1}$）、KI（$0.1mol \cdot L^{-1}$）、KBr（$0.1mol \cdot L^{-1}$）、$AgNO_3$（$0.1mol \cdot L^{-1}$、$0.5mol \cdot L^{-1}$）、$FeCl_3$（$0.1mol \cdot L^{-1}$）、$Fe_2(SO_4)_3$（$0.1mol \cdot L^{-1}$）、$FeSO_4$（0.4，$1mol \cdot L^{-1}$）、$K_2Cr_2O_7$（$0.4mol \cdot L^{-1}$）、$KMnO_4$（$0.001mol \cdot L^{-1}$）、Na_2SO_3（$0.1mol \cdot L^{-1}$）、Na_3AsO_3（$0.1mol \cdot L^{-1}$）、$MnSO_4$（$0.1mol \cdot L^{-1}$）、KSCN（$0.1mol \cdot L^{-1}$）、溴水（Br_2）、碘水（I_2）、CCl_4、NH_4F（$1mol \cdot L^{-1}$、固体）、KCl（饱和溶液）、$SnCl_2$（$0.5mol \cdot L^{-1}$）、$CuCl_2$（$0.5mol \cdot L^{-1}$）、$(NH_4)_2C_2O_4$（饱和溶液）、锌粒、小锌片、小铜片、琼脂、电极（锌片、铜片、铁片、碳棒）、红色石蕊试纸。

四、实验步骤

1. 电极电势和氧化还原反应

① 向试管中加入10滴 $0.1mol \cdot L^{-1}$ 的KI溶液和2滴 $0.1mol \cdot L^{-1}$ 的 $FeCl_3$ 溶液后，摇匀，再加入10滴 CCl_4 溶液充分振荡，观察 CCl_4 层颜色的变化，解释原因并写出相应的反应方程式。

② 用 $0.1mol \cdot L^{-1}$ KBr代替KI溶液进行同样实验，观察 CCl_4 层颜色的变化。

③ 用溴水（Br_2）代替 $FeCl_3$ 溶液与 $0.1mol \cdot L^{-1}$ 的KI溶液作用，又有何现象？

根据实验结果比较 Br_2/Br^-、I_2/I^-、Fe^{3+}/Fe^{2+} 三个电子对的电极电势相对大小，指出最强的氧化剂和还原剂，并说明电极电势和氧化还原反应的关系。

2. 浓度对电极电势的影响

① 在两只50mL烧杯中，分别加入25mL $1mol \cdot L^{-1}$ 的 $ZnSO_4$ 溶液和25mL $1mol \cdot L^{-1}$ 的 $CuSO_4$ 溶液，在 $ZnSO_4$ 溶液中插入仔细打磨过的锌片，在 $CuSO_4$ 溶液中插入仔细打磨过的铜片，用导线将铜片、锌片分别与伏特计的正负极相连，两个烧杯溶液间用KCl盐桥连接好，测量电池电动势。

② 取出盐桥，在 $CuSO_4$ 溶液中滴加过量浓 $NH_3 \cdot H_2O$，边加边搅拌，当生成的沉淀完全溶解而形成深蓝色溶液时，放入盐桥，测定电池电动势。

③ 再取出盐桥，在 $ZnSO_4$ 溶液中滴加浓 $NH_3 \cdot H_2O$，边加边搅拌，至生成的沉淀完全溶解后，放入盐桥，观察伏特计示数有何变化。

比较 3 次测定结果，你能得出什么结论？利用能斯特方程解释实验现象。

3. 酸度对电极电势的影响

① 取两只 50mL 小烧杯，分别加入 25mL $1mol \cdot L^{-1} FeSO_4$ 溶液和 25mL$0.4mol \cdot L^{-1} K_2Cr_2O_7$ 溶液，在盛有 $FeSO_4$ 溶液的烧杯中插入铁片，盛有 $K_2Cr_2O_7$ 溶液的烧杯中插入碳棒，用导线将铁片、碳棒与伏特计的负极、正极相连，将两烧杯间用另一盐桥连接好，测量电池电动势。

② 在 $K_2Cr_2O_7$ 溶液中，逐滴加入 $1mol \cdot L^{-1} H_2SO_4$ 溶液，观察伏特计示数的变化。再向 $K_2Cr_2O_7$ 溶液中，逐滴加入 $6mol \cdot L^{-1}$ NaOH 溶液，观察伏特计的示数又怎样变化？

4. 浓度、酸度对氧化还原反应产物的影响

① 在 3 支试管中，均加入 2 滴 $0.001mol \cdot L^{-1} KMnO_4$ 溶液，再分别加入 $1mol \cdot L^{-1} H_2SO_4$、蒸馏水、$6mol \cdot L^{-1}$NaOH 溶液各 0.5mL，摇匀后往 3 支试管中各加几滴 $0.1mol \cdot L^{-1} Na_2SO_3$ 溶液，观察反应产物有何不同？解释原因。

② 在两支试管中分别加入 2mL 浓 HNO_3 和 $1mol \cdot L^{-1} HNO_3$，再各加入一小颗锌粒，观察发生的现象。写出有关反应式。

浓 HNO_3 被还原的主要产物可通过对生成气体颜色的观察进行判断，稀 HNO_3 被还原的主要产物可通过检验溶液中是否有 NH_4^+ 生成来进行判断。溶液中 NH_4^+ 检验方法常用气室法或奈斯勒试剂法（奈斯勒试剂是 $K_2[HgI_4]$ 的 KOH 溶液，遇 NH_4^+ 生成棕红色沉淀）。气室法检验 NH_4^+ 离子方法：取大小两个表面皿，在较大表面皿中加入 5～10 滴待测试液，再滴入 3～5 滴 40%的 NaOH 溶液，在较小的表面皿贴一小块湿润的红色石蕊试纸（或广泛 pH 试纸），将两个表面皿盖好做成气室，将该气室放在水浴上微热，若试纸变蓝色，则表示 NH_4^+ 存在。

5. 浓度、酸度对氧化还原反应方向的影响

(1) 浓度的影响

① 取一支试管，加入蒸馏水、CCl_4 溶液和 $0.1mol \cdot L^{-1} Fe_2(SO_4)_3$ 溶液各 10 滴，摇匀，再加入 10 滴 $0.1mol \cdot L^{-1}$的 KI 溶液，振荡后观察 CCl_4 层的颜色。

② 在另一支试管中加入 CCl_4、$0.1mol \cdot L^{-1} FeSO_4$ 和 $0.1mol \cdot L^{-1} Fe_2(SO_4)_3$ 溶液各 10 滴，摇匀后，再加入 10 滴 $0.1mol \cdot L^{-1}$ 的 KI 溶液，振荡后观察 CCl_4 层的颜色。并与上一实验进行比较。

③ 在以上 2 只试管中各加入一小勺 NH_4F（固体），用力振荡一会儿，观察 CCl_4 层的颜色变化。

解释以上实验现象，说明浓度对氧化还原反应方向的影响。

(2) 酸度的影响　Na_3AsO_3溶液与I_2水之间反应如下：

$$AsO_4^{3-}+2I^-+2H^+ = AsO_3^{3-}+I_2+H_2O$$

取一支试管，加入5滴0.1mol·L^{-1} Na_3AsO_3溶液，再加入5滴I_2水，观察溶液颜色。然后将溶液用2mol·L^{-1} HCl酸化，溶液颜色有何变化？再向溶液中滴入40% NaOH溶液，又有何变化？解释原因，说明酸度对氧化还原反应方向的影响。

6. 酸度、温度和催化剂对氧化还原反应速度的影响

(1) 酸度的影响　在两支试管中，各加入5滴饱和$(NH_4)_2C_2O_4$溶液，再分别加入3mol·L^{-1} H_2SO_4和3mol·L^{-1} HAc溶液各5滴，然后往两支试管中各加入2滴0.001mol·L^{-1} $KMnO_4$溶液，观察比较两支试管中紫红色褪去的快慢。解释原因，并写出有关反应方程式。

(2) 温度的影响　在两支试管中，各加入10滴0.1mol·L^{-1} $H_2C_2O_4$溶液，5滴1mol·L^{-1} H_2SO_4和1滴0.001mol·L^{-1} $KMnO_4$溶液，摇匀；将其中一支试管放入80℃水浴中加热，另一支试管不加热，比较两支试管紫红色褪色快慢。说明原因。

(3) 催化剂的影响　在3支试管中，各加入1mL 0.1mol·L^{-1} $H_2C_2O_4$溶液，5滴1mol·L^{-1} H_2SO_4和1滴0.001mol·L^{-1} $KMnO_4$溶液，摇匀；向其中一支试管滴加5滴0.1mol·L^{-1} $MnSO_4$，另一支试管滴加5滴1mol·L^{-1} NH_4F溶液，第三支试管加5滴蒸馏水，摇匀，比较3支试管紫红色褪色快慢，必要时可加热。解释原因。

7. 趣味实验

(1) 锡树的形成　将一张经0.5mol·L^{-1} $SnCl_2$溶液均匀润湿的圆形滤纸贴在培养皿中，不能有气泡，滤纸中央放上一小块锌片，盖上盖子，放置约30min，即可观察到闪光的小锡树。

(2) 银树的形成　方法同上，只是改以0.5mol·L^{-1} $AgNO_3$溶液润湿滤纸，滤纸中央放上一小块铜片，即可观察到美丽发光的银树。

(3) 铜树的形成　方法同(1)，改以0.5mol·L^{-1} $CuCl_2$溶液代替$SnCl_2$溶液润湿滤纸，即可观察到铜树。

五、注意事项

① $FeSO_4$和Na_2SO_3溶液要现配制。

② 作为电极的锌片、铜片、铁片等用时要用砂纸打磨，以免接触不良影响伏特计读数。

③ 盐桥的制法　将1g琼脂加入100mL饱和KCl溶液中浸泡一会儿，加热煮成糊状，趁热倒入U形玻璃管中（注意里面不能留气泡），冷却即成。

六、思考题

① 为什么 $K_2Cr_2O_7$ 能氧化浓 HCl 中的 Cl^-，而不能氧化浓度更大的 NaCl 溶液中的 Cl^-？

② 试归纳影响电极电势的因素。

③ 若用饱和甘汞电极来测定锌电极的电极电势，应如何组成原电池？写出原电池符号及电极反应式。

④ 试根据氧化还原的概念，再设计制备几种金属树。

实验十　由废铁屑制备硫酸亚铁铵

一、实验目的

① 了解化合物制备方法。

② 练习制备反应过程中的一些基本实验操作。

③ 练习水浴加热和减压过滤的操作。

④ 了解产品限量分析方法。

二、实验原理

硫酸亚铁铵，其化学式为 $(NH_4)_2SO_4 \cdot FeSO_4 \cdot 6H_2O$。它是由 $(NH_4)_2SO_4$ 与 $FeSO_4$ 按 1∶1 结合而成的复盐。其溶解度比组成它的每一个组分 $FeSO_4$ 或 $(NH_4)_2SO_4$ 的溶解度都要小。$(NH_4)_2SO_4 \cdot FeSO_4 \cdot 6H_2O$ 晶体很容易从混合液中优先析出（表 2-7 和表 2-8）。

表 2-7　硫酸亚铁在不同温度下的溶解度

温度/℃	0	10	20	30	40	50	55	60	65	70	80	90
溶解度/(g/100g H_2O)	15.65	20.51	26.5	32.9	40.2	48.6	—	—	—	50.9	43.6	37.3
结晶成分	$FeSO_4 \cdot 7H_2O$						$FeSO_4 \cdot 4H_2O$			$FeSO_4 \cdot H_2O$		

表 2-8　硫酸亚铁铵、硫酸铵在不同温度下的溶解度

化合物	溶解度/(g/100g H_2O)							
	0℃	10℃	20℃	30℃	40℃	50℃	60℃	70℃
$(NH_4)_2SO_4 \cdot FeSO_4 \cdot 6H_2O$	12.5	17.2	21.6	28.1	33.0	40.0	44.6	52.0
$(NH_4)_2SO_4$	70.6	73.0	75.4	78.0	81.0	84.5	88.0	89.6

硫酸亚铁铵为浅绿色单斜晶体，在空气中比较稳定，不像一般亚铁盐那样易被氧化，所以它是常用的含亚铁离子的试剂，它溶于水，不溶于酒精。

通常 $FeSO_4$ 是由铁屑与稀硫酸作用而得到的。根据 $FeSO_4$ 的量，加入一定量的 $(NH_4)_2SO_4$，二者相互作用后，经过蒸发浓缩、结晶、冷却和过滤，便可得到莫尔盐晶体。

在制备过程中涉及的化学反应如下：

$$Fe+H_2SO_4(稀) \xlongequal{} FeSO_4+H_2\uparrow$$

$$FeSO_4+(NH_4)_2SO_4+6H_2O \xlongequal{} (NH_4)_2SO_4 \cdot FeSO_4 \cdot 6H_2O$$

硫酸亚铁铵产品质量的检验：产品中主要杂质是铁（Ⅲ），利用 Fe^{3+} 与 KCNS 形成血红色配位离子 $[Fe(SCN)_n]^{3-n}$ 的深浅来目视比色，评定其纯度级别。

三、实验仪器与试剂

1. 仪器

天平、水浴锅、抽滤瓶、大烧杯、小烧杯、150mL 锥形瓶、25mL 量筒、25mL 比色管、表面皿。

2. 试剂

铁屑或铁粉、铁钉、铁丝、$(NH_4)_2SO_4$ 固体、饱和 Na_2CO_3 溶液、25% KSCN、$3mol \cdot L^{-1}$ H_2SO_4。

四、实验步骤

1. 铁屑的净化（除去油污）

称取 4g 铁屑放在小烧杯内，加入适量饱和碳酸钠溶液，直接在石棉网上加热 10min。用倾析法除去碱溶液，并用水将铁屑洗净。如果铁屑上仍然有油污，再加适量上述溶液煮，直至铁屑上无油污。若铁屑表面干净，此步可省略。

2. 硫酸亚铁的制备

把洗净的铁屑转入 150mL 锥形瓶中，往盛有铁屑的锥形瓶中加入 25mL $3mol \cdot L^{-1}$ H_2SO_4 溶液，锥形瓶放在自制的水浴锅上加热，使铁屑与硫酸反应至不再有气泡冒出为止（30～40min）。在反应过程中应不时往锥形瓶中（和水浴锅中）加些水，补充被蒸发掉的水分。最后得到硫酸亚铁溶液，趁热减压过滤，称量残渣，计算实际参与反应的铁的克数。

3. 硫酸亚铁铵的制备

往盛有硫酸亚铁溶液的 100mL 烧杯中，加入 9.5g 硫酸铵固体和 25mL 左右水(最终体积控制在 50～60mL)，搅拌，并在水浴上加热使硫酸铵固体全部溶解。若硫酸铵混有泥沙等杂质，将热溶液进行一次减压过滤，并用 5mL 热水洗涤滤纸上的残渣。将吸滤瓶中滤液再快速倾入 100mL 烧杯中，并将此烧杯放在装有热水的 500mL 烧杯中，令溶液慢慢冷却，待硫酸亚铁铵晶体析出。用倾析法除去母液，将晶体放在表面皿上晾干。观察晶体颜色，晶形。最后称重，并计算理论产量和产率。

4. 产品检验

铁（Ⅲ）的限量分析：称 1g 样品置于 25mL 比色管中，用 15mL 不含氧的蒸馏水溶解之，加入 2mL、$3mol \cdot L^{-1}$ H_2SO_4 溶液和 1mL KSCN 溶液，继续加不含氧的蒸馏水至比色管 25mL 刻度线。摇匀，所呈现的红色不得深于标准。

标准：取含有下列数量 Fe^{3+} 的溶液 15mL。

Ⅰ级试剂：0.05mg。

Ⅱ级试剂：0.10mg。

Ⅲ级试剂：0.20mg。

然后与样品同样处理（标准由实验教员准备）。

五、注意事项

① 由机械加工过程得到的废铁屑表面沾有油污，可采用碱煮（10% Na_2CO_3 溶液，约 10 min）的方法除去。

② 在溶解铁屑的过程中，会产生大量氢气及少量有毒气体（如 PH_3、H_2S 等），应注意通风，避免发生事故。

③ 所制得的硫酸亚铁溶液和硫酸亚铁铵溶液均应保持较强的酸性（pH=1～2）。

④ 在进行 Fe^{3+} 的限量分析时，应使用含氧较少的去离子水来配制硫酸亚铁铵溶液。

六、思考题

① 铁屑净化、溶解以及复盐的制备均需加热，这些加热时应注意什么问题？

② 本实验中所需硫酸铵的质量和硫酸亚铁铵的理论产量应怎样计算？试列出计算的公式。

③ 为什么制备硫酸亚铁铵晶体时，溶液必须呈酸性？

④ 减压过滤得到硫酸亚铁铵晶体时，如何除去晶体表面上附着的水分？

实验十一　氯化铅的溶度积和溶解热测定

一、实验目的

① 掌握有关难溶电解质的溶度积原理及测定方法。

② 熟悉盐类溶解热测定的一种方法。

二、实验原理

在饱和溶液中，难溶电解质在固相和液相之间存在着动态平衡。

例如：

$$PbCl_2(s) \rightleftharpoons Pb^{2+}(aq) + 2Cl^-(aq)$$

在一定温度下，难溶电解质的饱和溶液中离子浓度（确切地说应是离子活度）的乘积为一常数，称为溶度积（K_{sp}）。例如氯化铅在 25℃时的溶度积为

$$K_{sp,PbCl_2} = [Pb^{2+}][Cl^-] = 1.7\times10^{-5} \quad (1)$$

式中，$[Pb^{2+}]$、$[Cl^-]$ 分别为平衡时 Pb^{2+} 离子浓度和 Cl^- 离子的浓度（$mol \cdot L^{-1}$）。

在不同温度下，难溶电解质的 K_{sp} 是不同的。按

$$\Delta_r G = \Delta_r G^\circ + RT\ \ln K_{sp} \quad (2)$$

可推导出 K_{sp} 与绝对温度 T 的关系式为

$$\lg K_{sp} = -\Delta_r H^\circ / 2.303R \cdot 1/T + \Delta_r S^\circ / 2.303R \tag{3}$$

式中，$\Delta_r H^\circ$ 为标准焓变化（单位：$kJ \cdot mol^{-1}$）；R 为气体常数（$8.314J \cdot mol^{-1} \cdot K^{-1}$）；$\Delta_r S^\circ$ 为标准熵变化（单位：$J \cdot mol^{-1}$）。

由于在室温～100℃的温度范围内，$\Delta_r H^\circ$ 和 $\Delta_r S^\circ$ 随温度变化而改变不大，可以把它们视为常数。

因此，在式(3) 中 $\lg K_{sp}$ 对 $1/T$ 作图，应为一条直线，所得直线斜率为（$-\Delta_r H^\circ/2.303R$）。由斜率可求得 $\Delta_r H^\circ$。

三、实验仪器与试剂

1. 仪器

移液管10mL、吸量管2mL、大试管、双孔软木塞、温度计、搅拌棒、水浴锅。

2. 试剂

$1.0mol \cdot L^{-1}$ KCl、$0.10mol \cdot L^{-1}$ $Pb(NO_3)_2$。

四、实验步骤

1. 测定室温时 $PbCl_2$ 的溶度积

用移液管向一个干燥的大试管中加入0.70mL $1.0mol \cdot L^{-1}$ 的KCl溶液，再加入10.00mL $0.10mol \cdot L^{-1}$ 的 $Pb(NO_3)_2$ 溶液。充分振荡，观察有无沉淀生成。若无沉淀，继续向试管中加入0.10mL $1.0mol \cdot L^{-1}$ 的KCl溶液，充分振荡，观察有无沉淀，依次试验下去（即若无沉淀，再加0.10mL $1.0mol \cdot L^{-1}$ 的KCl溶液），直至产生的沉淀不再消失。在实验报告上做好各次实验记录。

2. 溶度积与温度的关系

向干燥的大试管中加入10.00mL $0.10mol \cdot L^{-1}$ 的 $Pb(NO_3)_2$ 溶液和1.50mL $1.0mol \cdot L^{-1}$ 的KCl溶液。将大试管上端用铁夹固定，大试管下端的溶液部位浸在用烧杯作的水浴中。大试管口装一个双孔软木塞，中间孔插温度计，边缘孔插入带环搅拌棒。

开始加热水浴，同时小心搅拌溶液。当沉淀接近溶解完时，溶液温度的上升速度要慢一些，记下沉淀刚好完全溶解时的温度。也可以先加热使沉淀全部溶解，再缓慢冷却，观察并记录刚出现结晶时的温度。

继续向大试管中加入0.50mL $1.0mol \cdot L^{-1}$ 的KCl溶液，重复上述操作，完成第2号试验。同样，依次完成第3号、第4号试验，分别把这次沉淀刚溶解的温度记录在实验报告上。

五、思考题

本实验中测定 $PbCl_2$ 溶度积的原理如何？

实验十二　废干电池的回收

一、实验目的

① 了解干电池的构造。
② 学习混合物的分离方法。
③ 学习废锌锰干电池中提取有用物质的方法。

二、实验原理

锌锰干电池的负极为锌皮，正极是碳棒，在碳棒周围填充的是石墨粉和二氧化锰的混合物，电解液是糊状物，内有氯化铵、氯化锌和淀粉等。发生的电池反应为：

$$Zn+2MnO_2+2NH_4Cl=Zn(NH_3)_2Cl_2+Mn_2O_3+H_2O$$

在使用过程中，锌皮消耗最多，二氧化锰只起氧化作用，氯化铵作为电解质没有消耗。当锌锰干电池的电压降至约 1.3V 以下时，电池将不能再用。但电池的构成物质还远远没有耗尽。

根据锌锰干电池各组成的化学性质，回收处理废干电池可以获得多种物质，如锌、二氧化锰、氯化铵和制备有关金属的盐类等，回收的主要物质都是重要的化工原料，有的可直接用于干电池的生产。

1. 氯化铵的回收

将电池中的黑色混合物溶于水，可得氯化铵和氯化锌的混合溶液。依据两者溶解度的不同可回收氯化铵。氯化铵在 100℃时开始显著地挥发，338℃时解离，350℃时升华。

2. 二氧化锰的回收

电池中黑色混合物不溶于水的部分是二氧化锰和炭粉的混合物，灼烧以除去炭粉后，可得二氧化锰。

3. 由锌皮制备 $ZnSO_4 \cdot 7H_2O$

锌皮溶于硫酸可制备 $ZnSO_4 \cdot 7H_2O$，但锌皮中所含的杂质铁也同时溶解，必须除铁。

三、实验要求

① 根据实验室提供的条件选择废干电池中的 1～2 种物质回收。
② 写出详细的实验方案。
③ 经教师审查后完成实验。

四、实验仪器、试剂与材料

1. 仪器

由学生自己列出所需用的仪器。

2. 实验试剂

H_2SO_4（$3mol \cdot L^{-1}$），NaOH（$2mol \cdot L^{-1}$），$NH_3 \cdot H_2O$（$6mol \cdot L^{-1}$），H_2O_2（3%），草酸，硫酸铵。

3. 材料

pH 试纸，火柴。

五、思考题

① 废干锌锰电池可回收哪些有用物质？

② 废干电池应如何预处理以减少后续处理的干扰？

实验十三　磺基水杨酸合铁（Ⅲ）配合物的组成及其稳定常数的测定

一、实验目的

① 了解光度法测定配合物的组成及其稳定常数的原理和方法。

② 测定 pH<2.5 时磺基水杨酸合铁的组成及其稳定常数。

③ 学习分光光度计的使用。

二、实验原理

磺基水杨酸（简式为 H_3R）与 Fe^{3+} 可以形成稳定的配合物，因溶液 pH 的不同，形成配合物的组成也不同。本实验将测定 pH<2.5 时磺基水杨酸合铁（Ⅲ）配离子的组成及其稳定常数。

测定配合物的组成常用光度法，其基本原理如下。

当一束波长一定的单色光通过有色溶液时，一部分光被溶液吸收，一部分光透过溶液。

对光的被溶液吸收和透过程度，通常有两种表示方法：

一种是用透光率 T 表示。即透过光的强度 I_t 与入射光的强度 I_0 之比：

$$T=\frac{I_t}{I_0}$$

另一种是用吸光度 A（又称消光度、光密度）来表示。它是取透光率的负对数：

$$A=-\lg T=\lg\frac{I_0}{I_t}$$

A 值大表示光被有色溶液吸收的程度大，反之 A 值小，光被溶液吸收的程度小。

实验结果证明：有色溶液对光的吸收程度与溶液的浓度 c 和光穿过的液层厚度 d 的乘积成正比。这一规律称朗伯-比耳定律：

$$A=\varepsilon cd$$

式中，ε 是消光系数（或吸光系数）。当波长一定时，它是有色物质的一个特征常数。

由于所测溶液中，磺基水杨酸是无色的，Fe^{3+} 溶液的浓度很稀，也可以认为是无色的，只有磺基水杨酸合铁配离子（MRn）是有色的。因此，溶液的吸光度只与配离子的浓度成正比。通过对溶液吸光度的测定，可以求出该配离子的组成。

下面介绍一种常用的测定方法。

等摩尔系列法：即用一定波长的单色光，测定一系列组分变化的溶液的吸光度（中心离子 M 和配体 R 的总物质的量保持不变，而 M 和 R 的摩尔分数连续变化）。显然，在这一系列溶液中，有一些溶液的金属离子是过量的，而另一些溶液配体也是过量的；在这两部分溶液中，配离子的浓度都不可能达到最大值；只有当溶液中金属离子与配体的物质的量比与配离子的组成一致时，配离子的浓度才能最大。由于中心离子和配体对光几乎不吸收，所以配离子的浓度越大，溶液的吸光度也越大，总的说来就是在特定波长下，测定一系列的 [R]/([M]+[R]) 组成溶液的吸光度 A，作 A-[R]/([M]+[R]) 的曲线图，则曲线必然存在着极大值，而极大值所对应的溶液组成就是配合物的组成。如图 2-36 所示。但是当金属离子 M 和/或配体 R 实际存在着一定程度的吸收时，所观察到的吸光度 A 就并不是完全由配合物 MRn 的吸收所引起，此时需要加以校正，其校正的方法如下。

分别测定单纯金属离子和单纯配离子溶液的吸光度 M 和 N。在 A'-[R]/([M]+[R]) 的曲线图上，[R]/([M]+[R]) 等于 0 或 1.0 的两点作直线 MN，则直线上所表示的不同组成的吸光度数值，可以认为是由于 [M] 及 [R] 的吸收所引起的。因此，校正后的吸光度 A'应等于曲线上的吸光度数值减去相应组成下直线上的吸光度数值，即 $A'=A-A_0$。最后作 A'-[R]/([M]+[R]) 的曲线，该曲线极大值对所对应的组成才是配合物的实际组成。如图 2-37 所示。

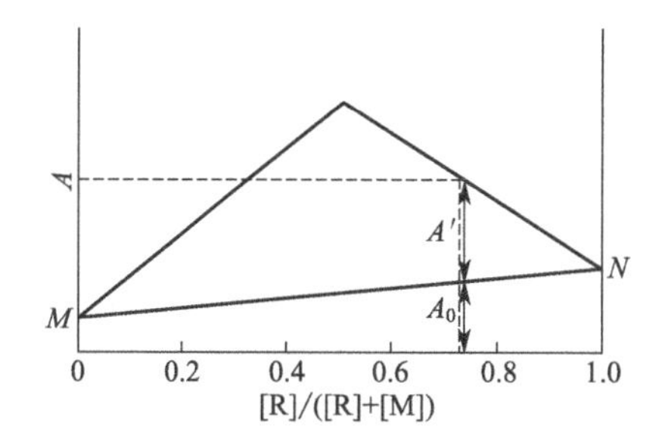

图 2-36　A-[R]/([M]+[R]) 曲线

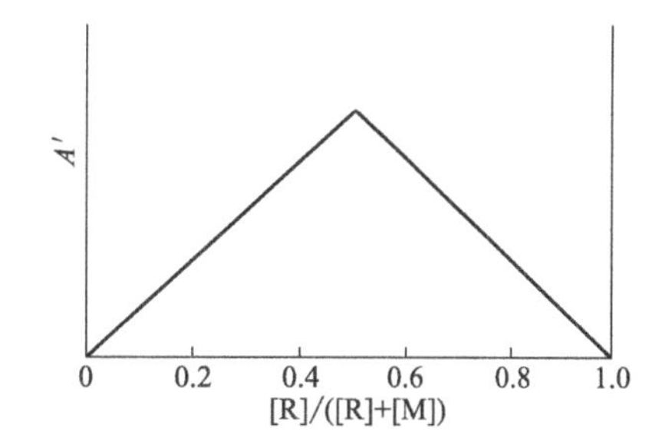

图 2-37　A'-[R]/([M]+[R]) 曲线

设 $x_{(R)}$ 为曲线极大值所对应的配体的摩尔分数：

$$x_{(\mathrm{R})}=\frac{[\mathrm{R}]}{[\mathrm{M}]+[\mathrm{R}]}$$

则配合物的配位数为

$$n=\frac{[R]}{[M]}=\frac{x_{(R)}}{1-x_{(R)}}$$

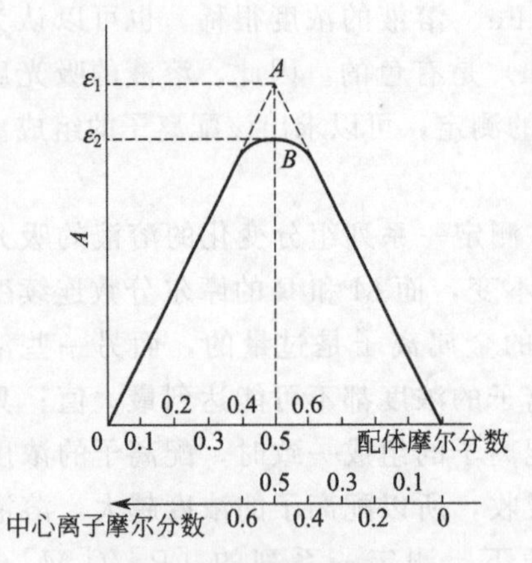

图 2-38　等摩尔系列法

由图 2-38 可看出，最大吸光度 A 点可被认为 M 和 R 全部形成配合物时的吸光度，其值为 ε_1。由于配离子有一部分解离，其浓度要稍小一些，所以实验测得的最大吸光度在 B 点，其值为 ε_2，因此配离子的解离度 α 可表示为

$$\alpha=\frac{\varepsilon_1-\varepsilon_2}{\varepsilon_1}$$

对于 1∶1 组成配合物，根据下面关系式即可导出稳定常数 K。

$$M+R=MR$$

平衡浓度　$c\alpha$　$c\alpha$　$c-c\alpha$

$$K=\frac{[MR]}{[M][R]}=\frac{1-\alpha}{c\alpha^2}$$

其中 c 是相应于 A 点的金属离子浓度。

三、实验仪器与试剂

1. 实验仪器

721 分光光度计，烧杯，容量瓶（100mL），吸量管（10mL），锥形瓶（150mL）。

2. 试剂

$HClO_4$（0.01mol·L^{-1}），磺基水杨酸（0.0100mol·L^{-1}），Fe^{3+} 溶液（0.0100mol·L^{-1}）。

四、实验步骤

1. 配制系列溶液

① 配制 0.0010mol·L^{-1} Fe^{3+} 溶液　准确吸取 10.0mL 0.0100mol·L^{-1} Fe^{3+} 溶液，加入 100mL 容量瓶中，用 0.01mol·L^{-1} $HClO_4$ 溶液稀释至刻度，摇匀备用。

同法配制 0.0010mol·L^{-1} 磺基水杨酸溶液。

② 用三支 10mL 吸量管按下表列出的体积，分别吸取 0.01mol·L^{-1} $HClO_4$、0.0010mol·L^{-1} Fe^{3+} 溶液和 0.0010mol·L^{-1} 磺基水杨酸溶液。

2. 测定系列溶液的吸光度

用 721 型分光光度计（波长 500nm 的光源）测系列溶液的吸光度。将测得的数据记入表 2-9。

表 2-9　系列溶液的吸光度

序号	$HClO_4$ 溶液体积/mL	Fe^{3+} 溶液的体积/mL	H_3R 溶液的体积/mL	H_3R 摩尔分数	吸光度
1	10.00	10.00	0.00		
2	10.00	9.00	1.00		
3	10.00	8.00	2.00		
4	10.00	7.00	3.00		
5	10.00	6.00	4.00		
6	10.00	5.00	5.00		
7	10.00	4.00	6.00		
8	10.00	3.00	7.00		
9	10.00	2.00	8.00		
10	10.00	1.00	9.00		
11	10.00	0.00	10.00		

以吸光度对磺基水杨酸的分数作图，从图中找出最大吸收峰，求出配合物的组成和稳定常数。

五、注意事项

① 注意溶液的配制、吸量管的使用、容量瓶的使用、分光光度计的使用等操作。

② 取 $HClO_4$、Fe^{3+} 溶液和磺基水杨酸溶液的移液管要专管专用。

③ 取样过程一定要细心，不能出错。

六、思考题

① 在测定中为什么要加高氯酸，且高氯酸浓度比 Fe^{3+} 浓度大 10 倍？

② 若 Fe^{3+} 浓度和磺基水杨酸的浓度不恰好都是 $0.0100mol \cdot L^{-1}$，如何计算 H_3R 的摩尔分数？

③ 用等摩尔系列法测定配合物组成时，为什么说溶液中金属离子与配位体的物质的量之比正好与配离子组成相同时，配离子的浓度为最大？

④ 用吸光度对配体的体积分数作图是否可求得配合物的组成？

⑤ 在测定吸光度时，如果温度变化较大，对测得的稳定常数有何影响？

⑥ 使用分光光度计要注意哪些操作？

附注

1. 药品的配制

(1) 高氯酸溶液（$0.01mol \cdot L^{-1}$）　将 4.4mL 70% $HClO_4$ 加入 50mL 水中，再稀释到 5000mL。

(2) Fe^{3+} 溶液（0.0100mol·L^{-1}） 用4.82g分析纯硫酸铁铵 $NH_4Fe(SO_4)_2·12H_2O$ 晶体溶于1L 0.01mol·L^{-1} 高氯酸中配制而成。

(3) 磺基水杨酸（0.0100mol·L^{-1}） 用2.54 g分析纯磺基水杨酸溶于1L 0.01mol·L^{-1} 高氯酸配制而成。

2. 说明

本实验测得的是表观稳定常数，如欲得到热力学稳定常数，还需要控制测量时的温度、溶液的离子强度以及配位体在实验条件下的存在状态等因素。

实验十四 第一过渡系元素性质

一、实验目的

① 了解过渡元素某些元素化合物的性质。

② 了解过渡元素化合物的氧化还原性以及不同氧化态变化。

③ 熟悉常见过渡元素形成配合物的特征；练习沙浴加热操作。

二、实验原理

元素周期表中从s区到p区的过渡区间（包括d区和ds区，广义还包括f区）的元素称过渡元素，由于这些元素全部为金属，因而也称过渡金属。f区的镧系和锕系元素最后一个电子填充在$n-2$层轨道上，因而称为内过渡元素。狭义的过渡元素一般指d区元素（不包括镧以外的镧系元素和锕以外锕系元素）和ds区元素的过渡元素（有的教材上过渡元素不包括ds区元素或ⅡB族元素），它们分别位于第四、五、六周期的中部。这些过渡元素按周期分为3个系列，即位于周期表中第四周期的Sc—Zn称为第一过渡系元素，第五周期的Y—Cd为第二过渡系元素，第六周期的La—Hg为第三过渡系元素。

过渡元素的原子其电子层结构的特点是它们都具有未充满的d轨道（除ds区和Pd)，价电子层构型为 $(n-1)d^{1\sim8}ns^{1\sim2}$ 或 $(n-1)d^{1\sim10}ns^{1\sim2}$，最外层仅有1～2个s电子，所以表现为金属性。同一周期的过渡元素，从左到右，元素金属性的减弱极为缓慢，同一族中除钪族外，自上而下金属性减弱。第一过渡系元素比第二、第三过渡系相应元素显示较强的金属活泼性。

过渡元素的价电子不仅包括最外层的s电子，还包括次外层的部分或全部d电子，所以过渡元素常呈现多种氧化态。过渡元素的氧化态有一定的规律性，即同一周期从左到右，氧化态首先逐渐升高，随后又逐渐降低，同一族从上向下高氧化态的稳定性增强。

同一过渡系元素的最高氧化态含氧酸的氧化性随原子序数的递增而增大，同族过渡元素最高氧化态含氧酸的氧化性随周期数的增加逐渐减弱，趋向于稳定。

过渡元素离子的$(n-1)$d、ns、np轨道能量相差不大，其中ns和np轨道是空的，$(n-1)$d轨道为部分空或者全部。它们的原子也存在空的np轨道和部分填

充的 ($n-1$)d 轨道，过渡元素的这种电子构型都具有接受配位体孤电子对的条件，因此它们的原子或离子都有形成配合物的倾向。

此外，过渡元素的一个重要特征是它们的离子和化合物一般都具有颜色。

三、实验仪器、试剂与材料

1. 实验仪器

试管，离心试管，蒸发皿，沙浴皿。

2. 试剂

H_2SO_4（浓、6mol·L^{-1}、1mol·L^{-1}），NaOH（6mol·L^{-1}、0.2mol·L^{-1}、0.1mol·L^{-1}），HCl（浓、6mol·L^{-1}、2mol·L^{-1}、0.1mol·L^{-1}），$(NH_4)_2Fe(SO_4)_2$（0.1mol·L^{-1}），KI（0.5mol·L^{-1}），$K_4[Fe(CN)_6]$(0.5mol·L^{-1})，NH_4VO_3（饱和），$K_2Cr_2O_7$（0.1mol·L^{-1}），$AgNO_3$（0.1mol·L^{-1}），$BaCl_2$（0.1mol·L^{-1}），$Pb(NO_3)_2$（0.1mol·L^{-1}），$MnSO_4$（0.2mol·L^{-1}、0.5mol·L^{-1}），NH_4Cl（2mol·L^{-1}），NaClO（稀），H_2S（饱和），Na_2S（0.1mol·L^{-1}、0.5mol·L^{-1}），$KMnO_4$（0.1mol·L^{-1}），Na_2SO_3（0.1mol·L^{-1}），H_2O_2（3%），$FeCl_3$（0.2mol·L^{-1}），KSCN（0.5mol·L^{-1}），氨水（浓），氯水，碘水，四氯化碳，硫酸亚铁铵（AR），锌粒，偏钒酸铵（AR），二氧化锰（AR），亚硫酸钠（AR），高锰酸钾（AR）。

3. 材料

pH 试纸。

四、实验步骤

1. 铁化合物的重要性质

（1）铁（Ⅱ）的还原性

① 酸性介质　往盛有 0.5mL 氯水的试管中加入 3 滴 6mol·L^{-1} H_2SO_4 溶液，然后滴加 $(NH_4)_2Fe(SO_4)_2$ 溶液，观察现象，写出反应式（如现象不明显，可滴加 1 滴 KSCN 溶液，出现红色，证明有 Fe^{3+} 生成）。

② 碱性介质　在一试管中放入 2mL 蒸馏水和 3 滴 6mol·L^{-1} H_2SO_4 溶液煮沸，以赶尽溶于其中的空气，然后溶入少量硫酸亚铁铵晶体。在另一试管中加入 3mL 6mol·L^{-1} NaOH 溶液煮沸，冷却后，用一长滴管吸取 NaOH 溶液，插入 $(NH_4)_2Fe(SO_4)_2$ 溶液（直至试管底部），慢慢挤出滴管中的 NaOH 溶液，观察产物颜色和状态。振荡后放置一段时间，观察又有何变化？写出化学反应方程式。产物留作下面实验用。

（2）铁（Ⅲ）的氧化性

① 在前面实验中保留下来的氢氧化铁（Ⅲ）沉淀中加入浓盐酸，振荡后各有何变化。

② 在上述制得的 $FeCl_3$ 溶液中加入 KI 溶液，再加入四氯化碳，振荡后观察现

象，写出化学反应方程式。

(3) 配合物的生成

① 往盛有 1mL 亚铁氰化钾［六氰合铁（Ⅱ）酸钾］溶液的试管中，加入约 0.5mL 的碘水，摇动试管后，滴入数滴硫酸亚铁铵溶液，观察有何现象发生。此为 Fe^{2+} 的鉴定反应。

② 向盛有 1mL 新配制的 $(NH_4)_2Fe(SO_4)_2$ 溶液的试管中加入碘水，摇动试管后，将溶液分成两份，各滴入数滴硫氰酸钾溶液，然后向其中一支试管中注入约 0.5mL 3% H_2O_2 溶液，观察现象。此为 Fe^{3+} 的鉴定反应。

③ 往 $FeCl_3$ 溶液中加入 $K_4[Fe(CN)_6]$ 溶液，观察现象，写出反应方程式。这也是鉴定 Fe^{3+} 的一种常用方法。

④ 往盛有 0.5mL 0.2mol·L^{-1} $FeCl_3$ 的试管中，滴入浓氨水直至过量，观察沉淀是否溶解。

2. 钒化合物的重要性质

(1) 偏钒酸铵性质　取 0.5g 偏钒酸铵固体放入蒸发皿中，在沙浴上加热，并不断搅拌，观察并记录反应过程中固体颜色的变化，然后把产物分为四份。

在第一份固体中，加入 1mL 浓 H_2SO_4 振荡，放置。观察溶液颜色，固体是否溶解？在第二份固体中，加入 6mol·L^{-1} NaOH 溶液加热。有何变化？在第三份固体中，加入少量蒸馏水，煮沸、静置，待其冷却后，用 pH 试纸测定溶液的 pH。在第四份固体中，加入浓盐酸，观察有何变化。微沸，检验气体产物，加入少量蒸馏水，观察溶液颜色。写出有关的化学反应方程式，总结五氧化二钒的特性。

(2) 低价钒化合物的生成　在盛有 1mL 氯化氧钒溶液（在 1g 偏钒酸铵固体中，加入 20mL 6mol·L^{-1} HCl 溶液和 10mL 蒸馏水）的试管中，加入 2 粒锌粒，放置片刻，观察并记录反应过程中颜色的变化，并加以解释。

(3) 过氧钒阳离子的生成　在盛有 0.5mL 饱和偏钒酸铵溶液的试管中，加入 0.5mL 2mol·L^{-1} HCl 溶液和 2 滴 3% H_2O_2 溶液，观察并记录产物的颜色和状态。

(4) 钒酸盐的缩合反应

① 取四支试管，分别加入 10mL pH 分别为 14、3、2 和 1（用 0.1mol·L^{-1} NaOH 溶液和 0.1mol·L^{-1} HCl 配制）的水溶液，再向每支试管中加入 0.1g 偏钒酸铵固体（约一角勺尖）。振荡试管使之溶解，观察现象并加以解释。

② 将 pH 为 1 的试管放入热水浴中，向试管内缓慢滴加 0.1mol·L^{-1} NaOH 溶液并振荡试管。观察颜色变化，记录该颜色下溶液的 pH。

③ 将 pH 为 14 的试管放入热水浴中，向试管内缓慢滴加 0.1mol·L^{-1} HCl，并振荡试管。观察颜色变化，记录该颜色下溶液的 pH。

3. 铬化合物的重要性质

(1) 铬（Ⅵ）的氧化性　$Cr_2O_7^{2-}$ 转变为 Cr^{3+}。

在约 5mL 重铬酸钾溶液中，加入少量所选择的还原剂，观察溶液颜色的变化。如果现象不明显，该怎么办？写出化学反应方程式。保留溶液供下面实验（3）用。

（2）铬（Ⅵ）的缩合平衡　$Cr_2O_7^{2-}$ 与 CrO_4^{2-} 的相互转化。

（3）氢氧化铬（Ⅲ）的两性　Cr^{3+} 转变为 $Cr(OH)_3$ 沉淀，并试验 $Cr(OH)_3$ 的两性。

在实验（1）所保留的 Cr^{3+} 溶液中，逐滴加入 $6mol \cdot L^{-1}$ NaOH 溶液，观察沉淀物的颜色，写出化学反应方程式。

将所得沉淀物分成两份，分别试验与酸、碱的反应，观察溶液的颜色，写出化学反应方程式。

（4）铬（Ⅲ）的还原性　CrO_2^- 与 CrO_4^{2-}。

在实验（3）得到的 CrO_2^- 溶液中，加入少量所选择的氧化剂，水浴加热，观察溶液颜色的变化，写出化学反应方程式。

4. 锰化合物的重要性质

（1）氢氧化锰（Ⅱ）的生成和性质　取 10mL $0.2mol \cdot L^{-1}$ $MnSO_4$ 溶液分成四份。

第一份：滴加 $0.2mol \cdot L^{-1}$ NaOH 溶液，观察沉淀的颜色。振荡试管，有何变化？

第二份：滴加 $0.2mol \cdot L^{-1}$ NaOH 溶液，产生沉淀后加入过量的 NaOH 溶液，沉淀是否溶解？

第三份：滴加 $0.2mol \cdot L^{-1}$ NaOH 溶液，迅速加入 $2mol \cdot L^{-1}$ 盐酸溶液，有何现象发生？

第四份：滴加 $0.2mol \cdot L^{-1}$ NaOH 溶液，迅速加入 $2mol \cdot L^{-1}$ NH_4Cl 溶液，沉淀是否溶解？

写出上述有关化学反应方程式。此实验说明 $Mn(OH)_2$ 具有哪些性质？

① Mn^{2+} 的氧化　试验硫酸锰和次氯酸钠溶液在酸性、碱性介质中的反应。比较 Mn^{2+} 在何介质中易氧化。

② 硫化锰的生成和性质　往硫酸锰溶液中滴加饱和硫化氢溶液，有无沉淀产生？若用硫化钠溶液代替硫化氢溶液，又有何结果？请用事实说明硫化锰的性质和生成沉淀的条件。

（2）二氧化锰的生成和氧化性

① 往盛有少量 $0.1mol \cdot L^{-1}$ $KMnO_4$ 溶液中，逐滴加入 $0.5mol \cdot L^{-1}$ $MnSO_4$ 溶液，观察沉淀的颜色。往沉淀中加入 $1mol \cdot L^{-1}$ H_2SO_4 溶液和 $0.1mol \cdot L^{-1}$ Na_2SO_3 溶液，沉淀是否溶解？写出有关化学反应方程式。

② 在盛有少量（米粒大小）二氧化锰固体的试管中加入 2mL 浓硫酸，加热，观察反应前后颜色。有何气体产生？写出化学反应方程式。

（3）高锰酸钾的性质　分别试验高锰酸钾溶液与亚硫酸钠溶液在酸性（$1mol \cdot L^{-1}$ H_2SO_4 溶液）、近中性（蒸馏水）、碱性（$6mol \cdot L^{-1}$ NaOH 溶液）介质中的反应，比较它们的产物因介质不同有何不同？写出化学反应方程式。

五、思考题

① 在进行“铁（Ⅱ）的还原性”实验②时，要求整个操作都要避免空气带进溶液中，为什么？

② 试从配合物的生成对电极电势的改变来解释为什么 $Fe(CN)_6^{4-}$ 能把 Cr^{3+} 还原成 I^-，而 Fe^{2+} 则不能？

③ 将“钒酸盐的缩合反应”实验中的现象加以对比，总结出钒酸盐缩合反应的一般规律？

④ $Cr_2O_7^{2-}$ 与 CrO_4^{2-} 相互转化反应须在何种介质（酸性或碱性）中进行？为什么？

⑤ $Cr_2O_7^{2-}$ 转变为 Cr^{3+}，从电势值和还原剂被氧化后产物的颜色考虑，选择哪些还原剂为宜？如果选择亚硝酸钠溶液或 3% H_2O_2 溶液可以吗？

⑥ 在 $Cr_2O_7^{2-}$ 与 CrO_4^{2-} 溶液中，各加入少量的 $Pb(NO_3)_2$、$BaCl_2$ 和 $AgNO_3$，观察产物的颜色和状态，比较并解释实验结果，写出化学反应方程式。

⑦ 在碱性介质中，氧能把锰（Ⅱ）氧化为锰（Ⅵ），在酸性介质中，锰（Ⅵ）又可将碘化钾氧化为碘。写出有关化学反应方程式，并解释以上现象。硫代硫酸钠标准液可滴定析出碘的含量，试由此设计一个测定溶解氧含量的方法？

实验十五　离子鉴定和未知物的鉴别

一、实验目的

① 运用所学的元素及化合物的基本性质，进行常见物质的鉴定或鉴别。

② 进一步巩固常见的阳离子和阴离子重要反应的基本知识。

二、实验原理

对未知物需要鉴别时，通常可根据以下几个方面进行判断。

① 物态　观察试样在常温下的状态；观察试样的颜色；嗅、闻试样的气味。

② 溶解性　首先检验是否溶于水，在冷水中怎样？热水中怎样？不溶于水的再依次用盐酸、硝酸检验其溶解性。

③ 酸碱性　直接通过对指示剂反应判断酸和碱；借助既能溶于碱，又能溶于酸判断两性物质；可溶性盐的酸碱性可用其水溶液来判别；据试液的酸碱性来排除某些离子存在的可能性。

④ 热稳定性

⑤ 鉴定或鉴别反应

在基础无机化学实验中鉴定反应大致采用以下几种方式：通过与某试剂反应，生成沉淀，或沉淀溶解，或放出气体；必要时再对生成的沉淀和气体做性质实验；

显色反应；焰色反应；硼砂珠试验；其他特征反应。

三、实验仪器与试剂

1. 实验仪器

试管若干、烧杯若干、离心机、过滤系统等。

2. 试剂

CuO、Co_2O_3、PbO_2、MnO_2、$AgNO_3$、$Pb(NO_3)_2$、$NaNO_3$、$Cd(NO_3)_2$、$Zn(NO_3)_2$、$Al(NO_3)_3$、KNO_3、$Mn(NO_3)_2$、$NaNO_3$、$Na_2S_2O_3$、Na_3PO_4、$NaCl$、Na_2CO_3、$NaHCO_3$、Na_2SO_4。

四、实验步骤

根据以下实验内容列出实验用品及分析步骤。

(1) 区别二片银白色金属 铝片和锌片（分别用 A、B 表示）。

(2) 鉴别四种黑色和近于黑色的氧化物 CuO、Co_2O_3、PbO_2、MnO_2。

(3) 未知混合液 1、2、3 分别含有 Cr^{3+}、Mn^{2+}、Fe^{3+}、Co^{2+}、Ni^{2+} 离子中的大部分或全部，设计一个实验方案以确定未知液中含有哪几种离子，哪几种离子不存在。

(4) 盛有以下八种硝酸盐溶液的试剂瓶标签被腐蚀，试加以鉴别。$AgNO_3$、$Pb(NO_3)_2$、$NaNO_3$、$Cd(NO_3)_2$、$Zn(NO_3)_2$、$Al(NO_3)_3$、KNO_3、$Mn(NO_3)_2$。

(5) 盛有下列七种固体钠盐的试剂瓶标签脱落，试加以鉴别。$NaNO_3$、$Na_2S_2O_3$、Na_3PO_4、$NaCl$、Na_2CO_3、$NaHCO_3$、Na_2SO_4。

五、注意事项

试纸取用：把一小块试纸放在洁净的点滴板上，注意不能用湿手摸试纸，用洁净、干燥的玻棒沾待测溶液点于试纸的中部，比较颜色，记录 pH 值。不要将待测溶液滴在试纸上，更不要将试纸泡在溶液中。

离心分离：离心沉淀后，用左手斜持离心管，右手拿毛细吸管，小心地吸出上层清液。然后往离心试管中加 2～3 倍于沉淀的蒸馏水或其他相应的电解质溶液，用玻棒充分搅拌后再进行离心沉降，用毛细吸管吸出上层清液。如此反复 2～3 次即可。

焰色反应：取一支铂丝（或镍铬丝）蘸以 $6mol \cdot L^{-1}$ 盐酸溶液在氧化焰中烧至无色。再蘸取待测溶液在氧化焰上灼烧，观察火焰颜色。

实验十六 碱式碳酸铜的制备与表征

一、实验目的

① 碱式碳酸铜制备条件的探求和生成物颜色、状态的分析。

② 研究反应物的合理配料比并确定制备反应适合的温度条件，以培养独立设计实验的能力。

二、实验原理

碱式碳酸铜为天然孔雀石的主要成分，呈暗绿色或淡蓝绿色，加热至200°C即分解，在水中的溶解度度很小，新制备的试样在沸水中很易分解。

三、实验仪器、试剂与材料

由学生自行列出所需仪器、药品、材料之清单，经指导老师的同意，即可进行实验。

四、实验步骤

1. 反应物溶液配制

配制 0.5mol·L^{-1} $CuSO_4$ 溶液和 0.5mol·L^{-1} Na_2CO_3 溶液各 50mL。

2. 制备反应条件的探求

(1) $CuSO_4$ 和 Na_2CO_3 溶液的合适配比　置于四支试管内均加入 2.0mL 0.5mol·L^{-1} $CuSO_4$ 溶液，再分别取 0.5mol·L^{-1} Na_2CO_3 溶液 1.6mL、2.0mL、2.4mL 及 2.8mL 依次加入另外四支编号的试管中。将八支试管放在 75℃ 水浴中。几分钟后，依次将 $CuSO_4$ 溶液分别倒入中，振荡试管，比较各试管中沉淀生成的速度、沉淀的数量及颜色，从中得出两种反应物溶液以何种比例混合为最佳。

(2) 反应温度的探求　在三支试管中，各加入 2.0mL 0.5mol·L^{-1} $CuSO_4$ 溶液，另取三支试管，各加入由上述实验得到的合适用量的 0.5mol·L^{-1} Na_2CO_3 溶液。从这两列试管中各取一支，将它们分别置于室温、50℃、100℃的恒温水浴中，数分钟后将 $CuSO_4$ 溶液倒入 Na_2CO_3 溶液中，振荡并观察现象，由实验结果确定制备反应的合适温度。

3. 碱式碳酸铜的制备

取 30mL 0.5mol·L^{-1} $CuSO_4$ 溶液，根据上面实验确定的反应物合适比例及适宜温度制取碱式碳酸铜。待沉淀完全后，减压过滤，用蒸馏水洗涤沉淀数次，直到沉淀中不含 SO_4^{2-} 为止，吸干。将所得产品在烘箱中于 100℃烘干，待冷至室温后称量，并计算产物。

4. 产品质量的检验与表征

(1) 检验　加热，依次加入无水硫酸铜、澄清的石灰水，观察实验现象，写出化学反应方程式。说明产品是碱式碳酸铜。

(2) 表征　送交 X 射线衍射室表征。

五、注意事项

注意溶液的配制和试管的使用基本操作，以及水浴锅、循环水式多用真空泵和干燥箱的正确使用。

六、思考题

① 哪些铜盐适合制取碱式碳酸铜？写出硫酸铜溶液和碳酸钠溶液反应的化学反应方程式。

② 估计反应的条件，如反应的温度、反应时间、反应物浓度及反应物配料比对反应产物是否有影响。

③ 自行设计一个实验，来测定产物中铜及碳酸根的含量，从而分析所制得的碱式碳酸铜的质量。

附注

制备碱式碳酸铜的几种方法如下。

1. 由 $Na_2CO_3 \cdot 10H_2O$ 和 $CuSO_4 \cdot 5H_2O$ 反应制备

根据 $CuSO_4$ 跟 Na_2CO_3 反应的化学反应方程式

$2CuSO_4 + 2Na_2CO_3 + H_2O = Cu_2(OH)_2CO_3 \downarrow + 2Na_2SO_4 + CO_2 \uparrow$ 进行计算，称 14g $CuSO_4 \cdot 5H_2O$，16g $Na_2CO_3 \cdot 10H_2O$，用研钵分别研细后再混合研磨，此时即发生反应，有“滋滋”产生气泡的声音，而且混合物吸湿很厉害，很快成为“黏胶状”。将混合物迅速投入 200mL 沸水中，快速搅拌并撤离热源，有蓝绿色沉淀产生。抽滤，用水洗涤沉淀，至滤液中不含 SO_4^{2-} 为止，取出沉淀，风干，得到蓝绿色晶体。该方法制得的晶体，它的主要成分是 $Cu_2(OH)_2CO_3$，因反应产物与温度、溶液的酸碱性等有关，因而同时可能有蓝色的 $2CuCO_3 \cdot Cu(OH)_2$、$2CuCO_3 \cdot 3Cu(OH)_2$ 和 $2CuCO_3 \cdot 5Cu(OH)_2$ 等生成，使晶体带有蓝色。

如果把两种反应物分别研细后再混合（不研磨），采用同样的操作方法，也可得到蓝绿色晶体。

2. 由 Na_2CO_3 溶液跟 $CuSO_4$ 溶液反应制备

分别称取 12.5g $CuSO_4 \cdot 5H_2O$，14.3g $Na_2CO_3 \cdot 10H_2O$，各配成 200mL 溶液（溶液浓度为 $0.25 mol \cdot L^{-1}$）。在室温下，把 Na_2CO_3 溶液滴加到 $CuSO_4$ 溶液中，并搅拌，用红色石蕊试纸检验溶液至变蓝，主要成分为 $5CuO \cdot 2CO_2$。如果使沉淀与 Na_2CO_3 的饱和溶液接触数日，沉淀将转变为 $Cu(OH)_2$。

如果先加热 Na_2CO_3 溶液至沸腾，滴加 $CuSO_4$ 溶液时会立即产生黑色沉淀。如果加热 $CuSO_4$ 溶液至沸腾时滴加 Na_2CO_3 溶液，产生蓝绿色沉淀，并一直滴加 Na_2CO_3 溶液直至用红色石蕊试纸检验变蓝为止，但条件若控制不好的话，沉淀颜色会逐渐加深，最后变成黑色。如果先不加热溶液，向 $CuSO_4$ 溶液中滴加 Na_2CO_3 溶液，并用红色石蕊试纸检验至变蓝为止，然后加热，沉淀颜色也易逐渐加深，最后变成黑色。出现黑色沉淀的原因可能是由于产物分解成 CuO 的缘故。因此，当加热含有沉淀的溶液时，一定要控制好加热时间。

3. 由 $NaHCO_3$ 跟 $CuSO_4 \cdot 5H_2O$ 反应制备

称取 4.2g $NaHCO_3$，6.2g $CuSO_4 \cdot 5H_2O$，将固体混合（不研磨）后，投入

100mL 沸水中，搅拌，并撤离热源，有草绿色沉淀生成。抽滤、洗涤、风干，得到草绿色晶体。该晶体的主要成分为 $CuCO_3 \cdot Cu(OH)_2 \cdot H_2O$。

4. 由 $Cu(NO_3)_2$ 跟 Na_2CO_3 反应制备

将冷的 $Cu(NO_3)_2$ 饱和溶液倒入 Na_2CO_3 的冰冷溶液（等体积等物质的量浓度）中，即有碱式碳酸铜生成，经抽滤、洗涤、风干后，得到蓝色晶体，其成分为 $2CuCO_3 \cdot Cu(OH)_2$。

由上述几种方法制得的晶体颜色各不相同。这是因为产物的组成与反应物组成、溶液酸碱度、温度等有关，从而使晶体颜色发生变化。从加热分解碱式碳酸铜实验的结果看，由第一种方法制得的晶体分解最完全，产生的气体量最大。

实验十七　铜、银、锌、镉、汞的性质

一、实验目的

① 掌握铜、锌、镉氢氧化物的酸碱性。

② 掌握铜、银、锌、镉、汞的配合物的生成和性质。

③ 掌握铜、银、锌、镉、汞离子的分离与鉴定方法。

二、实验原理

蓝色的 $Cu(OH)_2$ 呈现两性，在加热时易脱水而分解为黑色的 CuO。AgOH 在常温下极易脱水而转化为棕色的 Ag_2O。$Zn(OH)_2$ 呈两性，$Cd(OH)_2$ 显碱性，Hg(Ⅰ、Ⅱ) 的氢氧化物极易脱水而转变为黄色的 HgO(Ⅱ) 和黑色的 Hg_2O(Ⅰ)。

易形成配合物是这两副族的特性，Cu^{2+}、Ag^+、Zn^{2+}、Cd^{2+} 与过量的氨水反应时分别生成 $[Cu(NH_3)_4]^{2+}$、$[Ag(NH_3)_2]^+$、$[Zn(NH_3)_4]^{2+}$、$[Cd(NH_3)_4]^{2+}$。但是 Hg^{2+} 和 $Hg_2{}^{2+}$ 与过量氨水反应时，如果没有大量的 NH_4^+ 存在，并不生成氨配离子。如：

$$HgCl_2 + 2NH_3 = Hg(NH_2)Cl\downarrow(白) + NH_4Cl$$

$$Hg_2Cl_2 + 2NH_3 = Hg(NH_2)Cl\downarrow(白) + Hg\downarrow(黑) + NH_4Cl\ (观察为灰色)$$

Cu^{2+} 具有氧化性，与 I^- 反应，产物不是 CuI_2，而是白色的 CuI：

$$2Cu^{2+} + 4I^- = 2CuI\downarrow(白) + I_2$$

将 $CuCl_2$ 溶液与铜屑混合，加入浓盐酸，加热可得黄褐色 $[CuCl_2]^-$ 的溶液。将溶液稀释，得白色 CuCl 沉淀：

$$Cu + Cu^{2+} + 4Cl^- = 2[CuCl_2]^-$$

$$[CuCl_2]^- \xrightleftharpoons{稀释} CuCl\downarrow(白) + Cl^-$$

卤化银难溶于水，但可利用形成配合物而使之溶解。例如：

$$AgCl + 2NH_3 = [Ag(NH_3)_2]^+ + Cl^-$$

红色 HgI_2 难溶于水，但易溶于过量 KI 中，形成四碘合汞（Ⅱ）配离子：

$$HgI_2 + 2I^- \longrightarrow [HgI_4]^{2-}$$

黄绿色 Hg_2I_2 与过量 KI 反应时，发生歧化反应，生成 $[HgI_4]^{2-}$ 和 Hg：

$$Hg_2I_2 + 2I^- \longrightarrow [HgI_4]^{2-} + Hg\downarrow(黑)$$

三、实验内容

1. 氧化物的生成和性质

(1) Cu_2O 的生成和性质

$$Cu^{2+} + 2OH^- \longrightarrow Cu(OH)_2\downarrow(蓝色)$$

$$Cu(OH)_2 + 2OH^- \longrightarrow [Cu(OH)_4]^{2-}(蓝色)$$

$2[Cu(OH)_4]^{2-} + C_6H_{12}O_6$(葡萄糖)$\longrightarrow Cu_2O\downarrow$(红)$+4OH^- + C_{16}H_{12}O_7 + 2H_2O$

或：$2Cu^{2+} + 5OH^- + C_6H_{12}O_6 \longrightarrow Cu_2O\downarrow + C_6H_{11}O_7^- + 3H_2O$(须加热)

分析化学上利用此反应测定醛，医学上利用此反应检查糖尿病。由于制备方法和条件的不同，Cu_2O 晶粒大小各异，而呈现黄、橙黄、鲜红或深棕等多种颜色。

红色沉淀 Cu_2O 离心分离后，分为两份。

一份加酸：$Cu_2O + H_2SO_4 \longrightarrow Cu_2SO_4 + H_2O \longrightarrow CuSO_4 + Cu + H_2O$

一份加氨水：$Cu_2O + 4NH_3 \cdot H_2O \longrightarrow$

$2[Cu(NH_3)_2]^+$(无色溶液)$+ 3H_2O + 2OH^-$

$2[Cu(NH_3)_2]^+ + 4NH_3 \cdot H_2O + 1/2O_2 \longrightarrow$

$2[Cu(NH_3)_4]^{2+}$(蓝色溶液)$+ 2OH^- + 3H_2O$

(2) Ag_2O 的生成和性质

$$2Ag^+ + 2OH^- \longrightarrow Ag_2O\downarrow(棕色) + H_2O$$

$$Ag_2O + 2HNO_3 \longrightarrow 2AgNO_3 + H_2O$$

$$Ag_2O + 4NH_3 \cdot H_2O \longrightarrow 2[Ag(NH_3)_2]OH + 3H_2O$$

(3) HgO 的生成和性质

$$Hg^{2+} + 2OH^- \longrightarrow HgO\downarrow(黄色) + H_2O$$

$$HgO + 2HCl \longrightarrow HgCl_2 + H_2O$$

$$HgO + NaOH \longrightarrow 不反应\ (HgO\ 碱性)$$

$$Hg_2^{2+} + 2OH^- \longrightarrow Hg\downarrow + HgO\downarrow + H_2O\ (歧化反应)$$

2. 氢氧化物的生成与性质

(1) $Cu^{2+} + 2OH^- \longrightarrow Cu(OH)_2\downarrow$(蓝色絮状)

加热：$Cu(OH)_2 \longrightarrow CuO\downarrow$ (黑色)$+ H_2O$

加酸：$Cu(OH)_2 + 2H^+ \longrightarrow Cu^{2+} + 2\ H_2O$

加浓碱：$Cu(OH)_2 + 2OH^-(6mol \cdot L^{-1}) \longrightarrow [Cu(OH)_4]^{2-}$

$Cu(OH)_2$ 两性偏碱，所以需强碱使之生成配离子。

(2) $Zn^{2+} + 2OH^- \longrightarrow Zn(OH)_2\downarrow$ (白色)

$$Zn(OH)_2+2H^+ = Zn^{2+}+2H_2O$$

$$Zn(OH)_2+2OH^- = Zn(OH)_4{}^{2-}$$

(3) $Cd^{2+}+2OH^- = Cd(OH)_2\downarrow$（白色）

$Cd(OH)_2+H_2SO_4 = CdSO_4+H_2O$（沉淀溶解）

$Cd(OH)_2+NaOH\ (6mol\cdot L^{-1}) =$ 不反应[$Cd(OH)_2$ 碱性]

3. 硫化物的生成与性质

铜、银、锌、镉、汞的硫化物的生成（与饱和硫化氢溶液反应）和溶解性如下：ZnS 白色，能溶于稀盐酸；CdS 黄色，溶于浓盐酸；CuS 黑色，溶于浓硝酸；Ag_2S 灰色，溶于浓硝酸；HgS 黑色，溶于王水。

$$3HgS+12Cl^-+2NO_3{}^-+8H^+ = 3[HgCl_4]^{2-}+3S+2NO+4H_2O$$

4. 配合物的生成与性质

(1) Ag 的配合物

$$Ag^++Cl^- \longrightarrow AgCl\downarrow\text{（白）}$$

$$Ag^++Br^- \longrightarrow AgBr\downarrow\text{（淡黄）}$$

$$Ag^++I^- \longrightarrow AgI\downarrow\text{（黄）}$$

$$AgCl+2NH_3 = [Ag(NH_3)_2]^++Cl^-$$

$$AgCl+2S_2O_3{}^{2-} \longrightarrow [Ag(S_2O_3)_2]^{3-}+Cl^-$$

$$AgBr+2S_2O_3{}^{2-} = [Ag(S_2O_3)_2]^{3-}+Br^-$$

(2) Hg 的配合物

① $Hg^{2+}+2I^- = HgI_2\downarrow$（红色沉淀）

$HgI_2+2I^- = HgI_4{}^{2-}$（无色溶液）

② $2HgI_4^{2-}+NH_4^++4OH^- = 7I^-+3H_2O+\left[O\begin{matrix}Hg\\Hg\end{matrix}NH_2\right]I\downarrow$

红棕色

③ $Hg_2{}^{2+}+2I^- = Hg_2I_2\downarrow$（黄绿色沉淀）

$Hg_2I_2+2I^- = HgI_4{}^{2-}+Hg\downarrow$（黑色粉末）

5. CuX 的生成与性质

(1) CuCl 的生成与性质

$$Cu+Cu^{2+}+4Cl^- \xlongequal{\text{加热}} 2[CuCl_2]^-\text{（深棕色）}$$

$$[CuCl_2]^- \xlongequal{\text{稀释}} CuCl\downarrow\text{（白）}+Cl^-$$

注：$CuCl_2$ 在很浓的溶液中显黄绿色（$CuCl_4^-$ 配离子），浓溶液中显绿色，在稀溶液中显蓝色 [$Cu(H_2O)_6^{2+}$ 配离子]。

一份：$CuCl+2NH_3 = [Cu(NH_3)_2]^++Cl^-$

$$2[Cu(NH_3)_2]^++4NH_3\cdot H_2O+1/2O_2 = 2[Cu(NH_3)_4]^{2+}+2OH^-+3H_2O$$

另一份：$CuCl+Cl^-$（浓）$= [CuCl_2]^-$（深棕色，若稀释又生成沉淀）

(2) CuI 的生成与性质

$$Cu^{2+}+I^{-}=\!=\!=2CuI\downarrow(\text{白})+I_2(\text{棕色})$$

消除 I_2 干扰：$I_2+2S_2O_3^{2-}=\!=\!=2I^{-}+S_4O_6^{2-}$（注意应严格控制 $S_2O_3^{2-}$ 的用量）

$CuI+I^{-}$(饱和)$=\!=\!=[CuI_2]^{-}$（刚好使沉淀溶解，加水稀释时反应逆转又析出 CuI）

$CuI+KSCN=\!=\!=CuSCN\downarrow$（白色或灰白色）$+KI$

$CuSCN+SCN^{-}=\!=\!=[Cu(SCN)_2]^{-}$（加水稀释时反应逆转，又析出 CuSCN）

6. Hg(Ⅱ)和 Hg(Ⅰ)的转化

$Hg^{2+}+Hg=\!=\!=Hg_2{}^{2+}$ （注意 Hg 的取用，回收）

$Hg_2{}^{2+}+Cl^{-}=\!=\!=Hg_2Cl_2\downarrow$（白色）

$$Hg_2(NO_3)_2+2NH_3\cdot H_2O=\!=\!=$$
$$HgNH_2NO_3\downarrow(\text{白色})+Hg\downarrow(\text{黑色})+NH_4NO_3+2H_2O$$

Hg^{2+}和 $Hg_2{}^{2+}$与过量氨水反应时，如果没有大量的 $NH_4{}^{+}$存在，并不生成氨配离子。

7. 离子鉴定

(1) Cu^{2+}离子的鉴定（弱酸性或中性介质）

$$2Cu^{2+}+[Fe(CN)_6]^{4-}=\!=\!=Cu_2[Fe(CN)_6]\downarrow(\text{红棕色沉淀})$$

$$Cu_2[Fe(CN)_6]+8NH_3=\!=\!=2[Cu(NH_3)_4]^{2+}+[Fe(CN)_6]^{4-}$$

(2) Ag^{+}的鉴定

$$Ag^{+}+Cl^{-}=\!=\!=AgCl(\text{白色沉淀})$$

$$AgCl+2NH_3\cdot H_2O=\!=\!=[Ag(NH_3)_2]Cl+2H_2O$$

$$[Ag(NH_3)_2]Cl+2HNO_3=\!=\!=AgCl\downarrow+2NH_4NO_3$$

(3) Zn^{2+}的鉴定

① 中性或弱酸性介质下

$$Zn^{2+}+Hg(SCN)_4{}^{2-}=\!=\!=Zn[Hg(SCN)_4]\downarrow(\text{白色沉淀})$$

② 碱性介质下

$$1/2Zn^{2+}+\ \begin{matrix}NH\text{—}NH\text{—}C_6H_5\\ /\\ C\text{=}S\\ \backslash\\ N\text{=}N\text{—}C_6H_5\end{matrix}\ +OH^{-}\xrightarrow{\text{强碱性}}\begin{matrix}NH\text{—}N\text{—}C_6H_5\\ /\quad /\\ C\text{=}S\rightarrow Zn/2\\ \backslash\\ N\text{=}N\text{—}C_6H_5\end{matrix}\ \downarrow\text{粉红色}+H_2O$$

(4) Hg^{2+}的鉴定

$$2HgCl_2+SnCl_2=\!=\!=SnCl_4+Hg_2Cl_2\downarrow(\text{白色沉淀})$$

$$Hg_2Cl_2+SnCl_2=\!=\!=SnCl_4+2Hg\downarrow(\text{黑色沉淀})$$

四、注意事项

① 本实验涉及的化合物的种类和颜色较多，需仔细观察。

② 涉及汞的实验毒性较大，做好回收工作。

五、思考题

① Cu(Ⅰ) 和 Cu(Ⅱ) 稳定存在和转化的条件是什么？

Cu(Ⅰ）在水溶液中不稳定，易歧化。在有机溶剂和生成沉淀或某些配合物时可以稳定存在。

$$Cu^{2+}+4I^-=\!=\!=2CuI\downarrow(白)+I_2$$

$$CuI+I^-(饱和)=\!=\![CuI_2]^-$$

转化：Cu(Ⅰ)⟶Cu（Ⅱ）：歧化 $Cu_2O+2H^+=\!=\!=Cu^{2+}+Cu+H_2O$

Cu(Ⅱ)⟶Cu(Ⅰ)：加入沉淀剂或配位剂

$$Cu+Cu^{2+}+4Cl^-=\!=\!=2[CuCl_2]^-$$

$$Cu^{2+}+4I^-=\!=\!=2CuI\downarrow(白)+I_2$$

② 在 $AgNO_3$ 中加入 NaOH 为什么得不到 AgOH?

AgOH 不稳定，易失水变成 Ag_2O。

③ 用平衡移动原理说明在 $Hg_2(NO_3)_2$ 溶液中通入 H_2S 气体会生成什么沉淀？

$$Hg_2{}^{2+}=\!=\!=Hg^{2+}+Hg(歧化反应)$$

加入 H_2S 气体，会发生 $Hg^{2+}+H_2S=\!=\!=HgS+2\ H^+$（$K_{sp,HgS}=4\times10^{-53}$），会促进歧化反应的进行。

附：分离与鉴定

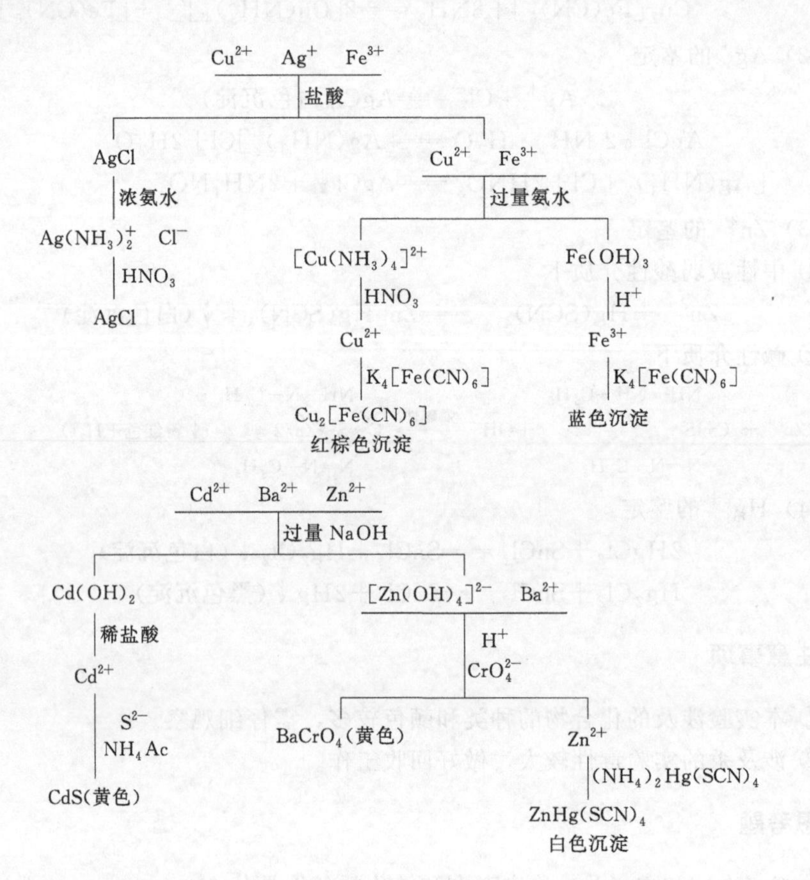

实验十八　电解质溶液

一、实验目的

① 掌握弱电解质电离的特点、同离子效应。

② 学习缓冲溶液的配制并验证其性质。

③ 了解盐类的水解反应及影响水解过程的主要因素。

④ 掌握难溶电解质的多相解离平衡的特点及其移动。

二、实验原理

1. 弱电解质在溶液中的解离平衡及其移动

例如弱酸 HA（弱碱 A^-）在水中的解离反应为：

$$HA+H_2O=\!=\!=A^-+H_3O^+ \qquad K_a^\theta(HA)=\frac{[c(H_3O^+)/c^\theta][c(A^-)/c^\theta]}{c(HA)/c^\theta}$$

$$A^-+H_2O=\!=\!=HA+OH^- \qquad K_b^\theta(A^-)=\frac{[c(HA)/c^\theta][c(OH^-)/c^\theta]}{c(A^-)/c^\theta}$$

在弱电解质溶液中，加入含有共同离子的强电解质，可使弱电解质的解离度降低，这种效应叫同离子效应。

弱酸及其共轭碱（例如 HAc 和 NaAc）或弱碱及其共轭酸（例如 $NH_3 \cdot H_2O$ 和 NH_4Cl）所组成的溶液，能够抵抗外加少量酸、碱或稀释，pH 维持基本不变，这种溶液叫缓冲溶液。缓冲溶液的 pH 值可由下式求出：

$$pH=pK_a^\theta+\lg\frac{c_b}{c_a}$$

式中，c_a、c_b 分别为 HA、A^- 在缓冲溶液中的平衡浓度。

在选定一缓冲对后，若所配制的缓冲溶液所用的酸溶液和其共轭碱溶液的原始浓度相同，则配制时所取酸和共轭碱的体积比就等于它们平衡浓度的比，则上式改写为：

$$pH=pK_a^\theta+\lg\frac{V_b}{V_a}$$

2. 盐类水解平衡及其移动

盐类水解是由组成盐的阴、阳离子与水所电离的 H^+ 或 OH^- 作用生成弱电解质的过程。影响水解平衡的因素是温度、浓度及 pH 值。水解反应是吸热反应，加热能促进水解。

某些盐水解后不仅能改变溶液的 pH，还能产生沉淀或气体。例如 $BiCl_3$ 水溶液能产生难溶的 BiOCl 白色沉淀，同时使溶液的酸性增强。反应为：

$$Bi^{3+}+Cl^-+H_2O=\!=\!=BiOCl\downarrow+2H^+$$

在配制这些盐溶液时，要加入相应的强酸（或强碱）溶液，以防水解。

当弱酸盐溶液与弱碱盐溶液相互混合时，由于弱酸盐水解产生的OH^-与弱碱盐水解产生的H^+反应，可以加剧两种盐的水解。如NH_4Cl溶液与Na_2CO_3溶液混合，$Al_2(SO_4)_3$溶液与Na_2CO_3溶液混合时反应为：

$$NH_4^+ + CO_3^{2-} + H_2O \longrightarrow NH_3 \cdot H_2O + HCO_3^-$$

$$2Al^{3+} + 3CO_3^{2-} + 3H_2O \longrightarrow 2Al(OH)_3 \downarrow + 3CO_2 \uparrow$$

3. 难溶电解质的多相解离平衡及其移动

（1）溶度积规则　难溶电解质A_mB_n在水溶液中的沉淀-溶解平衡可表示为

$$A_mB_n(s) \underset{\text{沉淀}}{\overset{\text{溶解}}{\rightleftharpoons}} mA^{n+}(aq) + nB^{m-}(aq)$$

其标准平衡常数K_{SP}^θ表达式为

$$K_{SP}^\theta(A_mB_n) = [c(A^{n+})/c^\theta]^m \cdot [c(B^{m-})/c^\theta]^n$$

这是与难溶电解质性质及温度有关，而与浓度无关的常数，称为难溶电解质的溶度积常数，简称溶度积。K_{SP}^θ是判断沉淀产生和溶解与否的依据，此即溶度积规则。

当$Q > K_{sp}^\theta$时，溶液为过饱和溶液，产生沉淀；

当$Q = K_{sp}^\theta$时，溶液为饱和溶液，处于沉淀溶解平衡状态；

当$Q < K_{sp}^\theta$时，溶液为不饱和溶液，或沉淀溶解。

Q为任一状态下离子浓度幂的乘积，简称离子积。

（2）分步沉淀的先后次序　哪种离子与沉淀剂的离子积先达到相应难溶电解质的溶度积，哪种离子先产生沉淀。

（3）沉淀转化的条件　在一定的条件下，加入适当的试剂，可使一种难溶电解质转化为另一种难溶电解质，则这一过程称为沉淀的转化。一般来说，溶解度较大的难溶电解质易转化为溶解度较小的难溶电解质。

三、实验仪器、试剂与材料

1. 实验仪器

试管，试管架，量筒（10mL），烧杯（50mL、100mL），酒精灯，试管夹，离心机。

2. 实验试剂

0.1mol·L^{-1}HAc，0.1mol·L^{-1}NaAc，0.1mol·L^{-1}HCl，6mol·L^{-1}HCl，0.1mol·L^{-1}NaCl，1mol·L^{-1}NaCl，0.1mol·L^{-1}$NH_3 \cdot H_2O$，2mol.·L^{-1}$NH_3 \cdot H_2O$，0.1mol·L^{-1}NH_4Cl，0.1mol·L^{-1}NaOH，0.1mol·L^{-1}Na_2CO_3，0.1mol·L^{-1}$MgCl_2$，0.1mol·L^{-1}Na_3PO_4，0.1mol·L^{-1}Na_2HPO_4，0.1mol·L^{-1}NaH_2PO_4，0.1mol·L^{-1}KI，0.1mol·L^{-1}K_2CrO_4，0.1mol·L^{-1}$Al_2(SO_4)_3$，0.1mol·L^{-1}$AgNO_3$，0.1mol·L^{-1}$Fe(NO_3)_3$，0.1mol·L^{-1}$Pb(NO_3)_2$，0.1%酚酞，甲基橙，0.1%茜红素，NaAc(AR)，NH_4Cl(AR)，$BiCl_3$(AR)。

3. 材料

pH 试纸（1～14）。

四、实验步骤

1. 同离子效应

① 在试管中加入 1mL 0.1mol・L^{-1} $NH_3 \cdot H_2O$ 和 1 滴酚酞，摇匀，观察溶液的颜色。再加入少量固体 NH_4Cl，摇荡使其溶解，观察溶液颜色的变化。

② 在试管中加入 1mL 0.1mol・L^{-1} HAc 溶液和 1 滴甲基橙指示剂，摇匀，观察溶液的颜色。再加入少量固体 NaAc，摇荡使其溶解，观察溶液颜色的变化。证明同离子效应能使 HAc 的解离度下降。

2. 缓冲溶液的配制和性质

① 在两支各盛 2mL 蒸馏水的试管中，分别加 1 滴 0.1mol・ L^{-1} HCl 和 0.1mol・ L^{-1} NaOH 溶液，用 pH 试纸测定它们的 pH，并与实验前测定蒸馏水的 pH 相比较，记下 pH 的改变。

② 在试管中加入 2mL 0.1mol・L^{-1} HAc 和 2mL 0.1mol・L^{-1} NaAc，配成 HAc-NaAc 缓冲溶液。加数滴茜红素指示剂（茜红素变色范围内的 pH＝3.7～5.2），混合后观察溶液的颜色。然后把溶液分盛四支试管中，在其中三支试管中分别加入 5 滴 0.1mol・L^{-1} HCl，0.1mol・L^{-1} NaOH 和水，与原配制的缓冲溶液颜色相比较，观察溶液的颜色是否变化。

③ 自拟实验　配制 15mL pH＝4.4 的缓冲溶液需要 0.1mol・ L^{-1} HAc 和 0.1 mol・ L^{-1} NaAc 溶液各多少毫升？根据计算配制，然后测定 pH，再将溶液分成三份，试验其抗酸、抗碱、抗稀释性。自拟表格，填入测定的 pH 值。

3. 盐类水解平衡及其移动

① 用 pH 试纸测定浓度为 0.1mol・L^{-1} 下列各溶液的 pH 值（自拟表格，填入测定的 pH 值）。

NaCl，NaAc，Na_2CO_3，Na_3PO_4，Na_2HPO_4，NaH_2PO_4。

② 在两支试管中，各加入 2mL 蒸馏水和 3 滴 0.1mol・L^{-1} $Fe(NO_3)_3$，摇匀。将一支试管用小火加热，观察溶液颜色的变化，解释实验现象。

③ 取一支试管，加入 2mL 0.1mol・L^{-1} NaAc，滴入 1 滴酚酞，摇匀，观察溶液的颜色。将溶液分盛在两支试管中，将一支试管用小火加热至沸，比较两支试管中溶液的颜色，解释原因。

④ 取绿豆大小一粒固体 $BiCl_3$ 加到盛有 1mL 水的试管中，有什么现象？测其 pH。加入 6mol・L^{-1} HCl，沉淀是否溶解？再注入水稀释又有什么现象？

⑤ 在装有 1mL 0.1mol・L^{-1} $Al_2(SO_4)_3$ 的试管中，加入 1 mL 0.1mol・L^{-1} Na_2CO_3 溶液，有何现象？设法证明产物是 $Al(OH)_3$ 而不是 $Al_2(CO_3)_3$。写出化学反应方程式。

4. 沉淀-溶解平衡

(1) 沉淀的生成和溶解

① 在试管中加入 1mL 0.1mol·L^{-1} $Pb(NO_3)_2$，再加入 1mL 0.1 mol·L^{-1} KI，观察有无沉淀生成？

② 取两支试管，分别加入 5 滴 0.1mol·L^{-1} K_2CrO_4 和 5 滴 0.1mol·L^{-1} NaCl，然后各逐滴加入 2 滴 0.1mol·L^{-1} $AgNO_3$，观察沉淀的生成和颜色。

③ 在一支试管中加入 2mL 0.1mol·L^{-1} $MgCl_2$，滴入数滴 2 mol·L^{-1} $NH_3·H_2O$，观察沉淀的生成。再向此溶液中加入少量固体 NH_4Cl，振荡，观察沉淀是否溶解？解释现象。

(2) 分步沉淀　在一支离心试管中加入 2 滴 0.1mol·L^{-1} K_2CrO_4 和 2 滴 0.1mol·L^{-1} NaCl，加 2mL 蒸馏水稀释。摇匀后再滴加 2 滴 0.1mol·L^{-1} $AgNO_3$，摇匀，离心沉降，观察溶液和沉淀的颜色，继续滴加 0.1mol·L^{-1} $AgNO_3$，观察沉淀的颜色。离心沉降，观察溶液的颜色是否变浅？根据实验确定先沉淀的是哪一种物质？与计算相符吗？

(3) 沉淀的转化　取一支离心试管，加入 5 滴 0.1mol·L^{-1} $Pb(NO_3)_2$ 和 1mol·L^{-1} NaCl，离心分离，弃去清液，往沉淀上逐滴加入 0.1mol·L^{-1} KI，剧烈振荡或搅拌，观察沉淀颜色的变化，记录并解释现象。

五、注意事项

1. pH 试纸的使用

把一小块试纸放在洁净的点滴板上，注意不能用湿手摸试纸，用洁净、干燥的玻棒沾待测溶液点于试纸的中部，比较颜色，记录 pH 值。不要将待测溶液滴在试纸上，更不要将试纸泡在溶液中。

2. 固体物质的取用

粒状或粉状物质，在取入试管中时，应用一纸槽帮助送至试管下部，注意不要接触溶液。

3. 试管加热

管内所盛的液体不得超过试管总容积的 1/3，试管夹夹于距管口 1/3 处，口倾斜向上，局部加热前应整个管子先预热，不要加热至沸腾使溶液溢出，不要管口对人。

4. 液体试剂的取用

从滴管瓶中吸取液体药品时，滴管专用，不得弄乱，弄脏；滴管不能吸得太深，也不能倒置；移液时滴管不要接触接受容器的器壁；试剂瓶及时放回原位。

5. 电动离心机的使用

保持质量平衡，速度由慢→快→慢→停，注意位置不要弄错。

6. 离心分离

离心沉淀后，用左手斜持离心管，右手拿毛细吸管，小心地吸出上层清液，然后往离心试管中加 2～3 倍于沉淀的蒸馏水或其他相应的电解质溶液，用玻棒充分搅拌后再进行离心沉降，用毛细吸管吸出上层清液。如此反复 2～3 次即可。

六、思考题

① 如何配制 50mL 0.1mol·L^{-1} $SnCl_2$ 溶液？

② 利用平衡移动原理，判断下列物质是否可用 HNO_3 溶解？

$MgCO_3$　Ag_3PO_4　AgCl　CaC_2O_4　$BaSO_4$

③ 什么叫分步沉淀？沉淀转化的条件是什么？

实验十九　蛋壳中碳酸钙含量的测定

一、实验目的

① 学习并掌握鸡蛋壳中碳酸钙含量测定的原理与方法。

② 熟练掌握称量、配位滴定等基础操作。

③ 培养队员之间合作、配合能力。

二、实验原理

鸡蛋壳中含有 $CaCO_3$，其次是 $MgCO_3$、蛋白质、色素，以及少量的 Fe 与 Al。

用乙二胺四乙酸的二钠盐来配制一定浓度的 EDTA 溶液。用 NaOH 溶液调节 EDTA 溶液的 pH=5，并用 Zn 作基准物，用铬黑 T 溶液作指示剂标定 EDTA 溶液的浓度。将蛋壳溶解在 HCl 中，用 NaOH 调节溶液的 pH=12，使 Mg^{2+} 生成难溶的 $Mg(OH)_2$ 沉淀。加入钙指示剂与 Ca^{2+} 配位成红色。

$$Ca+In(蓝色)=CaIn(酒红色)$$

滴定时，EDTA 溶液先与游离的 Ca^{2+} 配位

$$Ca+Y=CaY$$

然后夺取已和指示剂配位的 Ca^{2+}，使溶液由红色变为蓝色为终点，

$$CaIn(酒红色)+Y=CaY+In(蓝色)$$

从已标定的 EDTA 溶液用量可以计算 Ca^{2+} 的含量。

三、实验仪器与试剂

乙二胺四乙酸的二钠盐、NaOH 溶液、纯锌、铬黑 T、$NH_3·H_2O-NH_4Cl$ 缓冲溶液（pH=10）、1∶1HCl、1∶1$NH_3·H_2O$、鸡蛋壳、钙指示剂、6mol/LNaOH、蒸馏水、酸式滴定管、250mL 烧杯、100mL 烧杯、表面皿、250mL 酸式试剂瓶、250mL 容量瓶、250mL 锥形瓶、25mL 移液管、滴管、250mL 洗瓶、分析天平、研钵、玻璃棒、铁架台、标准筛。

四、实验步骤

1. 0.010mol·L^{-1} EDTA溶液的配制

称取2.0000g乙二胺四乙酸二钠于250mL烧杯中，加100mL水，温热使其溶解完全，转移至250mL容量瓶中，加蒸馏水稀释至刻度线，摇匀。置于酸式试剂瓶中备用。

2. 以$CaCO_3$为基准物标定EDTA

(1) 配制0.010mol·L^{-1}锌标准溶液　取适量纯锌粒，用稀HCl稍加泡洗，以除去表面氧化膜，再用水洗去HCl，用酒精清洗表面，沥干后置于110℃下烘干几分钟，置于干燥器中冷却。准确称取锌粒0.15～0.20g，置于100mL烧杯中，加入5mL 1∶1 HCl，盖上表面皿，必要时稍微加热，使锌粒完全溶解，冲洗表面皿及杯壁，小心转移于250mL容量瓶中，用水稀释至标线，摇匀，计算锌标准溶液浓度。

(2) EDTA溶液浓度的标定　用移液管吸取25.00mL锌标准溶液置于250mL锥形瓶中，逐滴加入1∶1 $NH_3 \cdot H_2O$，同时不断摇动直至开始出现$Zn(OH)_2$沉淀，再加入5mL $NH_3 \cdot H_2O$-NH_4Cl缓冲溶液，30mL蒸馏水和3滴铬黑T溶液，用EDTA标准溶液滴定至溶液由酒红色变为纯蓝色即为终点。记录EDTA用量V_{EDTA}，并平行重复该实验三次，计算EDTA标准溶液的浓度c_{EDTA}。

3. 样品的处理

将鸡蛋壳取出内膜并洗净，烘干，研碎，过筛。

4. 鸡蛋壳中碳酸钙含量的测定

准确称取0.0500g处理好的样品于250mL锥形瓶中，用少量水润湿，盖上表面皿，慢慢滴加1∶1HCl 5mL使其溶解，加5mL 6mol/L NaOH溶液，调节pH=12～13。加少量钙指示剂，摇匀后，用EDTA溶液滴定至溶液由酒红色变为纯蓝色，即为终点。平行测定三份，计算蛋壳中碳酸钙的含量。

EDTA浓度的计算公式

$$c_{EDTA}=\frac{25m_{Zn}\times 1000}{250M_{Zn}V_{EDTA}}$$

式中 c_{EDTA}——EDTA溶液浓度，mol/L；
m_{Zn}——锌的质量，g；
M_{Zn}——锌的摩尔质量，g/mol；
V_{EDTA}——EDTA用量，mL。

鸡蛋壳中碳酸钙含量的计算公式

$$W=\frac{c_{EDTA}\times V_{EDTA}\times M_{CaCO_3}}{1000m}\times 100\%$$

式中 W——鸡蛋壳中碳酸钙含量，%；
M_{CaCO_3}——碳酸钙的摩尔质量，g/mol；

m——鸡蛋壳的质量，g。

五、注意事项

① 注意酸式滴定管的使用。
② 注意移液管使用的基本操作。
③ 注意容量瓶使用的基本操作。

六、实验操作安排

① $0.010 mol \cdot l^{-1}$ EDTA 溶液的配制。
② $0.010 mol \cdot l^{-1}$ 锌标准溶液的配制。
③ EDTA 溶液浓度的标定。
④ 样品的处理。
⑤ 鸡蛋壳中碳酸钙含量的测定。
⑥ 实验结果的记录与处理。

实验二十 工业纯碱中总碱度测定

一、实验目的

① 了解基准物质碳酸钠及硼砂的分子式和化学性质。
② 掌握 HCl 标准溶液的配制和标定过程。
③ 掌握强酸滴定二元弱碱的滴定过程，突跃范围及指示剂选择。
④ 掌握定量转移操作的基本特点。

二、实验原理

工业纯碱的主要成分为碳酸钠，商品名为苏打，其中可能还含有少量 NaCl、Na_2SO_4、NaOH 及 $NaHCO_3$。常以 HCl 标准溶液为滴定剂测定总碱度来衡量产品的质量。滴定反应为

$$Na_2CO_3 + 2HCl = 2NaCl + H_2CO_3$$

$$H_2CO_3 = CO_2 \uparrow + H_2O$$

反应产物 H_2CO_3 易形成过饱和溶液并分解为 CO_2 逸出。化学计量点时溶液 pH 为 3.8～3.9，可选用甲基橙为指示剂，用 HCl 标准溶液滴定，溶液由黄色转变为橙色即为终点。试样中 $NaHCO_3$ 同时被中和。

由于试样易吸收水分和 CO_2，应在 270～300℃将试样烘干 2h，以除去吸附水并使 $NaHCO_3$ 全部转化为 Na_2CO_3，工业纯碱的总碱度通常以 $w_{(Na_2CO_3)}$ 或 $w_{(Na_2O)}$ 表示，由于试样均匀性较差，应称取较多试样，使其更具代表性。测定的允许误差可适当放宽一点。

三、实验仪器与试剂

1. 仪器

称量瓶、25mL 碱式滴定管、100mL 锥形瓶、100mL 容量瓶。

2. 试剂

HCl 溶液 、无水 Na_2CO_3、硼砂（$Na_2B_4O_7 \cdot 10H_2O$）、0.1%甲基橙指示剂、0.2%甲基红、60%的乙醇溶液、甲基红-溴甲酚绿混合指示剂。

四、实验步骤

1. 0.1mol·L⁻¹HCl 溶液的标定

（1）用无水 Na_2CO_3 基准物质标定　用称量瓶准确称取 0.08～0.10g 无水 Na_2CO_3 3 份，分别倒入 100mL 锥形瓶中。称量瓶称样时一定要带盖，以免吸湿。然后加入 10～20mL 水使之溶解，再加入 1～2 滴甲基橙指示剂，用待标定的 HCl 溶液滴定至溶液的黄色恰变为橙色即为终点。计算 HCl 溶液的浓度。

（2）用硼砂 $Na_2B_4O_7 \cdot 10H_2O$ 标定　准确称取硼砂 0.2～0.3g 3 份，分别倾入 100mL 锥形瓶中，加水 20mL 使之溶解，加入 2 滴甲基红指示剂，用待标定的 HCl 溶液滴定至溶液由黄色恰变为浅红色即为终点。根据硼砂的质量和滴定时所消耗的 HCl 溶液的体积，计算 HCl 溶液的浓度。

2. 总碱度的测定

准确称取试样约 1g 倾入烧杯中，加少量水使其溶解，必要时可稍加热促进溶解。冷却后，将溶液定量转入 100mL 容量瓶中，加水稀释至刻度，充分摇匀。平行移取试液 10.00mL 三份于锥形瓶中，加入 1～2 滴甲基橙指示剂，用 HCl 标准溶液滴定溶液由黄色恰变为橙色即为终点。计算试样中 Na_2O 或 Na_2CO_3 含量，即为总碱度。测定的各次相对偏差应在±0.5%以内。

五、数据记录与处理

数据记录见表 2-10。数据处理如下。

$$c_{HCl}=\frac{2\times\frac{m_{Na_2CO_3}}{105.99}\times1000}{V_{HCl}}(mol\cdot L^{-1})$$

$$Na_2CO_3\%=\frac{\frac{1}{2}c_{HCl}V_{HCl}\times10^{-5}\times105.99}{m_s}\times100\%$$

表 2-10　工业纯碱中总碱度测定数据记录

记录项目	实验号码		
	Ⅰ	Ⅱ	Ⅲ
m(无水 Na_2CO_3)/g			

续表

记录项目	实验号码		
	Ⅰ	Ⅱ	Ⅲ
V_{HCl}/mL			
c_{HCl}/mol·L^{-1}			
平均值 c_{HCl}/mol·L^{-1}			
相对偏差/%			
平均相对偏差/%			
$m(Na_2B_4O_7 \cdot 10H_2O)$/g			
V_{HCl}/mL			
c_{HCl}/mol·L^{-1}			
平均值 c_{HCl}/mol·L^{-1}			
相对偏差/%			
平均相对偏差/%			
m(样品)/g			
V_{HCl}/mL			
Na_2CO_3/%			
平均值 Na_2CO_3/%			
相对偏差/%			
平均相对偏差/%			

六、注意事项

① 称量时，一定要减少碳酸钠试剂瓶的开盖时间，防止吸潮。取完试剂后，马上盖好并放入保干器中。

② 煮沸样品时，天然气灯的火量应为能保持溶液沸腾的最小火。加热后的石棉网不能直接放在滴定台上，只能放在铁架台上（铁架台下垫橡皮板）。加热后的锥形瓶可放在实验台上，或直接放入盛有冷却水的塑料盆中冷却。不允许用流动水冷却。煮沸后滴定时，要半滴、半滴地加入滴定剂，否则易过量。

七、思考题

① 为什么配制 0.1mol·L^{-1} HCl 溶液 1L 需要量取浓 HCl 溶液 9mL？写出计算式。

② 无水 Na_2CO_3 保存不当，吸收了 1%的水分，用此基准物质标定 HCl 溶液浓度时，对其结果产生何种影响？

③ 甲基橙、甲基红及甲基红-溴甲酚绿混合指示剂的变色范围各为多少？混合指示剂优点是什么？

④ 标定 HCl 的两种基准物质 Na_2CO_3 和 $Na_2B_4O_7 \cdot 10H_2O$ 各有哪些优缺点？

⑤ 在以 HCl 溶液滴定时，怎样使用甲基橙及酚酞两种指示剂来判别试样是由 $NaOH$-Na_2CO_3 或 Na_2CO_3-$NaHCO_3$ 组成的？

实验二十一　食用白醋中醋酸含量的测定

一、实验目的与要求

① 掌握 NaOH 标准溶液的配制、标定方法及保存要点。

② 了解基准物质邻苯二甲酸氢钾的性质及应用。

③ 掌握强碱滴定弱酸的滴定过程、突跃范围及指示剂的选择原理。

二、实验原理

1. HAc 浓度的测定

醋酸为有机弱酸（$K_a=1.8\times10^{-5}$），与 NaOH 反应式为：

$$HAc+NaOH = NaAc+H_2O$$

反应产物为弱酸强碱盐，滴定突跃在碱性范围内，可选用酚酞等碱性范围变色的指示剂。食用白醋中醋酸含量在 30～50mg/mL 之间。

2. NaOH 标准溶液的标定

在称量 NaOH 过程中不可避免地会吸收空气中的二氧化碳，使得配制的 NaOH 溶液浓度比真实值偏高，最终使实验测定结果偏高，因此，为得到更准确的数据，必须将 NaOH 溶液以标准酸溶液邻苯二甲酸氢钾标定。

在邻苯二甲酸氢钾的结构中只有一个可电离的 H^+ 离子，其与 NaOH 反应的计量比为 1∶1。标定时的反应为：

$$KHC_8H_4O_4+NaOH = KNaC_8H_4O_4+H_2O$$

邻苯二甲酸氢甲作为基准物的优点：①易于获得纯品；②易于干燥，不吸湿；③摩尔质量大，可相对减少称量误差。

$$c_{NaOH}=\frac{m\times1000}{MV_{NaOH}}$$

式中　c_{NaOH}——氢氧化钠标准溶液的浓度，$mol \cdot L^{-1}$；

M——单位物质的量的邻苯二甲酸氢钾所具有的质量，g/mol；

m——邻苯二甲酸氢钾质量，g；

V_{NaOH}——所消耗的氢氧化钠标准溶液的体积，mL。

三、仪器与试剂

酸式滴定管（50mL）、碱式滴定管（50mL）、锥形瓶（250mL）、滴定台、蝴蝶夹、玻璃量筒（10mL）、烧杯、移液管、滴瓶、试剂瓶（带橡胶塞）。NaOH(s)

(A R)、酚酞指示剂（0.2%乙醇溶液)、邻苯二甲酸氢钾（s）（A R，在 100～125℃下干燥 1h 后，置于干燥器中备用)。

四、实验步骤

1. 0.1mol・L^{-1}NaOH 溶液的标定

洗净碱式滴定管，检查不漏水后，用所配制的 NaOH 溶液润洗 2～3 次，每次用量 5～10mL，然后将碱液装入滴定管中至“0”刻度线上，排除管尖的气泡，调整液面至 0.00 刻度或零点稍下处，静置 1min 后，精确读取滴定管内液面位置，并记录在报告本上。

用差减法准确称取 0.6g 已烘干的邻苯二甲酸氢钾三份，分别放入三个已编号的 250mL 锥形瓶中，加 50mL 水溶解（若不溶可稍加热再冷却)，加入 1～2 滴酚酞指示剂，用 0.1mol・L^{-1}NaOH 溶液滴定至呈微红色，半分钟不褪色，即为终点。计算 NaOH 标准溶液的浓度。

2. 食用白醋中醋酸含量的测定

用移液管吸取食用白醋试液 25.00mL，置于 250mL 容量瓶中，用水稀释至刻度，摇匀。用移液管吸取 25.00mL 稀释后的试液，置于 250mL 锥形瓶中，加入 0.2%酚酞指示剂 1～2 滴，用 NaOH 标准溶液滴定，直到加入半滴 NaOH 标准溶液使试液呈现微红色，并保持半分钟内不褪色即为终点。平行测定三次，测定结果的相对平均偏差应小于 0.2%。

$$c_{\text{HAc}}=\frac{c_{\text{NaOH}}V_{\text{NaOH}}M_{\text{HAc}}\times 100}{\frac{25}{250}\times V_{\text{白醋}}\times 1000}(\text{g}/100\text{mL})$$

五、实验记录与数据处理

1. 0.1mol・L^{-1}NaOH 溶液的标定

实验记录见表 2-11。

表 2-11　0.1mol・L^{-1} NaOH 溶液的标定实验记录

项目	1	2	3
m/g			
V_{NaOH}/mL			
c_{NaOH}/mol・L^{-1}			
$\bar{c}_{\text{NaOH}}$/mol・L^{-1}			
偏差			
相对平均偏差			

2. 食用白醋中醋酸含量的测定

实验记录见表 2-12。

表 2-12　食用白醋中醋酸含量的测定实验记录

项目	1	2	3
$V_{白醋}$/mL			
c_{NaOH}/mol·L^{-1}			
V_{NaOH}/mL			
c_{HAc}/(g/100mL)			
$\overline{c}_{HAc}$/(g/100mL)			
偏差			
相对平均偏差			

六、思考题

① 测定食用白醋时，为什么选用酚酞指示剂？能否选用甲基橙或甲基红作指示剂？

② 与其他基准物质相比，邻苯二甲酸氢钾有什么优点？

③ 标准溶液的浓度保留几位有效数字？

④ 酚酞指示剂是溶液变红后，在空气中放置一段时间后又变为无色，为什么？

实验二十二　分光光度法测定邻二氮菲合铁(Ⅱ)离子中的铁

一、实验目的

① 掌握邻二氮菲分光光度法测定铁的方法。

② 了解分光光度计的构造、性能及使用方法。

二、实验原理

邻二氮菲（又称邻菲罗啉）是测定微量铁的较好试剂，在 pH2～9 的条件下，二价铁离子与试剂生成极稳定的橙红色配合物。配合物的 $\lg K_{稳}=21.3$，摩尔吸光系数 $\varepsilon_{510}=11000\text{L}\cdot\text{mol}^{-1}\cdot\text{cm}^{-1}$。

在显色前，用盐酸羟胺把三价铁离子还原为二价铁离子。

$$2Fe^{3+}+2NH_2OH\cdot HCl \longrightarrow 2Fe^{2+}+N_2\uparrow+2H_2O+4H^{+}+2Cl^{-}$$

测定时，控制溶液 pH＝3 较为适宜，酸度高时，反应进行较慢，酸度太低，则二价铁离子水解，影响显色。

用邻二氮菲测定时，有很多元素干扰测定，须预先进行掩蔽或分离，如钴、镍、铜、铅与试剂形成有色配合物；钨、铂、镉、汞与试剂生成沉淀，还有些金属离子如锡、铅、铋则在邻二氮菲铁配合物形成的 pH 范围内发生水解；因此当这些离子共存时，应注意消除它们的干扰作用。

三、实验仪器与试剂

1. 仪器

分光光度计及 1 cm 比色皿。

2. 试剂

醋酸钠（$1mol \cdot L^{-1}$）、氢氧化钠（$0.4mol \cdot L^{-1}$）、盐酸（$2mol \cdot L^{-1}$）、盐酸羟胺（10%，临时配制）。

（1）邻二氮菲（0.1%）　0.1g 邻二氮菲溶解在 100mL 1∶1 乙醇溶液中。

（2）铁标准溶液

① $10^{-4}mol \cdot L^{-1}$ 铁标准溶液　准确称取 0.1961g $(NH_4)_2Fe(SO_4)_2 \cdot 6H_2O$ 于烧杯中，用 $2mol \cdot L^{-1}$ 盐酸 15mL 溶解，移至 500mL 容量瓶中，以水稀释至刻度，摇匀；再准确稀释 10 倍成为 $10^{-4}mol \cdot L^{-1}$ 铁标准溶液。

② $10\mu g \cdot mL^{-1}$（即 $0.01mg \cdot mL^{-1}$）铁标准溶液　准确称取 0.3511g $(NH_4)_2Fe(SO_4)_2 \cdot 6H_2O$ 于烧杯中，用 $2mol \cdot L^{-1}$ 盐酸 15mL 溶解，移入 500mL 容量瓶中，以水稀释至刻度，摇匀。再准确稀释 10 倍成为 $10\mu g \cdot mL^{-1}$ 铁标准溶液。

如以硫酸铁铵 $NH_4Fe(SO_4)_2 \cdot 12H_2O$ 配制铁标准溶液，则需标定。

四、实验步骤

1. 吸收曲线的绘制

用吸量管准确吸取 10^{-4} $mol \cdot L^{-1}$ 铁标准溶液 10mL，置于 50mL 容量瓶中，加入 10%盐酸羟胺溶液 1mL，摇匀后加入 $1mol \cdot L^{-1}$ 醋酸钠溶液 5mL 和 0.1%邻二氮菲溶液 3mL，以水稀释至刻度，摇匀。在分光光度计上，用 1cm 比色皿，以水为参比溶液，用不同的波长，从 430～570nm，每隔 20nm 测定一次吸光度，在最大吸收波长处附近多测定几点。然后以波长为横坐标，吸光度为纵坐标绘制出吸收曲线，从吸收曲线上确定进行测定铁的适宜波长（即最大吸收波长）。

2. 测定条件的选择

（1）邻二氮菲与铁的配合物的稳定性　用上面溶液继续进行测定，在最大吸收波长 510nm 处，从加入显色剂后立即测定一次吸光度，经 15min、30min、45min、60min 后，各测一次吸光度。以时间（t）为横坐标，吸光度（A）为纵坐标，绘制 A-t 曲线，从曲线上判断配合物稳定的情况。

（2）显色剂浓度的影响　取 25mL 容量瓶 7 个，用吸量管准确吸取 $10^{-4}mol \cdot L^{-1}$ 铁标准溶液 5mL 于各容量瓶中，加入 10%盐酸羟胺溶液 1mL 摇匀，再加入 $1mol \cdot L^{-1}$ 醋酸钠 5mL，然后分别加入 0.1%邻二氮菲溶液 0.3mL、0.6mL、1.0mL、1.5mL、2.0mL、3.0mL 和 4.0mL，以水稀释至刻度，摇匀。在分光光度计上，用适宜波长（510nm）、1cm比色皿，以水为参比测定不同用量显色剂溶液的吸光度。然后以邻二氮菲试剂加入毫升数为横坐标，吸光度为纵坐标，绘制*A*-*V*曲线，由曲线上确定显色剂最佳加入量。

(3) 溶液酸度对配合物的影响　准确吸取10^{-4}mol·L^{-1}铁标准溶液10mL，置于100mL容量瓶中，加入2mol·L^{-1}盐酸5mL和10%盐酸羟胺溶液10mL，摇匀经2min后，再加入0.1%邻二氮菲溶液30mL，以水稀释至刻度，摇匀后备用。

取25mL容量瓶7个，用吸量管分别准确吸取上述溶液10mL于各容量瓶中，然后在各个容量瓶中，依次用吸量管准确吸取加入0.4mol·L^{-1}氢氧化钠溶液1.0mL、2.0mL、3.0mL、4.0mL、6.0mL、8.0mL及10.0mL，以水稀释至刻度，摇匀，使各溶液的pH从≤2开始逐步增加至12以上，测定各溶液的pH值。先用pH为1～14的广泛试纸确定其粗略pH值，然后进一步用精密pH试纸确定其较准确的pH值（采用pH计测量溶液的pH值，误差较小）。同时在分光光度计上，用适当的波长（510nm）、1cm比色皿，以水为参比测定各溶液的吸光度。最后以pH值为横坐标，吸光度为纵坐标，绘制*A*-pH曲线，由曲线上确定最适宜的pH范围。

(4) 根据上面条件实验的结果，找出邻二氮菲分光光度法测定铁的测定条件并讨论之。

3. 铁含量的测定

(1) 标准曲线的绘制　取25mL容量瓶6个，分别准确吸取的10μg·mL^{-1}铁标准溶液0.0mL、1.0mL、2.0mL、3.0mL、4.0mL和5.0 mL于各容量瓶中，各加10%盐酸羟胺溶1mL，摇匀，经2min后再各加1mol·L^{-1}醋酸钠溶液5mL和0.1%邻二氮菲溶液3mL，以水稀释至刻度，摇匀。在分光光度计上用1cm比色皿，在最大吸收波长（510nm）处以水为参比测定各溶液的吸光度，以含铁总量为横坐标，吸光度为纵坐标，绘制标准曲线。

(2) 吸取未知液5mL，按上述标准曲线相同条件和步骤测定其吸光度。根据未知液吸光度，在标准曲线上查出未知液相对应铁的量，然后计算试样中微量铁的含量，以每升未知液中含铁多少克表示（g·L^{-1}）。

五、数据记录与处理

① 记录分光光度计型号、比色皿厚度，绘制吸收曲线和标准曲线。

② 计算未知液中铁的含量，以每升未知液中含铁多少克表示（g·L^{-1}）。

实验二十三　高锰酸钾法测定双氧水的含量

一、目的要求

① 掌握高锰酸钾标准溶液的配制和标定方法。

② 学习高锰酸钾法测定过氧化氢含量的方法。

二、实验原理

H_2O_2 在工业、医药卫生行业等方面应用很广泛。H_2O_2 既可作为氧化剂又可作为还原剂。在酸性介质中遇 $KMnO_4$ 时 H_2O_2 作为还原剂，可发生下列反应：

$$2MnO_4^- + 5H_2O_2 + 6H^+ = 2Mn^{2+} + 5O_2\uparrow + 8H_2O$$

滴定在酸性溶液中进行，反应时锰的氧化数由+7变到+2。开始时反应速度慢，滴入的 $KMnO_4$ 溶液褪色缓慢，待 Mn^{2+} 生成后，由于 Mn^{2+} 的催化作用加快了反应速率，故能顺利地滴至终点，过量1滴 $KMnO_4$ 呈现微红色，且在30s内不褪即为滴定终点。

生物化学中，也常利用此法间接测定过氧化氢酶的活性。在血液中加入一定量的 H_2O_2，由于过氧化氢酶能使过氧化氢分解，反应完后，在酸性条件下用标准 $KMnO_4$ 溶液滴定剩余的 H_2O_2，就可以了解酶的活性。

$KMnO_4$ 溶液的浓度常用基准物质 $Na_2C_2O_4$ 标定，在酸性介质中，其反应式为：

$$2MnO_4^- + 5C_2O_4^{2-} + 16H^+ = 2Mn^{2+} + 10CO_2\uparrow + 8H_2O$$

三、实验仪器与试剂

1. 仪器

台秤（0.1g），电子分析天平（0.1mg），恒温水浴锅，试剂瓶（棕色），酸式滴定管（棕色、50mL），锥形瓶（250mL），移液管（10mL、25mL）。

2. 实验试剂

H_2SO_4(3mol·L^{-1})，$KMnO_4$(s)，$Na_2C_2O_4$(AR)，3%H_2O_2。

四、实验步骤

1. $KMnO_4$ 溶液（0.02mol·L^{-1}）的配制

称取 $KMnO_4$ 固体约1.6g溶于500mL水中，盖上表面皿，加热至沸并保持微沸状态30min后，冷却，静置过夜，用玻璃砂芯漏斗过滤，储存于棕色试剂瓶中待用。

2. $KMnO_4$ 溶液的标定

精确称取0.25～0.30g预先干燥过的 $Na_2C_2O_4$ 三份，分别置于250mL锥形瓶中，各加入30mL蒸馏水和10mL 3mol·L^{-1} H_2SO_4，水浴上加热至75～85℃。趁热用待标定的 $KMnO_4$ 溶液进行滴定，开始时，滴定速度宜慢，在第一滴 $KMnO_4$ 溶液滴入后，不断摇动溶液，当紫红色褪去后再滴入第二滴。溶液中有 Mn^{2+} 产生后，滴定速度可适当加快，近终点时，紫红色褪去很慢，应减慢滴定速度，同时充分摇动溶液。当溶液呈现微红色并在30s内不褪色，即为终点。计算 $KMnO_4$ 溶液的浓度。滴定过程要保持温度不低于60℃。

3. H_2O_2 含量的测定

用移液管吸取 10.00mL 双氧水样品（H_2O_2 含量约 3%），置于 250mL 容量瓶中，加水稀释至标线，混匀，得 H_2O_2 稀释液。

用移液管吸取 25.00mL 上述稀释液三份，分别置于三个 250mL 锥形瓶中，各加入 15mL 水和 10mL $3mol \cdot L^{-1}$ H_2SO_4，用 $KMnO_4$ 标准溶液滴定之。平行测定三次，每次相差不超过 0.1mL。计算样品中 H_2O_2 的含量（质量浓度，g/L）。

五、实验记录与数据处理

1. $KMnO_4$ 溶液浓度的计算

实验记录见表 2-13。

$$c_{KMnO_4} = \frac{2}{5} \times \frac{m_{Na_2C_2O_4}}{V_{KMnO_4} M_{Na_2C_2O_4}}$$

$M_{Na_2C_2O_4} = 134.00 g \cdot mol^{-1}$

表 2-13　$KMnO_4$ 溶液浓度标定的实验记录

测定序号	Ⅰ	Ⅱ	Ⅲ
$m_{Na_2C_2O_4}/g$			
V_{KMnO_4}（终读数）/mL			
V_{KMnO_4}（初读数）/mL			
V_{KMnO_4}/mL			
$c_{KMnO_4}/mol \cdot L^{-1}$			
$\bar{c}_{KMnO_4}/mol \cdot L^{-1}$			
相对平均偏差			

2. H_2O_2 含量的计算

实验记录见表 2-14。

$$\rho_{H_2O_2} = \frac{5}{2} \times \frac{c_{KMnO_4} V_{KMnO_4} M_{H_2O_2}}{10.00 \times \frac{25.00}{250.0}}$$

$M_{H_2O_2} = 34.01 g \cdot mol^{-1}$

表 2-14　H_2O_2 含量测定的实验记录

测定序号	Ⅰ	Ⅱ	Ⅲ
$\bar{c}_{KMnO_4}/mol \cdot L^{-1}$			
V_{KMnO_4}（终读数）/mL			
V_{KMnO_4}（初读数）/mL			
V_{KMnO_4}/mL			
$\rho_{H_2O_2}/g \cdot L^{-1}$			
$\bar{\rho}_{H_2O_2}/g \cdot L^{-1}$			
相对平均偏差			

六、注意事项

① 溶液的配制　计算（质量、体积）→称（台称、分析天平）、量（量筒、移液管）→溶解、稀释、冷却（烧杯）→洗涤、转移→定容（烧杯，容量瓶）。

② 容量瓶的使用　检漏。洗涤：洗液洗→自来水洗→去离子水洗。装液：（已溶解并冷却了的溶液）用玻棒引流（玻棒倾斜）。定容：加去离子水至刻度线约差 1cm 处，改用滴管逐滴滴加至刻度线处。摇匀：左手按住塞子，右手托住瓶底，倒转约 15 次。

③ 移液管的使用　洗涤：洗液洗→自来水洗→去离子水洗（2～3 次）→待取液润洗（2～3 次）。吸液：左手握洗耳球，右手拿移液管，吸管入下端伸入夜面 1～2cm 处。放液：左手拿住接液体的容器并倾斜，右手使移液管垂直且尖嘴靠在容器壁上，松开食指，让溶液沿器壁流下。

④ 酸式滴定管使用　检漏→洗涤→装液→排气→初读→滴定→终读（准至 0.01mL）。

⑤ 滴定操作　左手握滴定管，控制流速。右手握锥形瓶瓶颈，单方向旋转溶液。

⑥ 溶液在加热及放置时，均应盖上表面皿。

⑦ $KMnO_4$ 作为氧化剂通常是在 H_2SO_4 酸性溶液中进行，不能用 HNO_3 或 HCl 来控制酸度。在滴定过程中如果发现棕色混浊，这是酸度不足引起的，应立即加入稀 H_2SO_4，如已达到终点，应重做实验。

⑧ 标定 $KMnO_4$ 溶液浓度时，加热可使反应加快，但不应热至沸腾，因为过热会引起草酸分解，适宜的温度为 75～85℃。在滴定到终点时溶液的温度应不低于 60℃。

⑨ 开始滴定时反应速度较慢，所以要缓慢滴加。待溶液中产生了 Mn^{2+} 后，由于 Mn^{2+} 对反应的催化作用，使反应速度加快，这时滴定速度可加快；但注意不能过快，近终点时更须小心地缓慢滴入。

七、思考题

① 用 $KMnO_4$ 滴定法测定双氧水中 H_2O_2 的含量，为什么要在酸性条件下进行？能否用 HNO_3 或 HCl 代替 H_2SO_4 调节溶液的酸度？

② 为什么本实验要把市售双氧水稀释后才进行滴定？

③ 配制 $KMnO_4$ 溶液时为什么要把 $KMnO_4$ 水溶液煮沸？配好的 $KMnO_4$ 溶液为什么要过滤后才能使用？

④ 如果是测定工业品 H_2O_2，一般不用 $KMnO_4$ 法，请你设计一个更合理的实验方案？

实验二十四　含碘食盐中含碘量的测定

一、目的要求

① 巩固碘量法的基本原理。

② 学会运用碘量法测定食盐中碘的含量。

二、实验原理

食盐中碘含量测定原理为：首先将食盐中所含的 KIO_3 在酸性条件下加入过量的 KI 使 IO_3^- 将其氧化析 I_2，然后用 $Na_2S_2O_3$ 标准溶液滴定，测定食盐中碘含量。其反应式如下：

$$IO_3^- + 5I^- + 6H^+ = 3I_2 + 3H_2O$$

$$I_2 + 2S_2O_3^{2-} = 2I^- + S_4O_6^{2-}$$

三、实验仪器与试剂

1. 仪器

碱式滴定管（50mL），碘量瓶（250mL），量筒（10mL），容量瓶（1000mL），移液管（10mL）。

2. 实验试剂

KIO_3（0.0003mol·L^{-1} 标准溶液），KI（5%，新配），淀粉（0.5%，新配），HCl（1mol·L^{-1}），Na_2CO_3（AR），$Na_2S_2O_3 \cdot 5H_2O$（AR），加碘食盐。

四、实验步骤

1. 0.002mol·L^{-1} $Na_2S_2O_3$ 标准溶液的配制与标定

（1）配制　称取 2.5g $Na_2S_2O_3 \cdot 5H_2O$ 溶解在 500mL 新煮沸并冷却了的蒸馏水（去 CO_2 的水）中，加入 0.1g Na_2CO_3 溶解后，储于棕色瓶中，放置一周后取上层清液 40mL 于棕色瓶中，用无 CO_2 的蒸馏水稀释至 400mL 。

（2）标定　取 10.00mL 0.0003mol·L^{-1} KIO_3 标准溶液于 250mL 碘量瓶中，加 90mL 水和 2mL 1mol·L^{-1} HCl，摇匀后加 5mL5% KI，立即用 $Na_2S_2O_3$ 标准溶液滴定，至溶液呈浅黄色时，加 5mL0.5%淀粉溶液，继续滴定至蓝色恰好消失为止，记录消耗 $Na_2S_2O_3$ 的体积 V(mL)。平行滴定 3 次。

2. 食盐中含碘量的测定

称取 10g（准确至 0.01g）均匀加碘食盐，置于 250mL 碘量瓶中，加 100mL 蒸馏水溶解，加 2mL1mol·L^{-1} HCl，混匀后加 5mL5% KI 溶液，静置约 10min，用 $Na_2S_2O_3$ 标准溶液滴定，至溶液呈浅黄色时，加 5mL0.5%淀粉溶液，继续滴定至蓝色恰好消失为止，记录消耗 $Na_2S_2O_3$ 的体积 V(mL)。平行滴定 3 次。

五、实验记录与数据处理

1. $Na_2S_2O_3$ 浓度计算

实验记录见表 2-15。

$$c_{Na_2S_2O_3} = \frac{6c_{KIO_3}V_{KIO_3}}{V_{Na_2S_2O_3}}$$

表 2-15　$Na_2S_2O_3$ 浓度测定实验记录

测定序号	Ⅰ	Ⅱ	Ⅲ
c_{KIO_3}/mol·L^{-1}			
V_{KIO_3}/mL			
$Na_2S_2O_3$ 终读数/mL			
$Na_2S_2O_3$ 初读数/mL			
$V_{Na_2S_2O_3}$/mL			
$c_{Na_2S_2O_3}$/mol·L^{-1}			
$\bar{c}_{Na_2S_2O_3}$/mol·L^{-1}			
相对平均偏差			

2. 食盐样品中碘的含量计算

实验记录见表 2-16。

$$\omega_I = \frac{1}{6} \times \frac{c_{Na_2S_2O_3} V_{Na_2S_2O_3} M_I}{m_s}$$

表 2-16　食盐样品中碘的含量测定实验记录

测定序号	Ⅰ	Ⅱ	Ⅲ
$\bar{c}_{Na_2S_2O_3}$/mol·L^{-1}			
$Na_2S_2O_3$ 终读数/mL			
$Na_2S_2O_3$ 初读数/mL			
$V_{Na_2S_2O_3}$/mL			
ω_I/μg·g^{-1}			
$\bar{\omega}_I$/μg·g^{-1}			
相对平均偏差			

六、注意事项

① 溶液的配制　计算（质量、体积）→称（台称、分析天平）、量（量筒、移液管）→溶解、稀释、冷却（烧杯）→洗涤、转移→定容（烧杯、容量瓶）。

② 碱式滴定管使用　检漏→洗涤→装液→排气→初读→滴定→终读（准至 0.01mL）。

③ 滴定操作　左手握滴定管，控制流速。右手握锥形瓶瓶颈，单方向旋转溶液。

七、思考题

① 本实验滴定为何要使用碘量瓶？使用碘量瓶应注意些什么？

② 配制 $Na_2S_2O_3$ 溶液时为何要用新煮沸了的蒸馏水？

附注：

0.0003mol·L^{-1} KIO_3 标准溶液配制：准确称取 1.4g（精确至 0.0001g）于

(110±2)℃烘至恒重的 KIO_3，加水溶解，于1000mL 容量瓶中定容，再用水稀释20 倍得浓度为 0.0003mol·L^{-1} KIO_3 标准溶液。其准确浓度为

$$c_{KIO_3}=\frac{m_{KIO_3}}{M_{KIO_3}V}\times\frac{1}{20}$$

实验二十五　配合物的生成和性质

一、实验目的

① 了解配离子的形成及其与简单离子的区别。

② 从配离子解离平衡的移动，进一步了解稳定常数的意义。

③ 理解配位平衡的移动。

④ 了解螯合物的形成及特点。

二、实验原理

配离子在水溶液中存在配位平衡，例如 $[Cu(NH_3)_4]^{2+}$ 在水溶液中存在：

$$Cu^{2+}+4NH_3 \rightleftharpoons [Cu(NH_3)_4]^{2+}$$

$$K_f^{\theta}=\frac{c_{[Cu(NH_3)_4]^{2+}}/c^{q}}{[c_{Cu^{2+}}/c^{q}][c_{NH_3}/c^{q}]^4}$$

配离子在水溶液中或多或少地解离成简单离子，K_f^{θ} 越大，配离子越稳定，解离的趋势越小。在配离子溶液中加入某种沉淀剂或某种能与中心原子配位形成更稳定的配离子的配位剂时，配位平衡将发生移动，生成沉淀或更稳定的配离子。当溶液的酸度增大时，若配离子是由易得质子的配位体组成，则使配位平衡发生移动，配离子解离。

中心原子与配位体形成的稳定的具有环状结构的配合物，称为螯合物。很多金属离子的螯合物具有特征的颜色，并且难溶于水，易溶于有机溶剂，因此常用于实验化学中鉴定金属离子，如 Ni^{2+} 离子的鉴定反应就是利用 Ni^{2+} 离子与丁二酮肟在弱碱性条件下反应，生成玫瑰红色螯合物。

$$Ni^{2+}+2\begin{array}{l}CH_3—C{=}N—OH\\ \quad\quad\ |\\ CH_3—C{=}N—OH\end{array}+2NH_3\cdot H_2O \rightleftharpoons \begin{array}{c}\quad\quad\quad\quad H\\ \quad\quad\quad O\quad\ O\\ CH_3—C{=}N\quad N{=}C—CH_3\\ \quad\quad\quad\ \ Ni\\ CH_3—C{=}N\quad N{=}C—CH_3\\ \quad\quad\quad O\quad\ O\\ \quad\quad\quad\quad H\end{array}\downarrow+2NH_4^{+}+2H_2O$$

三、实验仪器、试剂与材料

1. 仪器

试管，漏斗，漏斗架。

2. 实验试剂

H_2SO_4 （$1mol \cdot L^{-1}$，1∶1），NaOH（$2mol \cdot L^{-1}$，$0.1mol \cdot L^{-1}$），$NH_3 \cdot H_2O$（$6mol \cdot L^{-1}$，$2mol \cdot L^{-1}$），$AgNO_3$ （$0.1mol \cdot L^{-1}$），$CuSO_4$ （$0.1mol \cdot L^{-1}$），$HgCl_2$ （$0.1mol \cdot L^{-1}$），$K_3[Fe(CN)_6]$（$0.1mol \cdot L^{-1}$），KSCN（$0.1mol \cdot L^{-1}$），NaF（$0.1mol \cdot L^{-1}$），NH_4F（$4mol \cdot L^{-1}$），饱和$(NH_4)_2C_2O_4$，NaCl（$0.1mol \cdot L^{-1}$），$FeCl_3$ （$0.1mol \cdot L^{-1}$），$Na_2S_2O_3$ （$1mol \cdot L^{-1}$），饱和 $Na_2S_2O_3$，Na_2S（$0.1mol \cdot L^{-1}$），EDTA（$0.1mol \cdot L^{-1}$），$Ni(NO_3)_2$ （$0.1mol \cdot L^{-1}$），KBr（$0.1mol \cdot L^{-1}$），KI（$0.1mol \cdot L^{-1}$），95%乙醇，Na_2CO_3 （$0.1mol \cdot L^{-1}$），丁二酮肟，CCl_4（AR）

3. 材料

滤纸。

四、实验步骤

1. 配合物的制备

（1）含配阳离子的配合物　往试管中加入约 2mL $0.1mol \cdot L^{-1}$ $CuSO_4$，逐滴加入 $2mol \cdot L^{-1}$ $NH_3 \cdot H_2O$，直至最初生成的沉淀溶解。注意沉淀和溶液的颜色。写出反应的方程式。

向上面的溶液中加入约 4mL 乙醇（以降低配合物在溶液中的溶解度），观察深蓝色$[Cu(NH_3)_4]SO_4$ 结晶的析出。过滤，弃去滤液。在漏斗颈下面接一支试管，然后慢慢逐滴加入 $2mol \cdot L^{-1}$ $NH_3 \cdot H_2O$ 于晶体上，使之溶解（约需 2mL $NH_3 \cdot H_2O$，太多会使制得的溶液太稀）。保留此溶液供下面的实验使用。

（2）含配阴离子的配合物　往试管中加入 3 滴 $HgCl_2$（$0.1mol \cdot L^{-1}$），逐滴加入 KI（$0.1mol \cdot L^{-1}$），边加边摇，直到最初生成的沉淀完全溶解。观察沉淀及溶液的颜色。写出反应方程式。

2. 配位平衡及其移动

（1）往试管中加入 2 滴 $FeCl_3$（$0.1mol \cdot L^{-1}$），加水稀释成近无色，加入 2 滴 KSCN（$0.1mol \cdot L^{-1}$），观察溶液的颜色。逐滴加入 $0.1mol \cdot L^{-1}$ NaF，观察有何变化，写出离子方程式。

（2）取一支试管加入 20 滴 $AgNO_3$（$0.1mol \cdot L^{-1}$），然后逐滴加入 $2mol \cdot L^{-1}$ $NH_3 \cdot H_2O$，直至最初生成的沉淀溶解，再多加 3～5 滴以稳定 $[Ag(NH_3)_2]^+$。写出反应方程式。

将上面所得溶液分盛在两支试管中，分别加入 3 滴 $2mol \cdot L^{-1}$ NaOH 和 KI（$0.1mol \cdot L^{-1}$），观察有何不同变化。写出反应方程式。

（3）把“步骤 1、(1)”所得的$[Cu(NH_3)_4]SO_4$ 溶液分装在四支试管中，加入 2 滴 Na_2S（$0.1mol \cdot L^{-1}$）、2 滴 $0.1mol \cdot L^{-1}$ 的 NaOH、3～5 滴 EDTA

(0.1mol・L^{-1}）及数滴 1mol・L^{-1} 的 H_2SO_4。观察沉淀的形成和溶液的颜色。写出反应方程式。

(4) 在一支试管中加入 1 滴 $FeCl_3$(0.1mol・L^{-1})与 10 滴饱和 $(NH_4)_2C_2O_4$，然后加入 1 滴 KSCN（0.1mol・L^{-1}），再逐滴加入 1∶1 H_2SO_4。观察现象，写出反应方程式。

(5) 向一支试管中加入 5 滴 $AgNO_3$（0.1mol・L^{-1}），然后按下列次序进行实验。要求：凡是生成沉淀的步骤，刚生成沉淀即可；凡是沉淀溶解的步骤，沉淀刚溶解即可。因此，试剂必须逐滴加入，边滴边摇。

① 滴加 Na_2CO_3（0.1mol・L^{-1}）溶液，至沉淀生成。

② 滴加 2mol・L^{-1} NH_3・H_2O 至沉淀溶解。

③ 加入 1 滴 0.1mol・L^{-1} NaCl 溶液，观察沉淀的生成。

④ 滴加 6mol・L^{-1} NH_3・H_2O 至沉淀溶解。

⑤ 加入 1 滴 0.1mol・L^{-1} KBr，观察沉淀的生成。

⑥ 滴加 1mol・L^{-1} $Na_2S_2O_3$ 溶液至沉淀溶解。

⑦ 加入 1 滴 0.1mol・L^{-1} KI 溶液，观察沉淀的生成。

⑧ 滴加饱和的 $Na_2S_2O_3$ 溶液至沉淀溶解。

⑨ 滴加 0.1mol・L^{-1} Na_2S 溶液至沉淀生成。

观察实验现象，写出反应方程式。

3. 简单离子与配离子的区别

(1) 取两支试管各加入 10 滴 0.1mol・L^{-1} $FeCl_3$，然后向第一支试管中加入 10 滴 0.1mol・L^{-1} Na_2S，边滴边摇。向第二支试管中加入 3 滴 2mol・L^{-1} NaOH，振荡。观察现象，写出反应方程式。

分取两支试管，用 0.1mol・L^{-1} $K_3[Fe(CN)_6]$代替 $FeCl_3$ 进行实验。观察与前面的实验有何不同现象。写出离子反应方程式。

(2) 在试管中加入 5 滴 0.1mol・L^{-1} $FeCl_3$，再滴加 0.1mol・L^{-1} KI 至出现红棕色，然后加入 20 滴 CCl_4 振荡。观察 CCl_4 层的颜色。写出反应的离子方程式。

另取一支试管，加入 5 滴 0.1mol・L^{-1} $FeCl_3$，再加入 4mol・L^{-1} NH_4F 至溶液变为近无色，然后加入 3 滴 0.1mol・L^{-1} KI，摇匀，观察溶液的颜色。再加入 20 滴 CCl_4 振荡，CCl_4 层为何颜色？为什么？写出相应的离子方程式。

4. 螯合物的形成

在一支试管中加入 5 滴 0.1mol・L^{-1}Ni $(NO_3)_2$ 溶液，观察溶液的颜色。逐滴加入 2mol・$L^{-1}$$NH_3$・$H_2O$，每加 1 滴都要充分振荡，并嗅其氨味，如果嗅不出氨味，再加入第 2 滴，直至出现氨味。并注意观察溶液颜色。然后滴加 5 滴丁二酮肟溶液，摇动，观察玫瑰红色结晶的生成。

五、注意事项

① 向试管中滴加液体试剂时，滴管不要接触管壁。

② 固体试剂取用要避免试剂洒落，及时盖好瓶盖，放回原位。

③ 常压过滤须注意滤纸的正确选择及折叠，正确掌握溶液过滤及沉淀的转移和洗涤。

六、思考题

① 配离子与简单离子有何区别？如何证明？

② 向 Ni $(NO_3)_2$ 溶液中滴加 $NH_3 \cdot H_2O$，为什么会发生颜色变化？加入丁二酮肟又有何变化？说明了什么？

实验二十六　铁矿石全铁含量的测定（无汞定铁法）

一、实验目的

① 掌握 $K_2Cr_2O_7$ 标准溶液的配制及使用。

② 学习矿石试样的酸溶法。

③ 学习 $K_2Cr_2O_7$ 法测定铁的原理及方法。

④ 对无汞定铁有所了解，增强环保意识。

⑤ 了解二苯胺磺酸钠指示剂的作用原理。

二、实验原理

用 HCl 溶液分解铁矿石后，在热 HCl 溶液中，以甲基橙为指示剂，用 $SnCl_2$ 将 Fe^{3+} 还原至 Fe^{2+}，并过量 1～2 滴。经典方法是用 $HgCl_2$ 氧化过量的 $SnCl_2$，除去 Sn^{2+} 的干扰，但 $HgCl_2$ 造成环境的污染，本试验采用无汞定铁法。反应为

$$2FeCl_4^- + 2SnCl_4^{2-} + 2Cl^- \rightleftharpoons 2FeCl_4^{2-} + 2SnCl_6^{2-}$$

使用甲基橙指示剂 $SnCl_2$ 还原 Fe^{3+} 的原理是：Sn^{2+} 将 Fe^{3+} 还原后，过量的 Sn^{2+} 可将甲基橙还原为氢化甲基橙而褪色，不仅指示了还原的终点，Sn^{2+} 还能继续使氢化甲基橙还原成 *N*,*N*-二甲基对苯二胺和对氨基苯磺酸，过量的 Sn^{2+} 则可以消除。反应为

$$(CH_3)_2NC_6H_4N=NC_6H_4SO_3Na \xrightarrow{2H^+} (CH_3)_2NC_6H_4NH-NHC_6H_4SO_3Na$$

$$(CH_3)_2NC_6H_4NH-NHC_6H_4SO_3Na \xrightarrow{2H^+} (CH_3)_2NC_6H_4NH_2 + H_2NC_6H_4SO_3Na$$

以上反应为不可逆的，因而甲基橙的还原产物不消耗 $K_2Cr_2O_7$。

滴定反应为：

$$6Fe^{2+} + Cr_2O_7^{2-} + 14H^+ \rightleftharpoons 6Fe^{3+} + 2Cr^{3+} + 7H_2O$$

滴定突越范围为 0.93～1.34V，使用二苯胺磺酸钠为指示剂时，由于它的条件电位为 0.85V，因而需加入 H_3PO_4 使滴定生成的 Fe^{3+} 生成 Fe $(HPO_4)_2^-$ 而降低 Fe^{3+}/Fe^{2+} 电对的电位，使突越范围变成 0.71～1.34V，指示剂可以在此范围内变

色，同时消除了 $FeCl_4^-$ 黄色对终点观察的干扰，Sb（Ⅴ），Sb（Ⅲ）干扰本实验，不应存在。

三、实验仪器与试剂

1. 实验仪器

分析天平，电热板，酸式滴定管，容量瓶等。

2. 实验试剂

$1g \cdot L^{-1}$ 甲基橙，$2g \cdot L^{-1}$ 二苯胺磺酸钠。

(1) $100g \cdot L^{-1}$ $SnCl_2$ 溶液　10g $SnCl_2 \cdot 2H_2O$ 溶于 40mL 浓盐酸溶液中，加水稀释至 100mL。

(2) H_2SO_4-H_3PO_4 混酸　将 15mL 浓 H_2SO_4 缓慢加至 70mL 水中，冷却后加入 15mL 浓 H_3PO_4 混匀。

(3) $0.0500mol \cdot L^{-1}$ $K_2Cr_2O_7$ 标准溶液　将 $K_2Cr_2O_7$（AR）在 150～180℃ 干燥 2h，置于干燥器中冷却至室温。用指定质量称量法准确称取 0.6129g $K_2Cr_2O_7$ 于小烧杯中，加水溶解，定量转移至 250mL 容量瓶中，加水稀释至刻度，摇匀。

四、实验步骤

准确称取铁矿石粉 1.8～2.2g 于 250mL 烧杯中，用少量水润湿，加入 20mL 浓 HCl 溶液，盖上表面皿，在通风柜中低温加热分解试样，若有带色不溶残渣，可滴加 20～30 滴 $100g \cdot L^{-1}$ $SnCl_2$ 助溶。试样分解完全时，残渣应接近白色（SiO_2），用少量水吹洗表面皿及烧杯壁，冷却后转移至 250mL 容量瓶中，稀释至刻度并摇匀。

移取试样溶液 25.00mL 于锥形瓶中，加 8mL 浓 HCl 溶液，加热近沸，加入 6 滴甲基橙，趁热边摇动锥形瓶边逐滴加入 $100g \cdot L^{-1}$ $SnCl_2$ 还原 Fe^{3+}。溶液由橙变红，再慢慢滴加 $50g \cdot L^{-1}$ $SnCl_2$ 至溶液变为淡粉色，再摇匀直至粉色褪去。立即流水冷却，加 50mL 蒸馏水、20mLH_2SO_4-H_3PO_4 混酸、4 滴二苯胺磺酸钠，立即用 $K_2Cr_2O_7$ 标准溶液滴定到稳定的紫红色为终点，平行测定 3 次，计算矿石中铁的含量（质量分数）。

五、注意事项

① HCl 溶液浓度应控制在 $4mol \cdot L^{-1}$，若大于 $6mol \cdot L^{-1}$，Sn^{2+} 会先将甲基橙还原为无色，无法指示 Fe^{3+} 的还原反应；盐酸溶液浓度低于 $2mol \cdot L^{-1}$，则甲基橙褪色缓慢。

② 若试样难于分解时，可加入少许氟化物助溶，但此时不能用玻璃器皿分解试样。

六、实验记录与数据处理

将上述测量数据规范记录，并计算铁矿石中铁含量。

七、思考题

① $K_2Cr_2O_7$ 为什么可以直接称量配制准确浓度的溶液？

② 分解铁矿石时，为什么要在低温下进行？如果加热至沸会对结果产生什么影响？

③ $SnCl_2$ 还原 Fe^{3+} 的条件是什么？怎样控制 $SnCl_2$ 不过量？

④ $K_2Cr_2O_7$ 溶液滴定 Fe^{2+} 时，加入 H_3PO_4 的作用是什么？

⑤ 本实验中甲基橙起什么作用？

实验二十七　氯化物中氯含量的测定（莫尔法）

一、实验目的

① 掌握莫尔法测定氯离子的方法原理和实验操作。

② 掌握铬酸钾指示剂的正确使用。

二、实验原理

某些可溶性氯化物中氯含量的测定常采用莫尔法。此法是在中性或弱碱性溶液中，以 K_2CrO_4 为指示剂，用 $AgNO_3$ 标准溶液进行滴定。由于 AgCl 的溶解度比 Ag_2CrO_4 的小，因此溶液中首先析出 AgCl 沉淀，当 AgCl 定量析出后，过量一滴 $AgNO_3$ 溶液即与 CrO_4^{2-} 生成砖红色 Ag_2CrO_4 沉淀，表示达到终点。主要反应式如下：

$$Ag^+ + Cl^- = AgCl\downarrow \text{（白色）} \quad K_{sp} = 1.8\times10^{-10}$$

$$Ag^+ + CrO_4^{2-} = Ag_2CrO_4\downarrow \text{（砖红色）} \quad K_{sp} = 2.0\times10^{-12}$$

三、实验仪器与试剂

1. 实验仪器

分析天平，酸式滴定管，容量瓶等。

2. 试剂

（1）NaCl 基准试剂　在 500～600℃高温炉中灼烧半小时后，置于干燥器中冷却。也可将 NaCl 置于带盖的瓷坩埚中，加热，并不断搅拌，待爆炸声停止后，继续加热 15min，将坩埚放入干燥器中冷却后使用。

（2）$0.1mol\cdot L^{-1}$ $AgNO_3$ 溶液　称取 8.5g $AgNO_3$ 溶解于 500mL 不含 Cl^- 的蒸馏水中，将溶液转入棕色试剂瓶中，置暗处保存，以防光照分解。

（3）5% K_2CrO_4 溶液。

四、实验步骤

1. $0.1mol\cdot L^{-1}$ $AgNO_3$ 溶液的标定

准确称取 0.5～0.65g 基准 NaCl，置于小烧杯中，用蒸馏水溶解后，转入

100mL 容量瓶中，加水稀释至刻度，摇匀。准确移取 25.00mL NaCl 标准溶液注入 250mL 锥形瓶中，加入 25mL 水，加入 1mL5%的 K_2CrO_4 溶液，在不断摇动下，用 $AgNO_3$ 溶液滴定至呈现砖红色即为终点。平行标定三份。根据所消耗的 $AgNO_3$ 的体积和 NaCl 的质量，计算 $AgNO_3$ 的浓度。

2. 试样分析

准确称取 1.3g NaCl 试样置于烧杯中，加水溶解后，定量转入 250mL 容量瓶中，用水稀释至刻度，摇匀。准确移取 25.00mL NaCl 试液注入锥形瓶中，加入 25mL 水，加入 1mL5% K_2CrO_4 溶液，在不断摇动下，用 $AgNO_3$ 溶液滴定至呈现砖红色即为终点，平行测定三份。计算试样中氯的含量。

五、注意事项

① 滴定必须在中性或在弱碱性溶液中进行，最适宜 pH 范围为 6.5～10.5，如有铵盐存在，溶液的 pH 值范围最好控制在 6.5～7.2 之间。

② 指示剂的用量对滴定有影响，一般以 $5.0\times10^{-3}mol\cdot L^{-1}$ 为宜，凡是能与 Ag^+ 生成难溶化合物或配合物的阴离子都干扰测定。如 PO_4^{3-}、AsO_4^{3-}、S^{2-}、CO_3^{2-}、$Cr_2O_4^{2-}$ 等，其中 H_2S 可加热煮沸除去，将 SO_3^{2-} 氧化成 SO_4^{2-} 后不再干扰测定。大量 Cu^{2+}、Ni^{2+}、Co^{2+} 等有色离子将影响终点的观察。凡是能与 CrO_4^{2-} 指示剂生成难溶化合物的阳离子也干扰测定，如 Ba^{2+}、Pb^{2+} 能与 CrO_4^{2-} 分别生成 $BaCrO_4$ 和 $PbCrO_4$ 沉淀。Ba^{2+} 的干扰可加入过量 Na_2SO_4 消除。

③ Al^{3+}、Fe^{3+}、Bi^{3+}、Sn^{4+} 等高价金属离子在中性或弱碱性溶液中易水解产生沉淀，也不应存在。

六、实验记录与数据处理

根据试样的重量和滴定中消耗 $AgNO_3$ 标准溶液的体积计算试样中 Cl^- 的含量，计算出算术平均偏差及相对平均偏差。

七、思考题

① 莫尔法测氯时，为什么溶液的 pH 值须控制在 6.5～10.5?

② 能否用莫尔法以 NaCl 标准溶液直接滴定 Ag^+？为什么?

③ 配制好的 $AgNO_3$ 溶液要储于棕色瓶中，并置于暗处，为什么?

实验二十八　铅锌矿中锌镉含量的测定

一、实验目的

① 掌握混合铅锌精矿中镉量与锌量的测定方法。

② 本法适用于混合铅锌精矿中镉量与锌量的测定。

二、实验原理

试料用盐酸、硝酸、硫酸溶解，在硫酸介质中铅形成硫酸铅沉淀，过滤，与共存元素分离。

滤液中加氟化铁、三乙醇胺、硫脲等掩蔽剂掩蔽铁、铝、铜等元素，以二甲酚橙为指示剂，在 pH 值为 5.0～6.0 时，用乙二胺四乙酸二钠（EDTA）标准滴定溶液滴定至溶液由紫红色变为亮黄色为终点。根据消耗 EDTA 标准滴定溶液的体积计算锌、镉含量。扣除镉量，即为锌量。

三、实验仪器与试剂

1. 实验仪器

台秤，电子分析天平，酸式滴定管，容量瓶，锥形瓶等。

2. 试剂

$4mol \cdot L^{-1}$ 硝酸，浓硫酸（$9mol \cdot L^{-1}$、$4mol \cdot L^{-1}$、$0.4mol \cdot L^{-1}$），$6mol \cdot L^{-1}$ 盐酸，$7mol \cdot L^{-1}$ 氨水，$250g \cdot L^{-1}$ 氟化铵溶液（储存于塑料瓶中），抗坏血酸，1∶1（体积分数）三乙醇胺溶液，饱和硫脲溶液，$10g \cdot L^{-1}$ 对硝基苯酚指示剂，$1g \cdot L^{-1}$ 二甲酚橙指示剂（限两周内使用）。

乙酸-乙酸钠缓冲溶液（pH5.5）：将 375g 无水乙酸钠溶于水中，加入 50mL 冰乙酸，用水稀释至 2000mL，混匀。

乙二胺四乙酸二钠标准溶液：称取 5.3g 乙二胺四乙酸二钠于 400mL 烧杯中，加水微热溶解，冷却至室温，移入 1000mL 容量瓶中，用水稀释至刻度，混匀。放置三天后标定。

四、实验步骤

1. 试样称量

称取 0.30g 试样，精确至 0.0001g。

2. 空白试验

随同试样做空白试验。

3. 测定

将试样置于 300mL 烧杯中，用少量水润湿，加入 15mL 盐酸，盖上表面皿，低温加热溶解 3min，加入 5mL 硝酸，继续加热（若试料含硅高，加 3mL 氟化铵溶液至试样溶解完全，加入 5mL 硫酸，加热至冒浓白烟；若试料含锑高，加 2mL 氢溴酸；若试料含碳高，加 2 滴硝酸），继续加热至冒浓白烟，并蒸至体积约 2mL，取下冷却至室温。

用水吹洗表面皿及杯壁，加水至 50mL，加热微沸 10min，冷却至室温，放置 1h。用慢速定量滤纸过滤，滤液用锥形瓶盛接，用 $0.4mol \cdot L^{-1}$ 硫酸洗涤烧杯及沉淀各五次，水洗烧杯及沉淀各一次，保留滤液。

向滤液中加入 25mL 氟化铵溶液和 10mL 三乙醇胺溶液，加 2 滴对硝基苯酚指示剂，用浓氨水调至黄色出现，再用 9mol · L^{-1} 硫酸调至无色，加入 4mol · L^{-1} 硫酸 1mL，流水冷却至室温，加 25mL 乙酸-乙酸钠缓冲溶液，放置 10min，加 5mL 饱和硫脲溶液，加 0.1g 抗坏血酸，摇匀，加 1 滴二甲酚橙指示剂，用 EDTA 标准滴定溶液滴定至溶液由紫红色变亮黄色为终点，滴定体积为 V_1，空白试验体积为 V_2，计算锌镉含量。

4. 镉量的测定

按 YS/T 461.7—2013《混合铅锌精矿化学分析方法 第 7 部分：镉量的测定　火焰原子吸收光谱法》进行。

五、注意事项

① 必须做空白试验。

② 本方法为测定锌镉含量，省去了测铅部分。

六、实验记录与处理

依据上述测定结果，计算铅锌矿中锌镉百分含量。

七、思考题

① 三乙醇胺及硫脲的作用是什么？能不能不加？

② 如果要测铅，应该怎样进行？

实验二十九　补钙制剂中钙含量的测定

一、实验目的

① 了解沉淀分离的基本要求及操作。

② 掌握氧化还原法间接测定钙含量的原理及方法。

二、实验原理

利用某些金属离子（如碱土金属、Pb^{2+}、Cd^{2+} 等）与草酸根能形成难溶的草酸盐沉淀的反应，可以用高锰酸钾法间接测定它们的含量。反应如下：

$$Ca^{2+} + C_2O_4^{2-} = CaC_2O_4 \downarrow$$

$$CaC_2O_4 + H_2SO_4 = CaSO_4 + H_2C_2O_4$$

$$5H_2C_2O_4 + 2MnO_4^- + 6H^+ = 2Mn^{2+} + 10CO_2 \uparrow + 8H_2O$$

三、实验仪器与试剂

1. 实验仪器

台秤，电子分析天平，酸式滴定管，容量瓶，锥形瓶等。

2. 试剂

1mol・L^{-1} H_2SO_4，0.02mol・L^{-1} $KMnO_4$ 溶液，10%氨水，6mol・L^{-1} HCl，2g・L^{-1} 甲基橙，5g・L^{-1} $(NH_4)_2C_2O_4$，0.1mol・L^{-1} $AgNO_3$。

四、实验步骤

准确称取补钙制剂三份（每份含钙约 0.05g），分别置于 250mL 烧杯中，加入适量蒸馏水及 HCl 溶液，加热促使其溶解。于溶液中加入 2～3 滴甲基橙，以 10% 氨水中和溶液由红转变为黄色，趁热逐滴加约 50mL $(NH_4)_2C_2O_4$，在低温电热板（或水浴）上陈化 30min。冷却后过滤（先将上层清液倾入漏斗中），将烧杯中的沉淀洗涤数次后转入漏斗中，继续洗涤沉淀至无 Cl^-（承接洗液在 HNO_3 介质中以 $AgNO_3$ 检查），将带有沉淀的滤纸铺在原烧杯的内壁上，用 50 毫升 1mol・L^{-1} H_2SO_4 把沉淀由滤纸上洗入烧杯中，再用洗瓶洗 2 次加入蒸馏水使总体积约 100mL，加热至 70～80℃，用 $KMnO_4$ 标准溶液滴定至溶液呈淡红色，再将滤纸搅入溶液中，若溶液褪色，则继续滴定，直至出现的淡红色 30s 内不消失即为终点。

五、注意事项

① 加入 $(NH_4)_2C_2O_4$ 溶液必须缓慢，并陈化 30min，否则，沉淀颗粒小，易穿滤。

② 洗涤沉淀时必须洗至没有氯离子，否则，会导致较大误差。

六、实验记录与数据处理

依据上述测定结果，计算钙制剂中钙含量。

七、思考题

① 以 $(NH_4)_2C_2O_4$ 沉淀钙时，pH 控制为多少，为什么选择这个 pH?

② 加入 $(NH_4)_2C_2O_4$ 时，为什么要在热溶液中逐滴加入?

③ 洗涤 CaC_2O_4 沉淀时，为什么要洗至无 Cl^-？若没洗净会导致正误差还是负误差?

④ 试比较 $KMnO_4$ 法测定 Ca^{2+} 和络合滴定法测 Ca^{2+} 的优缺点。

实验三十　水样中化学耗氧量（COD）的测定

一、实验目的

① 对水中化学耗氧量（COD）与水体污染的关系有所了解。

② 掌握高锰酸钾法测定水中 COD 的原理及方法。

二、实验原理

化学耗氧量是指在一定条件下，一升水样中易被强氧化剂氧化的还原性物质所消耗的氧化剂的量，换算成氧的含量（以 $mg \cdot L^{-1}$ 计）。水中还原性物质包括有机物、亚硝酸盐、硫化物、亚铁盐等，化学耗氧量反映了水中受还原性物质污染的程度，所以 COD 也作为水体有机物相对含量的综合指标之一。

对水中 COD 的测定，我国规定用重铬酸钾法、库仑滴定法和高锰酸钾法。我国新的环境水质标准中，把 $KMnO_4$ 为氧化剂测得的化学耗氧量称为高锰酸盐指数。按照测定溶液的介质不同，分为酸性高锰酸钾法和碱性高锰酸钾法，本实验采用酸性高锰酸钾法，并采用返滴定的方法。

三、实验仪器与试剂

1. 实验仪器

台秤，电子分析天平，酸式滴定管，容量瓶，锥形瓶等。

2. 实验试剂

$0.02mol \cdot L^{-1}$ $KMnO_4$ 溶液、$0.002mol \cdot L^{-1}$ $KMnO_4$ 溶液、$4mol \cdot L^{-1}$ H_2SO_4。

$0.005mol \cdot L^{-1}$ $Na_2C_2O_4$ 标准溶液　准确称取经 105℃烘干 2h 的 $Na_2C_2O_4$ 基准物质 0.17g 左右于烧杯中，加入约 50mL 水使之溶解，定量转移到 250mL 容量瓶中，加水稀释至刻度，摇匀。计算其准确浓度。

四、实验步骤

1. 溶液的配制

分别配制 150mL$0.02mol \cdot L^{-1}$ $KMnO_4$ 溶液（A 液）、250mL$0.002mol \cdot L^{-1}$ $KMnO_4$ 溶液（B 液）、500mL$0.005mol \cdot L^{-1}$ $Na_2C_2O_4$ 标液。

2. 测定水中 COD

取 100mL 水样加入 250mL 锥形瓶中，加 $4mol \cdot L^{-1}$ H_2SO_4 5mL，并准确加入 $0.002mol \cdot L^{-1}$ $KMnO_4$ 溶液 10mL，立即加热至沸。煮沸 5min 溶液应为浅红色。趁热立即用吸管加入 $0.005mol \cdot L^{-1}$ $Na_2C_2O_4$ 标准溶液 10.00mL，溶液应为无色。用 $0.002mol \cdot L^{-1}$ $KMnO_4$ 溶液滴定由无色变为稳定的淡红色即为终点。

另取蒸馏水 100mL，同上述操作，求空白试验值。

水中耗氧量的计算如下：

$$COD(mg \cdot L^{-1}) = (5MV_{KMnO_4} - 2MV_{Na_2C_2O_4}) \times 8 \times 1000 / V_{样}$$

五、注意事项

① 煮沸时，控制温度，不能太高，防止溶液溅出。

② 严格控制煮沸时间，也即氧化-还原反应进行的时间，才能得到较好的重现性。

③ 由于含量较低，使用的 $KMnO_4$ 溶液浓度也低（$0.002mol \cdot L^{-1}$），终点的颜色很浅（淡淡的微红色），注意不要过量。

④ 本次实验配制 $0.005mol \cdot L^{-1}$ $Na_2C_2O_4$ 和稀释都要用到容量瓶，所以要注意容量瓶的操作。

⑤ 标液用自己配制的稀释，准确移取 25.00mL 到 250mL 容量瓶中。

六、实验记录与数据处理

依据上述测定结果，计算水样的 COD。

七、思考题

① 水样的采集与保存应当注意哪些事项？

② 水样加入 $KMnO_4$ 煮沸后，若红色消失说明什么？应采取什么措施？

实验三十一　猕猴桃根中微量金属元素的测定

一、实验目的

① 掌握马弗炉的用法。

② 掌握原子吸收分光光度计的原理和使用方法。

二、实验原理

原子吸收光谱法是依据处于气态的被测元素基态原子对该元素的原子共振辐射有强烈的吸收作用而建立的。每种金属元素对不同波长的光都有一定的吸收，但是吸收程度随波长的不同而不同。其中吸收最强的光对应的波长就是该种原子的特征谱线。不同的元素特种谱线的波长一般是不同的。

在吸收过程，进样方式等实验条件固定时，样品产生的待测元素相基态原子对作为锐线光源的该元素的空心阴极灯所辐射的单色光产生吸收，其吸光度（A）与样品中该元素的浓度（C）成正比，即 $A=KC$，式中，K 为常数。据此，通过测量标准溶液及未知溶液的吸光度，又已知标准溶液浓度，可作标准曲线，求得未知液中待测元素浓度。该法具有检出限低、准确度高、选择性好分析速度快等优点，主要适用样品中微量及痕量组分分析。

三、实验仪器与试剂

1. 仪器

电子分析天平，马弗炉，AA-6500 型火焰原子吸收分光光度计，Ca、Mg、Fe 和 Zn 空心阴极灯等。

2. 实验试剂

猕猴桃根（湘西产），浓硝酸（AR），超纯水，Ca、Mg、Fe 和 Zn 等金属元素的标准溶液（0.50$\mu g \cdot L^{-1}$、1.00$\mu g \cdot L^{-1}$、1.50$\mu g \cdot L^{-1}$、2.00$\mu g \cdot L^{-1}$ 和 2.50$\mu g \cdot L^{-1}$ 等浓度）。

四、实验步骤

将猕猴桃根用蒸馏水清洗后于烘箱中100℃烘干，准确称取3.0g猕猴桃根放入用硝酸清洗过的并已干燥的坩埚中，将坩埚放入马弗炉中在800℃的高温灼烧2.5h。样品完全灰化冷却后，灰化的残渣用3mL浓硝酸加热溶解定量移入50mL容量瓶中，制成分析试液。同样方法制备空白溶液，以扣除空白值。

用浓硝酸溶解残渣，定容于50mL容量瓶中，用AA-6500型火焰原子吸收分光光度计采用优化的条件测定四种元素吸光度 A，根据标准曲线方程计算各元素的浓度和含量。仪器工作优化的条件见表2-17。

表 2-17 仪器工作优化的条件

元素	波长/nm	狭缝/nm	灯电流/mA	PMT 电压/V	空气流量/$L \cdot min^{-1}$	乙炔流量/$L \cdot min^{-1}$
Ca	422.7	0.4	3.0	290	5.0	1.0
Mg	285.2	0.4	2.0	256	5.0	1.0
Fe	248.3	0.2	3.0	413	5.0	1.0
Zn	213.9	0.4	3.0	494	5.0	1.0

五、实验记录与数据处理

$$M=\frac{m}{3.0\times1000}\times100\%$$

式中 M——样品中任意金属元素的含量；

m——分析试液中根据标准曲线求得的金属样品的含量，mg。

六、思考题

① 试述原子吸收分光光度计操作的注意事项。

② 样品测定时数据误差来源以及如何分析处理和避免。

实验三十二 钼矿中钼的测定

一、实验目的

① 掌握分光光度计的使用。

② 了解矿石的碱熔方法。

③ 了解消除干扰的方法。

二、实验原理

样品用过氧化钠熔融后，用水提取，钼呈钼酸盐进入溶液中，钼酸盐在酸性溶液中用抗坏血酸还原为五价，钼（Ⅴ）与过量硫氰酸盐生成可溶性琥珀色配合物，藉此进行光度法分析。反应式如下：

$$MoS_2+9Na_2O_2+6H_2O = Na_2MoO_4+2Na_2SO_4+12NaOH$$

$$Na_2MoO_4+H_2SO_4 = H_2MoO_4+Na_2SO_4$$

$$2Mo^{6+}+C_6H_8O_6 = 2Mo^{5+}+C_6H_6O_6+2H^+$$

$$Mo^{5+}+5SCN^- = Mo(SCN)_5$$

其中抗坏血酸的半反应式为：

$$C_6H_8O_6 = C_6H_6O_6+2H^++2e$$

样品中的Fe(Ⅲ）也与硫氰酸盐产生血红色配合物干扰测定，用抗坏血酸还原为Fe(Ⅱ)，干扰消除。

三、实验仪器与试剂

1. 实验仪器

台秤，电子分析天平，高温炉，723分光光度计。

2. 试剂

（1）钼标准溶液　称取0.1500g三氧化钼（AR）（预先在550℃灼烧2h），置于500mL烧杯中，加入5mL200g·L^{-1} NaOH溶解，再加入9mol·L^{-1} H_2SO_4中和至酸性，并过量20mL，移入1L容量瓶中，用水稀释至刻度，移入试剂瓶备用。此溶液ρ=100mg·L^{-1}。

（2）NaOH溶液　称取50g NaOH置于500mL烧杯中，加入250mL去离子水溶解，移入试剂瓶备用。浓度为200g·L^{-1}。

（3）硫酸铜溶液　称取0.0500g硫酸铜置于500mL烧杯中，加入250mL去离子水溶解，移入试剂瓶备用。浓度为0.20g·L^{-1}。

（4）抗坏血酸溶液　称取12.50g抗坏血酸置于500mL烧杯中，加入250mL去离子水溶解，移入试剂瓶备用。浓度为50g·L^{-1}。

（5）十二烷基磺酸钠溶液　称取2.5g十二烷基磺酸钠置于500mL烧杯中，加入250mL去离子水溶解，移入试剂瓶备用。浓度为10g·L^{-1}。用时热水溶解。

（6）硫氰酸钾溶液　分别称取50g、100g硫氰酸钾置于500mL烧杯中，加入250mL去离子水溶解，移入试剂瓶备用。浓度分别为200g·L^{-1}、400g·L^{-1}。

四、实验步骤

1. 标准曲线

分别移取0mL、1.00mL、2.00mL、3.00mL、4.00mL的钼标准溶液于50mL容量瓶中，加酚酞一滴，用4.5mol·L^{-1} H_2SO_4中和至酸性（由红色变无色），并过量6mL，加入2mL0.20g·L^{-1} $CuSO_4$溶液、6mL50g·L^{-1}抗坏血酸、6mL200g·L^{-1}硫氰酸钾溶液和2mL10g·L^{-1}十二烷基磺酸钠（每加一种溶液后充分摇匀），稀释至刻度，摇匀，放置10min，用1cm比色皿以试剂空白为参比，于 723 分光光度计上在波长 460nm 处测量其吸光度。

2. 试样分解及钼的测定

称取 0.2000g 事先烘干的钼矿石粉置于镍坩埚中，再称取 5g 过氧化钠置于坩埚中并混匀，放入马弗炉中 750℃下灼烧 30min，冷却后将坩埚放入 500mL 烧杯中，用 50mL 热水提取，置于电炉上煮沸并洗净坩埚。待冷却后移入 100mL 容量瓶中，用去离子水定容、摇匀、静置、备用。

取 5mL 上述澄清液于 50mL 容量瓶中，加酚酞一滴，用 4.5mol·L^{-1} H_2SO_4 中和至酸性（由红色变无色）并过量 2mL，加入 2mL 0.20g·L^{-1} $CuSO_4$ 溶液、6mL 50g·L^{-1} 抗坏血酸、6mL 400g·L^{-1} 硫氰酸钾溶液和 2mL 10g·L^{-1} 十二烷基磺酸钠（每加一种溶液后充分摇匀），稀释至刻度，摇匀，放置 10min，用 1cm 比色皿以蒸馏水为参比，于 723 分光光度计上在波长 460nm 处测量其吸光度。

记录此时样品的吸光度 A，根据标准曲线计算钼的含量。

五、注意事项

① 熔融处理矿样时，在马弗炉中 750℃下灼烧必须烧足半小时。

② 琥珀色 $Mo(SCN)_5$ 配合物的最大吸收波长因仪器不同会稍有偏差，可选用标准溶液系列的中间浓度自行绘制，以便确定所用仪器对该配合物的最大吸收波长。

六、实验记录与数据处理

依据上述测定结果，计算矿样中钼的百分含量。

七、思考题

① 钼矿除了用过氧化钠熔解外，是否可用其他方法熔解？

② 若矿石中含有 Co、Ni 元素，利用本方法测定时是否构成干扰？如何消除？

③ 抗坏血酸溶液配制好后是否可长期存放？为什么？

实验三十三 蒸馏和沸点的测定

一、实验目的

① 了解沸点测定的意义。

② 掌握蒸馏法测定沸点的原理和方法。

③ 掌握蒸馏操作。

二、实验原理

液态物质受热时，由于分子运动使其从液体表面逃逸出来，形成蒸汽压，并随温度的升高，蒸汽压增大。液体在液面上的蒸汽压和外界大气压或所给压力相等时，液体沸腾，此时的温度称为该液体的沸点。纯液态有机化合物在一定压力下都有固定的沸点。利用蒸馏可将沸点相差较大（如相差 30℃）的液态混合物分开。

蒸馏是将液态物质加热到沸腾变为蒸汽，蒸汽经冷凝变为液态的操作。蒸馏沸点差别较大的混合液体时，沸点低的物质先蒸出，沸点高的物质后蒸出，不挥发性物质留在蒸馏器内，从而达到分离和提纯的目的。因此，蒸馏是分离和提纯液态有机化合物常用的方法之一，是一种重要的化学基本操作。在蒸馏沸点比较接近的混合物时，由于各种物质的蒸汽同时蒸出，难于达到分离和提纯的目的，这种液体混合物不能用蒸馏来分离纯化。纯液态有机化合物在蒸馏过程中沸点变化范围很小（0.5～1℃），所以，可以利用蒸馏来测定沸点，用蒸馏法测定沸点叫常量法，此法用量较大，样品不多时，可采用微量法。

为了消除在蒸馏过程中过热现象和保证沸腾的平稳状态，常加入素烧瓷片或沸石，或一段封口的毛细管，因为它们都能防止加热时的暴沸现象，故把它们叫作止暴剂。

在加热蒸馏前就应加入止暴剂。当加热后发觉未加入止暴剂或原有止暴剂失效时，不能匆忙地加入止暴剂。因为当液体在沸腾时投入止暴剂，将会引起猛烈的暴沸，液体易冲出瓶口，若是易燃液体，将会引起火灾。应该在沸腾的液体冷却至沸点以下后才能加入止暴剂。如蒸馏中途停止，而后来又需要继续蒸馏，也必须在加热前补加新的止暴剂，以免出现暴沸。

蒸馏操作是有机化学实验中常用的实验操作技术，可用于下列几方面：①分离各组分沸点有较大差别液体混合物；②测定化合物的沸点；③提纯，除去不挥发性杂质；④回收溶剂或浓缩溶液。

三、实验仪器与试剂

1. 实验仪器

蒸馏烧瓶，温度计，直形冷凝管，尾接管，锥形瓶，橡胶管，电炉，铁架台。

2. 试剂

工业酒精，沸石。

四、实验步骤

1. 蒸馏装置的安装

实验室的蒸馏装置主要包括三个部分。

（1）蒸馏烧瓶　液体在瓶内受热汽化，蒸汽经蒸馏烧瓶支管进入冷凝管。支管与冷凝管以单孔塞子相连，支管伸出塞子外 2～3cm。如果采用磨口仪器，蒸馏烧瓶用圆底烧瓶和蒸馏头代替，蒸馏头与直形冷凝管连接（图 2-39）。

（2）冷凝管　常用的冷凝管有四种，即蛇形冷凝管、球形冷凝管、直形冷凝管和空气冷凝管（图 2-40）。回流采用蛇形冷凝管和球形冷凝管，蒸馏用直形冷凝管和空气冷凝管。蒸馏时，蒸汽在冷凝管中冷凝成液体。液体的沸点高于 130℃时用空气冷凝管，低于 130℃时用直形冷凝管。水冷却采用逆流方式通水，冷凝管下口为进水，上口为出水。

（3）接收器　常用尾接管和三角烧瓶或圆底烧瓶作为接收器，接收器应与外界大气相通，一般采用具支尾接管连接。

2. 蒸馏操作

(1) 加料 把长颈漏斗放在蒸馏烧瓶瓶口，经漏斗加入待蒸馏的液体（本实验用30mL工业乙醇），或者沿着面对支管的瓶颈壁慢慢地加入，否则，液体会从支管流出。加入数粒止暴剂，然后在蒸馏烧瓶口塞上带有温度计的塞子，再仔细检测一遍装置是否正确，各仪器之间的连接是否紧密，有没有漏气。

(2) 加热 加热前，先向冷凝管缓缓通入冷水，把上口流出的水引入水槽中。接着加热，最初宜用小火，以免蒸馏烧瓶因局部受热而破裂；慢慢增大火力使之沸腾，进行蒸馏。调剂火焰或加热电炉的电压，使蒸馏速度以每秒1～2滴馏出液滴下为宜。在蒸馏过程中，应使温度计水银球常有被冷凝的液滴润湿，此时温度计的读数就是温度计的沸点。收集所需温度范围的馏出液。

如果维持原来的加热程度，不再有馏出液蒸出而温度又突然下降时，就应停止蒸馏，即使杂质量很少，也不能蒸干。否则，可能会发生意外事故。

蒸馏完毕，先停止加热，后停止通水，拆卸仪器，其程序与装配时相反，即按次序取下接收器、尾接管、冷凝管和蒸馏烧瓶。

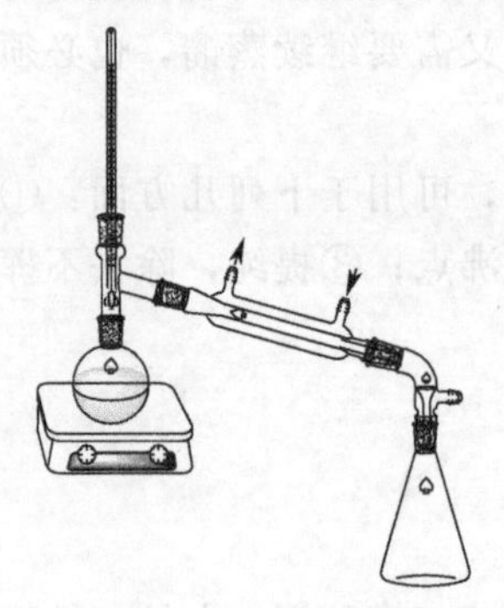

图 2-39 蒸馏装置

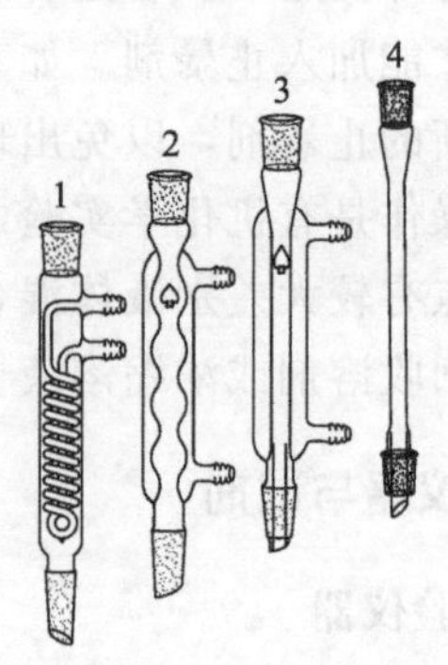

图 2-40 冷凝管

1—蛇形冷凝管；2—球形冷凝管；3—直形冷凝管；4—空气冷凝管

五、注意事项

① 实验装置不能漏气，以免在蒸馏过程中有蒸汽渗漏而造成产物的损失，以至发生火灾。

② 冷却水采用逆流通水，下口进水，上口出水，流速以保证蒸汽充分冷凝为宜，通常只需保持缓缓水流即可。

③ 蒸馏易挥发、易燃、易吸潮或有毒、有刺激性气味的气体时，不能用明火加热，接收器应采取相应的措施妥善解决有毒气体污染。

六、思考题

① 在蒸馏装置中，把温度计水银球插至液面上或者插在蒸馏烧瓶支管口上，是否正确？为什么？

② 将待蒸馏的液体倾入蒸馏烧瓶中时，不使用漏斗行吗？如果不用漏斗，应

该怎样操作？

③ 蒸馏时，放入止暴剂为什么能防止暴沸？如果加热后才发觉未加止暴剂时，应该怎样处理才安全？

④ 当加热后有馏出液出来时，才发现冷凝管未通水，请问能否马上通水？如果不行，应怎么办？

⑤ 把橡皮管套进冷凝管侧管时，怎样才能防止折断其侧管？

附注：微量法测定沸点

取一根内径 3～4mm、长 8～9cm 的玻璃管，用小火封闭其一端，作为沸点管的外管，放入欲测定沸点的样品 4～5 滴，在此管中放入一根长 7～8cm、内径约 1mm、上端封闭的毛细管，将其开口处浸入样品中。把这一微量沸点管贴于温度计水银球旁，并浸入液体中，像测定熔点那样把沸点测定管附在温度计旁，加热，由于气体膨胀，内管中有断断续续的小气泡冒出来，到达样品的沸点时将出现一连串的小气泡，此时应停止加热，最后一个气泡出现而刚欲缩回到内管的瞬间温度即表示毛细管内液体的蒸汽压与大气压平衡时的温度，亦就是该液体的沸点。

实验三十四　重结晶提纯法

一、实验目的

① 学习重结晶法提纯固态有机化合物的原理和方法。

② 掌握重结晶的基本操作。

③ 学习常压过滤和减压过滤的操作技术以及滤纸折叠的方法。

二、实验原理

从有机化学反应分离出来的固体粗产物往往含有未反应的原料、中间产物和副产物及杂质，必须加以分离纯化。提纯固体有机物最常用的方法之一就是重结晶，其原理是利用混合物中各组分在某种溶剂中的溶解度不同，或在同一溶剂中不同温度时的溶解度差异，使它们相互分离。

三、实验仪器与试剂

1. 实验仪器

布氏漏斗，抽滤瓶，循环水式真空泵，锥形瓶，电炉。

2. 试剂

粗乙酰苯胺，活性炭。

四、实验步骤

称取 5g 乙酰苯胺，放在 250mL 三角烧瓶中，加入适量纯水，加热至沸腾，直至乙酰苯胺溶解，若不溶解，可适量添加少量热水，搅拌并加热至接近沸腾使乙酰苯胺溶解。如果有颜色，待稍稍冷却后，加入适量（0.5～1g）活性炭于溶液中，煮沸5～10min，趁热用放有折叠式滤纸的热水漏斗过滤，用三角烧瓶收集滤液。在过滤过程中，热水漏斗和溶液均用小火加热保温以免冷却。滤液放置冷却后，有乙酰苯胺结晶析出，抽滤，抽干后，用玻璃钉压挤晶体，继续抽滤，尽量除去母液，然后进行晶体的洗涤工作。取出晶体，放在表面皿上晾干，或在100℃以下烘干，称量。乙酰苯胺的熔点为114℃。

乙酰苯胺在水中的溶解度为：$5.5g \cdot 100mL^{-1}$（100℃）；$0.53g \cdot 100mL^{-1}$（25℃）。

五、注意事项

① 溶剂的用量要适中，从减少溶解损失考虑，溶剂应尽可能避免过量，但这样在抽滤时会引起结晶析出，因而一般可比需要量多加20%左右的溶剂。

② 活性炭脱色时，不能把活性炭加到正在沸腾的溶液中。

③ 在气温较高时，可以用抽滤代替热过滤。抽滤时要防止倒吸。

六、思考题

① 用活性炭脱色为什么不能在溶液沸腾时添加活性炭？

② 使用有机溶剂重结晶时，哪些操作容易着火？怎样才能避免？

③ 用抽滤代替热过滤时要使用布氏漏斗，如果滤纸大于布氏漏斗瓷孔面时，有什么不好？

④ 停止抽滤时，如不先打开安全瓶就关闭水泵，会有什么现象产生？为什么？

附注

1. 溶剂的选择

选择适宜的溶剂是重结晶的关键之一。适宜的溶剂应符合下述条件。

① 与被提纯的有机物不起化学反应。

② 对被提纯的有机物应易溶于热溶剂中，而在冷溶剂中几乎不溶。

③ 对杂质的溶解度应很大（杂质留在母液不随被提纯物的晶体析出，以便分离）或很小（趁热过滤除去杂质）。

④ 能得到较好的晶体。

⑤ 溶剂的沸点适中。沸点过低，溶解度改变不大，难分离，且操作也较难；沸点过高，附着于晶体表面的溶剂不易除去。

⑥ 价廉易得，毒性低，回收率高，操作安全。

在选择溶剂时应根据“相似相溶”原理，溶质易溶于结构与其相似的溶剂中。一般来说，极性的溶剂易溶解极性的固体，非极性溶剂易溶解非极性固体，可查阅相关手册来确定不同温度下某化合物在各种溶剂中的溶解度。

如果难于找到一种合用的溶剂时，则可采用混合溶剂。混合溶剂一般由两种能以任何比例互溶的溶剂组成，其中一种对被提纯物的溶解度较大，而另一种则对被提纯物质的溶解度较小。一般常用的混合溶剂有乙醇-水、乙醇-乙醚、乙醇-丙酮、乙醚-石油醚、苯-石油醚等。常用重结晶溶剂见表 2-18 所示。

表 2-18　常用重结晶溶剂

溶剂名称	沸点/℃	相对密度	极性	溶剂名称	沸点/℃	相对密度	极性
水	100	1.000	很大	环已烷	80.8	0.78	小
甲醇	64.7	0.792	很大	苯	80.1	0.88	小
乙醇	78.0	0.804	大	甲苯	110.6	0.867	小
丙酮	56.2	0.791	中	二氯甲烷	40.8	1.325	中
乙醚	34.5	0.714	小	四氯化碳	76.5	1.594	小
石油醚	30～60	0.68～0.72	小	乙酸乙酯	77.1	0.901	中

2. 固体物质的溶解

将待重结晶的粗产物放入锥形瓶中（因为它的瓶口较窄，溶剂不易挥发，又便于振荡，促进固体物质的溶解），加入比计算量略少的溶剂，加热到沸腾，若仍有固体未溶解，则在保持沸腾下逐渐添加溶剂到固体恰好溶解，最后再多加 20%溶剂将溶液稀释，否则在热过滤时，由于溶剂的挥发和温度的下降导致溶解度降低而析出结晶，但如果溶剂过量太多，则难析出结晶，需将溶剂蒸出。

在溶解过程中，有时会出现油珠状物，这对物质的纯化很不利。因为杂质会伴随析出，并夹带少量的溶剂，故应尽量避免这种现象的发生。可从下列几方面考虑：①所选用的溶剂的沸点应低于溶质的熔点；②低熔点物质进行重结晶，如不能选出沸点较低的溶剂时，则应在比熔点低的温度下溶解固体。

如用低沸点易燃有机溶剂重结晶时，必须按照安全操作规程进行，不可粗心大意！有机溶剂往往不是易燃就是具有一定的毒性，或两者兼有。因此，容器应选用锥形瓶或圆底烧瓶，装上回流冷凝管。严禁在石棉网上加热，根据溶剂沸点的高低，选用热浴。

用混合溶剂重结晶时，一般先用适量溶解度较大的溶剂。加热时样品溶解，溶液若有颜色则用活性炭脱色，趁热过滤除去不溶杂质，将滤液加热至接近沸点的情况下，慢慢滴加溶解度较小的热溶剂至刚好出现浑浊，加热浑浊不消失时，再小心滴加溶解度较大的溶剂直至溶液变清，防止析出晶体。若已知两种溶剂的某一定比例适用于重结晶，可事先配好溶剂，按单一溶剂重结晶的方法进行。

3. 杂质的除去

（1）趁热过滤　溶液中如有不溶性杂质时，应趁热过滤，防止在过滤过程中，由于温度降低而在滤纸上析出结晶。为了保持滤液的温度使过滤操作尽快完成，一是选用短颈径粗的玻璃漏斗；二是使用折叠滤纸（菊花形滤纸）；三是使用热水漏斗。

把短颈玻璃漏斗置于热水漏斗套里，套的两壁间充注水，若溶剂是水，可先预先加热热水漏斗的侧管或边加热边过滤，如果是易燃有机溶剂则务必在过滤时熄灭火焰。然后在漏斗上放入折叠滤纸，用少量溶剂润湿滤纸，避免干滤纸在过滤时因吸附溶剂而使结晶析出。滤液用三角烧瓶接收（用水作溶剂时方可用烧杯），漏斗颈紧贴瓶壁，待过滤的溶液沿玻璃棒小心倒入漏斗中，并用表面皿盖在漏斗上，以减少溶剂的挥发。过滤完毕，用少量热溶剂冲洗滤纸，若滤纸上析出的结晶较多，可小心地将结晶刮回三角烧瓶中，用少量溶剂溶解后再过滤。

(2) 活性炭处理　若溶液有颜色或存在某些树脂状物质和悬浮状微粒，用一般的过滤方法很难过滤时，则要用活性炭处理。活性炭对水溶液脱色较好，对非极性溶液脱色效果较差。

使用活性炭时，不能向正在沸腾的溶液中加入活性炭，以免溶液暴沸而溅出。一般来说，应使溶液稍冷后加入活性炭。活性炭的用量视杂质的多少和颜色的深浅而定。由于它也会吸附部分产物，故用量不宜太大，一般用量为固体粗产物的1%～5%。加入活性炭后，在不断搅拌下煮沸5～10min，然后趁热过滤；如一次脱色不好，可再用少量活性炭处理一次。过滤后如发现滤液中有活性炭时，应予以重滤，必要时使用双层滤纸。

4. 晶体的析出

结晶过程中，如晶体颗粒太小，虽然晶体包含的杂质少，但却由于表面积大而吸收杂质多；而颗粒太大，则在晶体中会夹杂母液，难于干燥。因此应将滤液静置使其缓慢冷却，不要急冷和剧烈搅动，以免晶体过细；当发现大晶体正在形成时，轻轻摇动使之形成均匀的小晶体。为使结晶更完全，可使用冰水冷却。

如果溶液冷却后仍不结晶，可投“晶种”或用玻璃棒摩擦器壁引发晶体形成。

如果被纯化的物质不析出晶体而析出油状物，其原因之一是热的饱和溶液的温度比被提纯物质的熔点高或接近。油状物中含杂质较多，可重新加热溶液至澄清，让其自然冷却至来时有油状物出现时，立即剧烈搅拌，使油状物分散，也可搅拌至油状物消失。如果结晶不成功，通常必须用其他方法（色谱、离子交换树脂法）提纯。

5. 晶体的收集和洗涤

把结晶从母液中分离出来，通常用抽气过滤（或称减压过滤）。使用瓷质的布氏漏斗，布氏漏斗以橡皮塞与抽滤瓶相连，漏斗下端斜口正对抽滤瓶支管，抽滤瓶的支管套上橡皮管，与安全瓶连接，再与水泵相连。在布氏漏斗中铺一张比漏斗底部略小的圆形滤纸，过滤前先用溶剂润湿滤纸，打开水泵，关闭安全瓶活塞，抽气，使滤纸紧紧贴在漏斗上，将要过滤的混合物倒入布氏漏斗中，使固体物质均匀分布在整个滤纸面上，用少量滤液将黏附在容器壁上的结晶洗出，继续抽气，并用玻璃钉挤压晶体，尽量除去母液。当布氏漏斗下端不再滴出溶剂时，慢慢旋开安全瓶活塞，关闭水泵，滤得的固体称为滤饼。为了除去结晶表面的母液，应洗涤滤饼。用少量干净溶剂均匀洒在滤饼上，并用玻璃棒或刮刀轻轻翻动晶体，使全部结晶刚好被溶剂浸润（注意不要使滤纸松动），打开水泵，关闭安全活塞，抽去溶剂，重复操作两次，就可以把滤饼洗净。

6. 晶体的干燥

用重结晶法纯化后的晶体，其表面还吸附有少量溶剂，应根据所用溶剂及晶体的性质选择恰当的方法进行干燥。

实验三十五　蒸馏工业酒精

一、实验目的

① 学习和认识有机化学实验知识，掌握实验的规则和注意事项。

② 学习和认知蒸馏的基本仪器和使用方法以及用途。

③ 掌握和熟悉蒸馏的操作。

二、实验原理

纯液态物质在一定压力下具有一定沸点，一般不同的物质具有不同的沸点。蒸馏就是利用不同物质沸点的差异，对液态混合物进行分离和提纯的方法。当液态混合物受热时，低沸点物质易挥发，首先被蒸出，而高沸点物质因不易挥发而留在蒸馏瓶中，从而使混合物分离。若要有较好的分离效果，组分的沸点差在30℃以上。

三、实验仪器与试剂

1. 实验仪器

500mL圆底烧瓶，蒸馏头，温度计，回流冷凝管，接引管，锥形瓶，橡皮管，电热套，量筒，气流烘干机，温度计套管，铁架台，循环水真空汞。

2. 试剂

未知纯度的工业酒精，沸石。

四、仪器装置

蒸馏装置如图2-41所示。

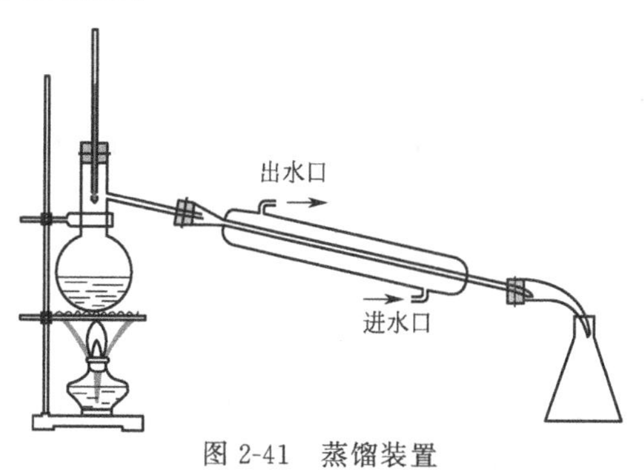

图2-41　蒸馏装置

五．实验步骤及现象

① 将所有装置洗净按图3-10装接（玻璃内壁没有杂质，且清澈透明）。

② 取出圆底烧瓶，量取30mL的工业酒精，再加入1～2颗沸石。

③ 先将冷凝管注满水后打开电热套的开关。

④ 记录第一滴流出液时和最后一滴时的温度，期间控制温度在90℃以下。

⑤ 当不再有液滴流出时，关闭电热套。待冷却后，拆下装置，测量锥形瓶中的液体体积，计算产率。

六、注意事项

① 温度计的位置是红色感应部分应与具支口的下端持平。当温度计的温度急速升高时，应该减小加热强度，不然会超过限定温度。

② 酒精的沸点为 78℃，实验中蒸馏温度为 80～83℃。

七、问题与讨论

① 在蒸馏装置中，把温度计水银球插至靠近液面，测得的温度是偏高还是偏低，为什么？

② 沸石为什么能防止暴沸，如果加热一段时间后发现未加入沸石怎么办？

③ 当加热后有液体流出时，发现未通入冷凝水，应该怎样处理？

实验三十六　无水乙醇的制备

一、实验目的

① 学会用分子筛制取无水乙醇的原理和方法。

② 掌握无水乙醇的检验和干燥管、色谱柱的使用方法。

③ 学习红外光谱的检测方法。

二、实验原理

在实验室中，制备无水乙醇有氧化钙法、分子筛法和阳离子交换树脂脱水法等。分子筛法制取无水乙醇不仅操作简便，而且制得的乙醇含水量低。这种方法就是利用某种分子筛选择性吸附像水那样的小分子，而不吸附乙醇、乙醚、丙酮等较大的分子，用来干燥乙醇、乙醚、丙酮、苯、四氯化碳、环己烷等液体，干燥后的液体中含水量一般小于 0.01％。

分子筛是沸石分子筛，它是一种含铝硅酸盐的结晶，具有快速、高效，具有选择性吸附能力。这种分子筛种类很多，有 A 型、X 型、Y 型，常用的 A 型分子筛有 3A 型、4A 型和 5A 型三种。本实验采用的是 3A 型分子筛，化学组成是 $K_9Na_3[(AlO_3)_{12}(SiO_2)_{12}] \cdot 27H_2O$，吸水量约 25％。

分子筛的高度选择性吸附性能，是由于其结构形成许多与外部相同的均一微孔，凡是比此孔径小的分子可以进入孔道内，而较大分子则留在孔外，借此以筛分各种分子大小不同的混合物。3A 型分子筛的孔径是 0.3nm，它只吸附水、氮气、氧气等分子，不吸附乙烯、乙炔、二氧化碳、氨和更大的分子。水由于水化而被牢牢地吸附在分子筛中，所以，用 3A 型分子筛能制取无水乙醇。新的分子筛在使用前应先活化脱水，在温度为 150～300℃之间烘 2～5h，然后放入干燥器中备用。

钾型阳离子交换树脂具有较强的脱水能力，因此，用它脱水也是制备无水乙醇常用的方法之一。

三、实验仪器与试剂

1. 实验仪器

长 30cm、内径为 1.5cm 的干燥色谱柱，DF-101S 型磁力搅拌器，铁架台，漏斗，125mL 三角烧瓶，干燥管，125mL 圆底烧瓶，蒸馏头，温度计，直形冷凝管，接液管，橡皮管，电炉。美国 Nicolet 公司生产的 MAGNA-IR760 傅立叶变换红外光谱仪（FTIR）。

2. 试剂

3A 型分子筛，95%乙醇，脱脂棉，无水氯化钙（AR），无水硫酸铜（AR）。

四、实验步骤

取一根长 30cm、内径 1.5cm 的干燥色谱柱，慢慢地加入已活化了的 3A 型分子筛，轻轻敲打玻璃柱，使装得均匀、紧密，分子筛的高度一般为柱高的 1/3，按图 2-42 装配柱色谱装置。从色谱柱上端加入 30mL 约 95%的乙醇，装上干燥管，静置干燥 1h，打开下端活塞弃去 3mL 乙醇，接着将柱中的乙醇全部放入干燥的蒸馏烧瓶中，按图 2-43 装配蒸馏装置。水浴加热，蒸去前馏分后，用干燥的烧瓶作为接收器，蒸出无水乙醇。无水乙醇的沸点为 78℃。按下式计算回收率。

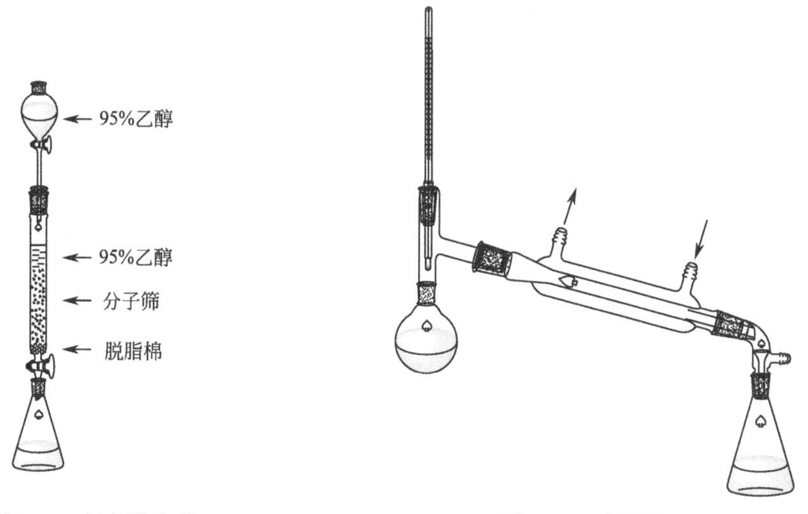

图 2-42 柱色谱装置

图 2-43 蒸馏装置

$$回收率(\%)=\frac{V_{乙醇}}{(V_{总}-x)}\times 100\%$$

式中，$V_{乙醇}$ 表示无水乙醇体积（mL）；$V_{总}$ 表示加入 95%的乙醇体积（mL）；x 为放出的乙醇体积（mL）。

产品用红外光谱作定性检验。具体实验操作简述如下：

(1) 制样

① 液体池法　沸点较低，挥发性较大的试样，可注入封闭液体池中，液层厚度一般为0.01～1mm。

② 液膜法　沸点较高的试样，直接滴在两片盐片之间，形成液膜。

③将样品直接涂层在KBr压片上。

(2) 样品测试

① 将制好的样品用夹具夹好，放入仪器内的固定支架上进行测定。

② 测试操作和谱图处理按美国Nicolet公司生产的MAGNA-IR760傅立叶变换红外光谱仪（FTIR）操作说明书进行，主要包括输入样品编号、测量、基线校正、谱峰标定、谱图打印等几个命令。

无水乙醇的红外光谱特征吸收峰如下：游离羟基伸缩振动峰ν_{O-H}为3640～3610cm^{-1}，缔合羟基伸缩振动峰ν_{O-H}为3600～3200cm^{-1}，伯醇伸缩振动峰ν_{C-O}为1060～1030cm^{-1}，C-H伸缩振动峰ν_{C-H}为2994～2924cm^{-1}。

检验乙醇是否有水分，常用的办法是取一支干净的试管，加入制得的无水乙醇2mL，随即加入少量的无水硫酸铜粉末，如果乙醇中含水分，则无水硫酸铜变为蓝色。另一种方法是将酒精计放入产品中，直接测量其酒精度。

五、思考题

① 本实验所有仪器为什么均需彻底干燥？

② 简述分子筛的作用。

③ 如果蒸馏开始加热后发现未加入沸石应该怎么办？

附注　乙醇的红外光谱图

乙醇的红外光谱图见图2-44。

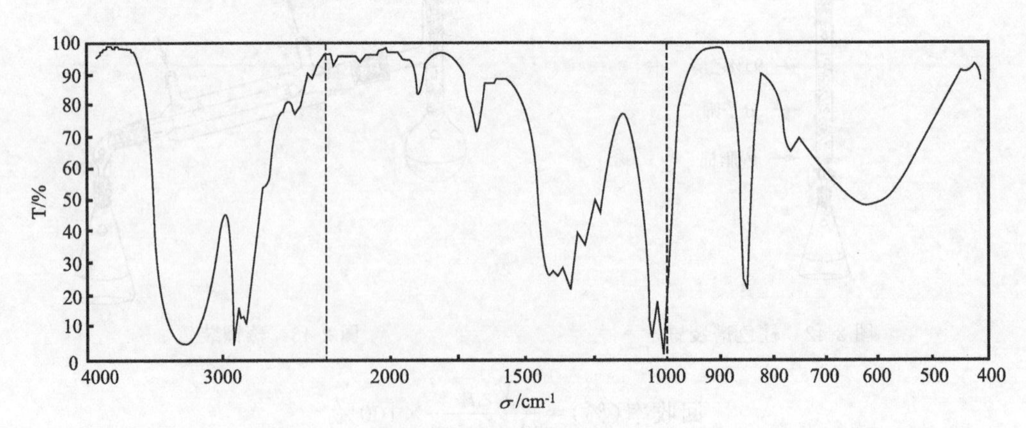

图2-44　乙醇的红外光谱图

实验三十七　环己烯的制备

一、实验目的

① 学习环己醇在酸（磷酸或硫酸）催化下脱水制备环己烯的原理和方法。

② 掌握分液漏斗的使用，分馏、干燥和水浴蒸馏等基本操作。

③ 掌握有机化合物制备产物的产率计算方法。

二、实验原理

$$\text{环己醇(OH)} \xrightarrow[\triangle]{H_2SO_4} \text{环己烯} + H_2O$$

三、实验仪器和试剂

1. 实验仪器

圆底烧瓶（50mL，1 个），维氏（Vigreux）分馏柱（1 支），直形冷凝管（1 支），蒸馏头（1 个），温度计套管（1 个），接引管（1 个），锥形瓶（25mL，2 个），量筒（25mL，1 个），水银温度计（150，1 支），电炉，石棉网。

2. 试剂

环己醇 15g（15.6mL，0.15mol），98%浓硫酸　1mL，饱和食盐水，无水氯化钙，5%　碳酸钠。

四、实验操作

1. 仪器安装

50mL 圆底烧瓶上装一短的分馏柱作分馏装置，然后接上冷凝管，用锥形瓶作接收器，外用冰水冷却。安装时要求圆底烧瓶、分馏柱及直形冷凝管均应固定在铁架台上，做到平稳、接口严密（图 2-45～图 2-47）。

2. 加料

在 50mL 干燥的圆底烧瓶中，放入 15g 环己醇（15.6mL，0.15moL）、1mL 浓硫酸和几粒沸石，充分振摇使混合均匀。

3. 加热、分馏

将烧瓶在石棉网上用小火慢慢加热，控制加热速度使分馏柱上端的温度不要超过 90℃，馏液为带水的混合物。当烧瓶中只剩下很少量的残渣并出现阵阵白雾时，即可停止加热。全部反应时间约需 1h。

4. 处理馏分

将馏分用精盐饱和，然后加入 3～4mL 5%碳酸钠溶液中和微量的酸。将此液体倒入小分液漏斗中，振摇后静置分层。将下层水溶液自漏斗下端活塞放出，上层的粗产物自漏斗的上口倒入干燥的小锥形瓶中，加入1～2g无水氯化钙干燥。

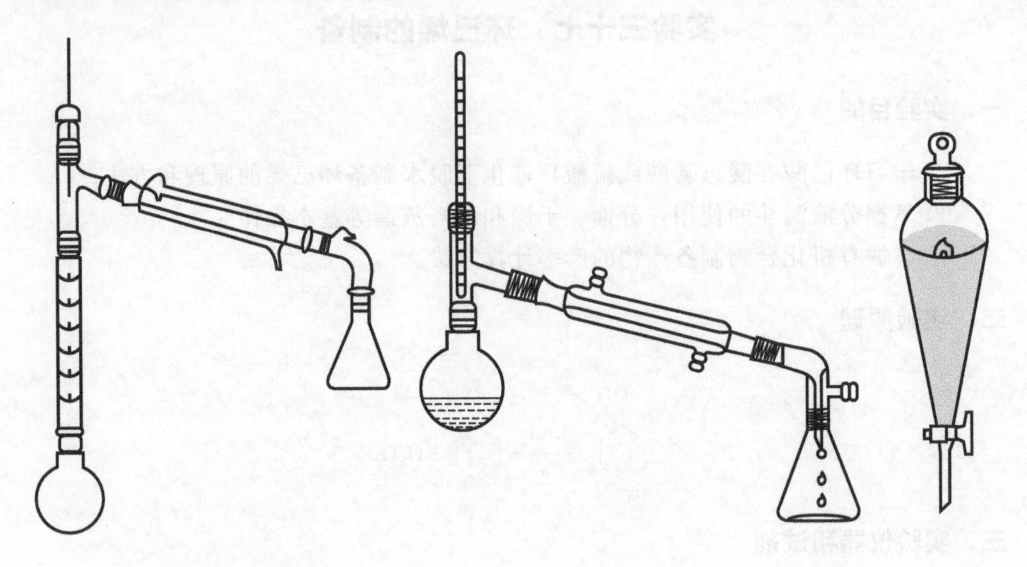

图2-45 反应装置　　图2-46 蒸馏装置　　图2-47 分液漏斗

将干燥后的产物滤入干燥的蒸馏瓶中，加入沸石后用水浴加热蒸馏，收集80～85℃的馏分于一已称重的干燥小锥形瓶中。

5. 结果计算

称量产物，计算产率并测定折射率。

五、实验记录及数据处理

1. 实验记录

见表2-19。

表2-19 实验记录

时间	实验步骤	实验现象

2. 实验结果

产物外观、产量、产率、折射率。

六、实验注意事项

① 环已醇在室温下为黏稠的液体，量筒内的环已醇难以倒净，会影响产率。应采用称量法，可避免损失。

② 硫酸和环已醇必须混合均匀后才能加热，否则在加热过程中可能会局部碳化。

③ 加热时要用小火加热，要注意调节加热速度，以保证反应速度大于蒸出速度，使分馏得以连续进行，而且要注意控制柱顶温度不超过90℃。

④ 粗产物要充分干燥后方可进行蒸馏。蒸馏所用仪器（包括接收器）要全部干燥。

七、思考题

① 在粗制的环己烯中，加入精盐使水层饱和的目的何在？

② 在蒸馏终止前，出现的阵阵白雾是什么？

③ 下列醇用浓硫酸进行脱水反应的主要产物是什么？

3-甲基-1-丁醇、3-甲基-2-丁醇、3,3-二甲基-2-丁醇。

实验三十八　1-溴丁烷的制备

一、实验目的

① 学习以溴化钠、浓硫酸和正丁醇制备1-溴丁烷的原理和方法。

② 学会有害气体吸收装置的设计和分液漏斗的使用。

二、实验原理

1-溴丁烷是由正丁醇与溴化钠、浓硫酸共热而制得的。

$$NaBr + H_2SO_4 \longrightarrow HBr + NaHSO_4$$

$$n C_4H_9OH + HBr \rightleftharpoons n C_4H_9Br + H_2O$$

可能产生的副反应有：

$$CH_3CH_2CH_2CH_2OH \xrightarrow[\triangle]{浓 H_2SO_4} CH_3CH_2CH{=}CH_2 + H_2O$$

$$2CH_3CH_2CH_2CH_2OH \xrightarrow[\triangle]{浓 H_2SO_4} CH_3CH_2CH_2CH_2OCH_2CH_2CH_2CH_3 + H_2O$$

$$2HBr + H_2SO_4 \longrightarrow Br_2 + SO_2\uparrow + 2H_2O$$

三、实验仪器与试剂

1. 实验仪器

DF-101S型磁力搅拌器，铁架台，漏斗，125mL三角烧瓶，干燥管，100mL圆底烧瓶，蒸馏头，温度计，球形冷凝管，接液管，橡皮管。美国Nicolet公司生产的MAGNA-IR760傅立叶变换红外谱仪（FTIR），KBr涂层。

2. 试剂

正丁醇（AR），溴化钠（AR），浓硫酸（AR），5%氢氧化钠溶液，饱和碳酸氢钠溶液，无水氯化钙（AR）。

四、实验步骤

在100mL圆底烧瓶中加入10mL水，再慢慢加入12mL浓硫酸，混合均匀并冷至室温后，再依次加入7.5mL正丁醇和10g研细的溴化钠，充分振荡后加入几粒沸石，装上回流冷凝管，在冷凝管上端接一吸收溴化氢气体的装置（图2-48），用5%的氢氧化钠溶液作吸收剂。

在石棉网上用小火加热回流0.5h（在此过程中，要经常摇动）。冷却后，改作蒸馏装置（图2-49），在石棉网上加热蒸出所有溴丁烷（注意判断粗产物是否蒸完）。

将馏出液移至分液漏斗中，用10mL水洗涤（产物在下层），静置分层后，将产物转入另一干燥的分液漏斗中，用5mL浓硫酸洗涤，尽量分去硫酸层（下层）。有机相依次分别用水（除硫酸）、饱和碳酸氢钠溶液（中和未除尽的硫酸）和水（除残留的碱）各10mL洗涤后，转入干燥的锥形瓶中，加入无水氯化钙干燥，间歇摇动锥形瓶，直到液体透明为止。

将干燥好的产物移至小蒸馏瓶中，在石棉网上加热蒸馏，收集99～103℃的馏分，产量6～7g（产率约52%）。产品作红外光谱分析。

1-溴丁烷的红外光谱特征吸收峰如下：甲基、亚甲基伸缩振动吸收峰$\nu_{C\text{-}H}$为3000～2700cm^{-1}，面内弯曲振动峰$\delta_{C\text{-}H}$为1475～1300cm^{-1}，C-Br伸缩振动峰$\nu_{C\text{-}Br}$为600～500cm^{-1}。

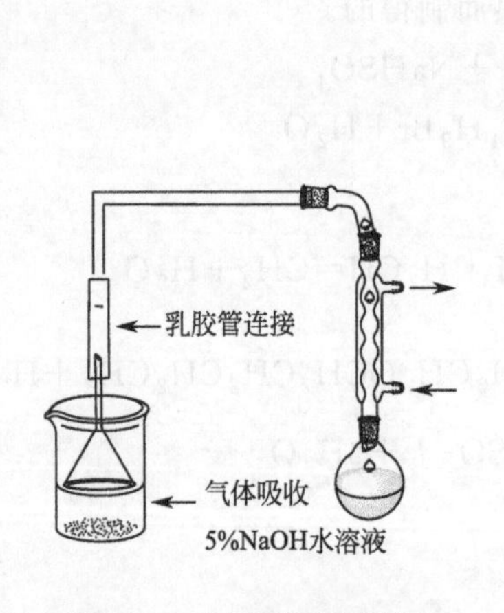

图2-48 回流及吸收装置

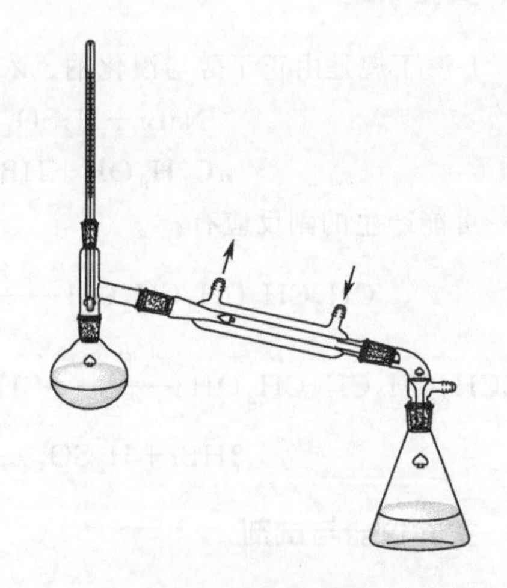

图2-49 蒸馏装置

五、注意事项

① 正确安装和使用气体吸收装置。

② 投料顺序应严格按教材上进行，浓硫酸要分批加入，混合均匀。

③ 反应过程中要经常摇动圆底烧瓶，促使反应完全。

④ 1-溴丁烷是否蒸完，可以从下列几方面判断：蒸出液是否由混浊变为澄清；蒸馏瓶中的上层油状物是否消失；取一试管收集几滴馏出液，加水摇动观察有无油珠出现。若无则表示馏出液中已无有机物，蒸馏完成。

⑤ 用水洗涤后馏出液若呈红色，可用少量的饱和亚硫酸氢钠水溶液洗涤以除去由于浓硫酸的氧化作用生成的游离溴。

六、思考题

① 在本实验中，浓硫酸起何作用？其用量及浓度对实验有何影响？

② 反应后的粗产物中含有哪些杂质？各步洗涤的目的何在？

③ 为什么用饱和碳酸氢钠溶液洗涤前先要用水洗一次？

附注　1-溴丁烷的红外光谱图

1-溴丁烷的红外光谱图见图 2-50。

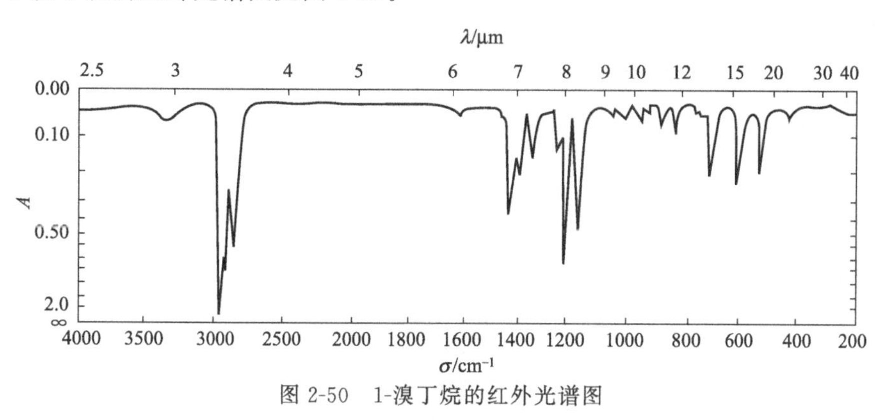

图 2-50　1-溴丁烷的红外光谱图

实验三十九　正丁醚的制备

一、实验目的

① 理解并掌握制备正丁醚的原理和方法。

② 学习并掌握油水分离器的原理、使用和安装。

③ 复习分液漏斗的使用。

④ 复习固体干燥液体的操作和蒸馏装置的安装和使用。

二、实验原理

1. 醚的用途

大多数有机化合物在醚中都有良好的溶解度，有些反应必须在醚中进行，因此，醚是有机合成中常用的溶剂。

2. 正丁醚合成的反应方程式

（1）主反应

$$2CH_3CH_2CH_2CH_2OH \xrightleftharpoons{H_2SO_4, 135^\circ C} CH_3CH_2CH_2CH_2OCH_2CH_2CH_2CH_3 + H_2O$$

（2）副反应

$$CH_3CH_2CH_2CH_2OH \xrightarrow{H_2SO_4} CH_3CH_2CH=CH_2 + H_2O$$

浓硫酸在反应中的作用是催化剂和脱水剂。

3. 分水器的作用

从反应平衡角度可知，分出小分子副产物可达到使平衡右移，提高产物产率的目的，由于本实验的产物和反应物几乎不溶于水，所以使用分水器就是为了分出小分子物质水。

三、实验仪器与试剂

1. 实验仪器

圆底烧瓶，温度计（250℃），直形水冷凝管，分水器或油水分离器，锥形瓶，酒精灯，铁架台，分液漏斗。

2. 试剂

正丁醇（AR），浓硫酸，无水氯化钙（AR）。

四、实验装置

实验装置见图 2-51。

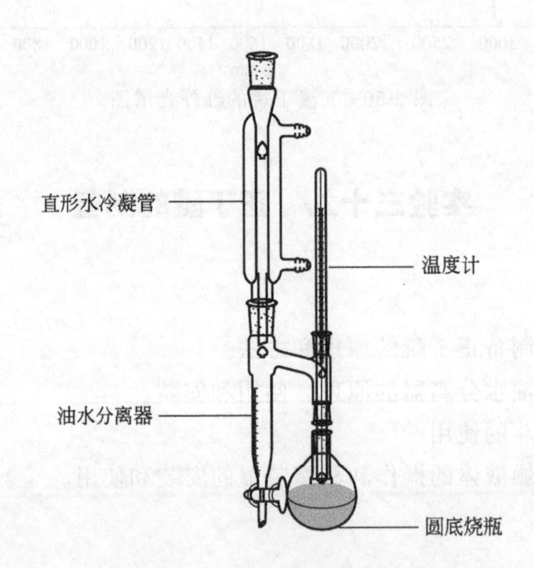

图 2-51　使用分水器的回流装置

五、实验步骤

1. 合成

50mL 圆底烧瓶中加入 12.5g（15.5mL）正丁醇，4g（2.2mL）浓硫酸，混匀，等温度降下来（可用水冲外壁），加 1～2 粒沸石，装好装置，微沸回流 1～1.5h，注意控制温度不要超过 135℃，并且控制分水器中油层厚度在 1mm 左右（利用增减水来控制）。冷却至室温，得到混合物（正丁醇、正丁醚、丁烯、浓硫酸等）。

2. 洗涤

① 将圆底烧瓶和分水器中的液体倒入25mL水中，并转入分液漏斗中，分出有机相。

② 10mL水洗涤有机相，分液；13mL 50%硫酸洗涤有机相，分液；13mL 50%硫酸洗涤有机相，分液；10mL水洗涤有机相，分液，保留有机相。

3. 干燥

将洗涤好的有机相转入干燥的锥形瓶中，带上塞子，加入无水氯化钙干燥至少10min。

4. 量体积、回收

量体积、回收后打扫卫生。

六、注意事项

① 加浓硫酸时，必须慢慢加入并充分振荡烧瓶，使其与正丁醇均匀混合，顺序也不能错，以免在加热时因局部酸过浓引起有机物碳化等副反应。

② 加热不能太快，要控制好温度，微沸状态即可，温度不要超过135℃，避免副产物过多。

③ 干燥用无水氯化钙，通常至少干燥半个小时以上，最好放置过夜，但在本实验中，为了节省时间，可放置15min左右，由于干燥不完全，可能前馏分多些。

七、实验数据及现象记录

① 加入的正丁醇及浓硫酸的量。

② 反应过程中的现象。

③ 洗涤过程中的现象。

④ 最后产品体积。

八、思考题

① 制备正丁醚和制备乙醚在实验操作上有什么不同？为什么？

② 试根据本实验正丁醇的用量计算应生成的水的体积。

③ 反应结束后为什么要将混合物倒入25mL水中？各步洗涤的目的是什么？

④ 能否用本实验的方法由乙醇和2-丁醇制备乙基仲丁基醚？你认为用什么方法比较合适？

实验四十　咖啡因的提取及其紫外光谱分析

一、实验目的

① 学习从茶叶中提取咖啡因的原理和方法。

② 学习索氏提取器的原理和操作方法。

③ 学习用升华法提纯固体有机物的操作。

④ 学习用紫外吸收光谱研究有机化合物并对物质进行表征的方法，学会紫外分光光度计的使用方法。

二、实验原理

咖啡因属于杂环化合物嘌呤的衍生物，其化学名称为 1，3，7-三甲基黄嘌呤，结构式如下：

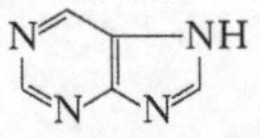

嘌呤 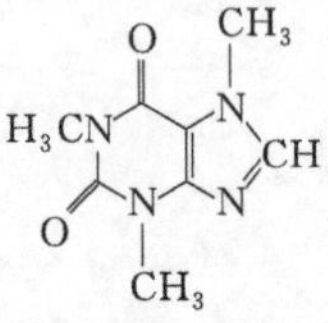　　咖啡因

茶叶中含有多种生物碱，其中咖啡碱（咖啡因）的含量为 1%～5%，单宁酸（鞣酸）占 11%～12%，色素、纤维素、蛋白质等约占 0.6%。咖啡因是弱碱性化合物，易溶于氯仿、水、乙醇等，单宁酸易溶于水和乙醇。含结晶水的咖啡因为白色针状结晶，在 100℃时失去结晶水并开始升华，120℃时升华显著，在 178℃时升华很快，无水咖啡因的熔点为 234.5℃。

本实验采用提取法从茶叶中提取咖啡因。利用咖啡因易溶于乙醇、易升华等特点，以 95%乙醇作溶剂，通过索氏提取器进行连续抽提，然后浓缩、焙烘得到粗品咖啡因，再通过升华提取得到纯品咖啡因。

三、实验仪器与试剂

1. 实验仪器

索氏提取器，量筒，圆底烧瓶，蒸馏弯头，直形冷凝管，真空接引管，锥形瓶，表面皿，蒸发皿，不锈钢刮铲，玻璃漏斗，烧杯，酒精灯，紫外分光光度计。

2. 试剂

茶叶末，95%乙醇，生石灰。

四、实验步骤

取 10.0g 茶叶末放入 150mL 索氏提取器（图 2-52）的滤纸筒中，在烧瓶中加入 80～100mL 95%乙醇及沸石，水浴加热，回流提取，直到提取液颜色较浅时为止，约用 2.5h，待冷凝液刚刚虹吸下去时停止加热。稍冷后，补加沸石，改为蒸馏装置，对提取液进行蒸馏。待瓶内残液量 5～10mL 时，停止蒸馏，把残余液趁热倒入盛有 4g 生石灰粉的蒸发皿中（可用少量蒸出的乙醇洗蒸馏瓶，洗涤液一并倒入蒸发皿中）。

搅拌成糊状，放在蒸气浴上蒸干，除去水分，使成粉状（不断搅拌，压碎块状物，注意着火！），然后移至石棉网上用酒精灯小心加热，焙炒片刻，除去水分。在蒸发皿上盖一张刺有许多小孔且孔刺向上的滤纸，再在滤纸上罩一个大小合适的玻璃漏斗，漏斗颈部塞一小团疏松的棉花。用酒精灯隔着石棉网小心加热，适当控制温度，尽可能使升华速度放慢（如果温度太高，会使产物冒烟炭化），当发现有棕色烟雾时，即升华完毕，停止加热（图 2-53）。冷却后，取下漏斗，轻轻揭开滤纸，用刮刀将附在滤纸上下两面的咖啡因刮下。如果残渣仍为绿色，可搅拌后再次升华，直到变为棕色为止。合并几次升华的咖啡因。

对产物的紫外光谱进行分析。

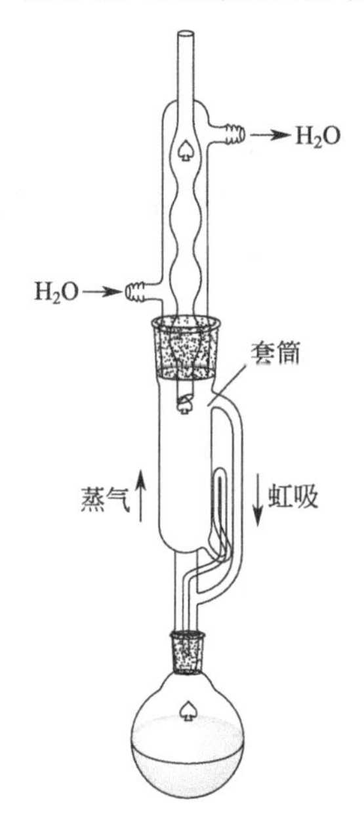

图 2-52　索氏提取器

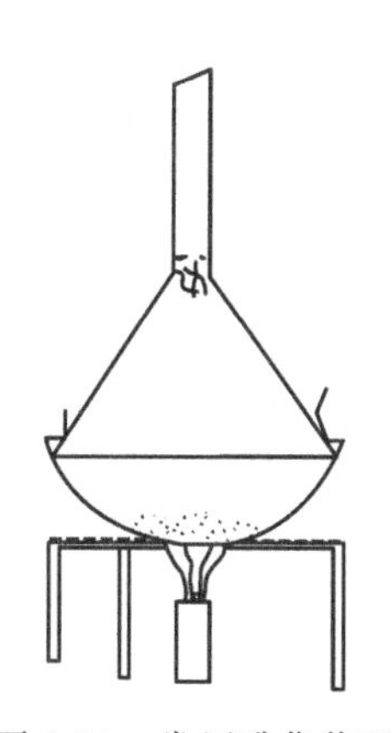

图 2-53　常压升华装置

五、注意事项

① 滤纸套筒大小要合适，以既能紧贴器壁，又能方便取放为宜，其高度不得超过索氏提取器的虹吸管；要注意茶叶末不能掉出滤纸套筒，以免堵塞虹吸管；纸套上面折成凹形，以保证回流液均匀浸润被萃取物。

② 生石灰起吸水和中和作用，以除去鞣酸等酸性物质。

③ 瓶中乙醇不可蒸得太干，否则残液很黏，转移时损失较大。

④ 若残留少量水分，则会在下一步升华开始时漏斗壁上呈现水珠。如有此现象，则应撤去火源，迅速擦去水珠，然后继续升华。

⑤ 在萃取回流充分的情况下，升华操作是实验成败的关键。升华操作直接影响到产物的质量与产量，升华的关键是控制温度。温度过高，将导致被烘物冒烟炭化，或产物变黄，造成损失。

六、思考题

① 除了升华还可以用何方法提纯咖啡因？

② 提取咖啡因中用到生石灰，其作用是什么？

③ 索氏提取器包括哪几个部分？与浸提法或直接用溶剂回流提取比较，用索氏提取器提取有什么优越性？为什么？

附注一 咖啡因标准曲线的绘制

1. 咖啡因标准溶液的配制

准确称取咖啡因 0.0400g 置于 100mL 容量瓶中，加入蒸馏水溶解并定容至刻度，得 0.4mg/mL 咖啡因标准溶液。

2. 标准曲线的绘制

精确吸取 10.00mg/mL 的咖啡因母液 1.00mL、2.00mL、3.00mL、4.00mL、5.00mL、6.00mL、7.00mL、8.00mL 分别置于 50mL 容量瓶中，加蒸馏水定容至刻度，摇匀，即得咖啡因浓度分别为 0.008mg/mL、0.016mg/mL、0.024mg/mL、0.032mg/mL、0.048mg/mL、0.056mg/mL、0.064mg/mL 的标准溶液。

以蒸馏水作为空白对照，用分光光度计于波长 287nm 处测定吸光度，以浓度为横坐标、吸光度为纵坐标作图，结果如图 2-54 所示。

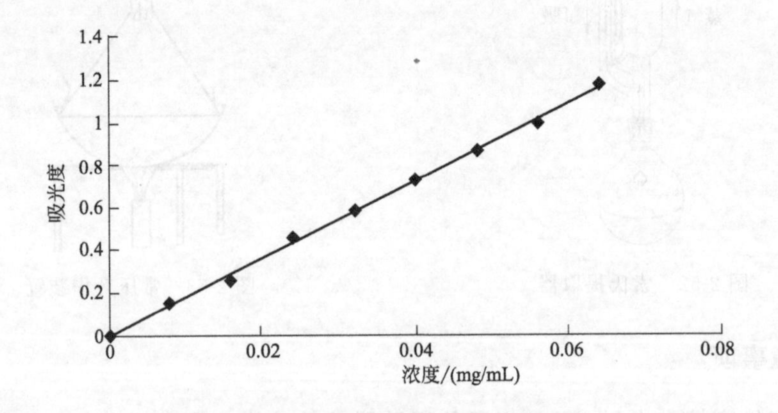

图 2-54 咖啡因标准曲线

实验结果用计算机进行线性回归，得回归方程和相关系数为：

$$A=18.27C \quad R^2=0.9968$$

式中，C 为咖啡因浓度，mg/mL；A 为吸光度。

3. 茶叶中咖啡因纯度测定

称取约 0.0055g 经升华得到的咖啡因产物，用蒸馏水溶解后定容至 100mL，测定其在 287nm 处的吸光度，用回归方程求出其浓度，经计算得到茶叶中咖啡因的纯度。

附注二 咖啡因样品的紫外光谱图

咖啡因样品的紫外光谱见图 2-55。

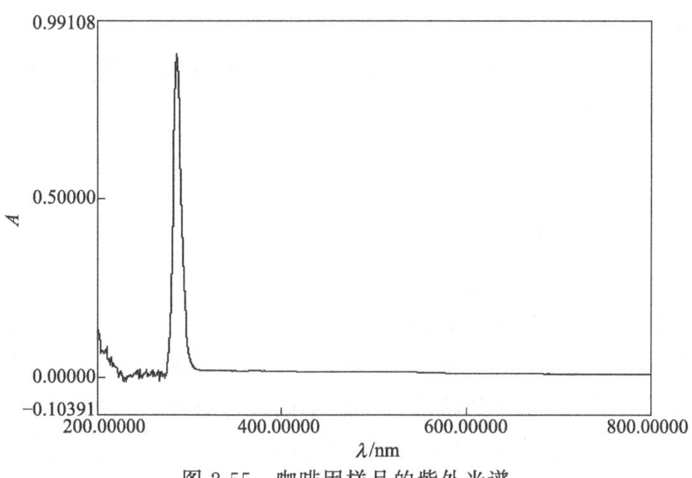

图 2-55　咖啡因样品的紫外光谱

实验四十一　安息香缩合反应

一、实验目的

① 学习安息香缩合反应的原理和应用维生素 B_1 为催化剂合成安息香的实验方法。

② 巩固抽滤、析晶等基本操作。

二、实验原理

苯甲醛在氰化钠（或氰化钾）催化下，于乙醇中加热回流，可发生两分子苯甲醛间缩合反应，生成二苯乙醇酮（也称安息香），有机化学中将芳香醛进行的这一类反应都称为安息香缩合。

但氰化物是剧毒品，易对人体产生危害，且“三废”处理困难。20 世纪 70 年代后，开始采用维生素 B_1 代替氰化物作催化剂进行缩合反应。以维生素 B_1 作催化剂具有操作简单、节省原料、耗时短、污染轻等特点。

本实验采用维生素 B_1 作催化剂。

反应式如下：

$$2\,C_6H_5CHO \xrightarrow[C_2H_5OH,H_2O]{\text{维生素}B_1} C_6H_5CHOH\text{—}COC_6H_5$$

三、实验仪器与试剂

1. 实验仪器

二颈或三颈烧瓶，试管，烧杯，球形冷凝管，温度计，滴管，布氏漏斗，抽滤瓶。

2. 实验试剂

维生素 B_1（AR），蒸馏水，95%乙醇，10%氢氧化钠溶液，苯甲醛（AR），活性炭（AR）。

四、实验步骤

在50mL二颈或三颈烧瓶中，加入1.75g维生素 B_1，3.5mL蒸馏水和15mL 95%乙醇，摇匀溶解后将烧瓶置于冰水浴中冷却，同时，取5mL10%氢氧化钠溶液于一支试管中，也置于冰水中冷却。在冰水浴冷却下，将冷透的氢氧化钠溶液逐滴加入反应瓶中，然后加入10mL新蒸的苯甲醛，充分摇匀，调节反应液的pH值为9～10。去掉冰水浴，加入几粒沸石，装上回流冷凝管，将混合物置于60～75℃水浴中温热1.5h（反应后期可将水浴温度升高到80～90℃），其间注意摇动反应瓶且保持反应液的pH值为9～10（必要时可滴加10%NaOH溶液），等反应混合物冷至室温后将烧瓶置于冰水中使结晶析出完全。抽滤并用2×20mL冷水洗涤结晶，干燥，称重。

粗产物可用95%乙醇重结晶（每克安息香用95%的乙醇7～8.5mL），必要时可加入少量活性炭脱色，产量约6g（产率约60%）。纯安息香为白色针状结晶，熔点为137℃。

五、注意事项

① 维生素 B_1 的质量对本实验影响很大，应使用新开瓶或原密封、保管良好的维生素 B_1；用不完的应尽快密封保存在阴凉处。

② 维生素 B_1 在酸性条件下较稳定，但易吸水；在水溶液中维生素 B_1 易被空气氧化而失效，遇光或Cu、Fe、Mn等金属的离子均可加速氧化；在NaOH溶液中，维生素 B_1 的噻唑环易分解开环。因此维生素 B_1 溶液、NaOH溶液在反应前必须用冰水充分冷却，否则维生素 B_1 会分解，这是本实验成败的关键。

③ 结晶时若冷却太快，产物易呈油状析出，可重新加热溶解后再慢慢冷却重新结晶，必要时可用玻璃棒摩擦瓶壁诱发结晶。

④ 安息香在沸腾的95%乙醇中的溶解度为（12～14）$g \cdot 100mL^{-1}$。

六、思考题

① 安息香缩合、羟醛缩合、歧化反应有何不同?

② 本实验为什么要使用新蒸馏出的苯甲醛？为什么加入苯甲醛后，反应混合物的pH要保持在9～10？溶液的pH值过低或过高有什么不好？

实验四十二 肉桂酸的制备与纯化

一、实验目的

① 了解肉桂酸的制备原理和方法。

② 初步掌握水蒸气蒸馏操作。

③ 熟练掌握回流、抽滤等基本操作。

二、实验原理

利用 Perkin 反应，将苯甲醛与酸酐混合后在相应的羧酸盐存在下加热，可制取 α，β-不饱和酸。因用碳酸钾代替羧酸盐可提高产率、缩短反应时间，故本实验采用改进了的方法。

反应式如下：

$$C_6H_5CHO + (CH_3CO)_2O \xrightarrow[140\sim180^{\circ}C]{CH_3COOK} C_6H_5CH{=}CHCOOH + CH_3COOH$$

三、实验仪器与试剂

1. 实验仪器

三颈烧瓶，球形冷凝管，1000mL 圆底烧瓶，直形冷凝管，弹簧夹，弯头，真空接引管，三角瓶，抽滤瓶，布氏漏斗，烧杯，表面皿，刮刀，量筒。

2. 试剂

苯甲醛（AR），乙酸酐（AR），无水碳酸钾（AR），10% NaOH，浓盐酸（AR），刚果红试纸，无水乙醇（AR），活性炭（AR）。

四、实验步骤

在 100mL 三颈烧瓶中放入 1.5mL 新蒸馏过的苯甲醛、4mL 新蒸馏过的乙酸酐以及研细的 2.2g 无水碳酸钾，几粒沸石，装上球形冷凝管，在石棉网上小火加热回流 40min（图 2-56）。

待反应物冷却后，往瓶内加入 10mL 温水溶解瓶内固体，改为水蒸气蒸馏装置蒸馏出未反应完的苯甲醛（图 2-57）。再将烧瓶冷却至室温，加入约 10mL 10% NaOH 溶液，以保证所有的肉桂酸成钠盐而溶解。抽滤，将滤液倾入 250mL 烧杯中，冷却至室温，在搅拌下用浓盐酸酸化至刚果红试纸变蓝色。冷却，抽滤，粗产品在空气中晾干或在烘箱中用 80℃左右温度烘干。粗产品可用热水或 30%乙醇进行重结晶。纯肉桂酸的熔点为 135～136℃。

五、注意事项

① Perkin 反应是指芳香醛和具有 α-氢原子的脂肪酸酐，在相应的无水脂肪酸钾盐或钠盐的催化作用下共热，发生缩合反应，生成 α，β-不饱和芳香酸的反应。

② 所用仪器、药品均需无水干燥，否则产率降低。

③ 苯甲醛放久了，由于自动氧化而生成较多量的苯甲酸，这不但影响反应的

进行，而且苯甲酸混在产品中不易除干净，将影响产品的质量。故本反应所需的苯甲醛要事先蒸馏，截取170～180℃馏分供使用。

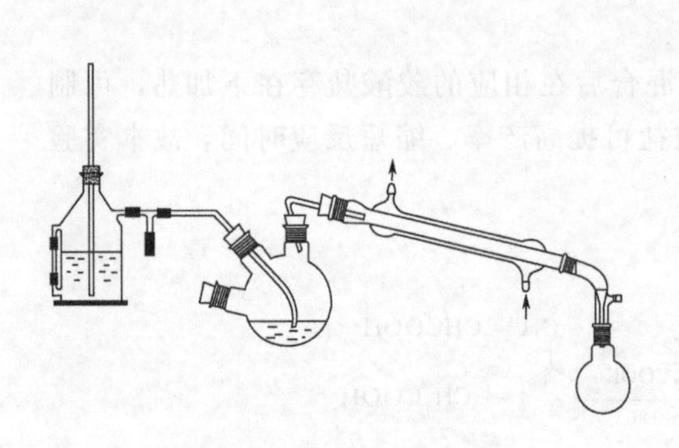

图 2-56　水蒸气蒸馏装置

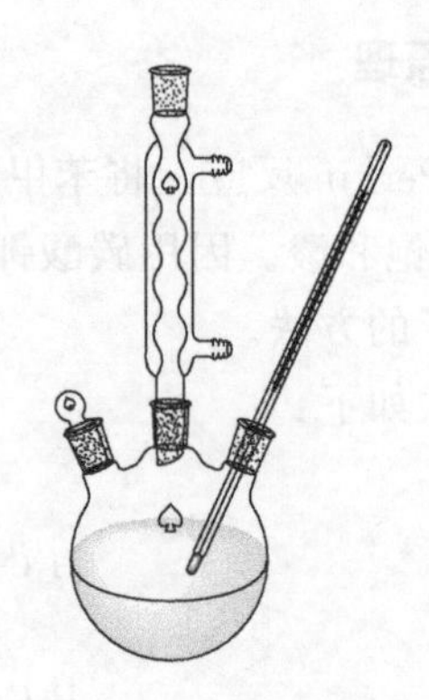

图 2-57　制备装置

④ 乙酸酐放久了因吸潮和水解将转变为乙酸，故本实验所需的乙酸酐必须在实验前进行重新蒸馏。

⑤ 加料迅速，防止乙酸酐吸潮。

⑥ 由于有二氧化碳放出，反应初期有泡沫产生。控制火焰的大小至刚好回流，以防产生的泡沫冲至冷凝管。

⑦ 肉桂酸有顺反异构体，通常制得的是其反式异构体。

六、思考题

① 具有何种结构的醛能进行 Perkin 反应？若用苯甲醛与丙酸酐发生 Perkin 反应，其产物是什么？

② 在实验中，如果原料苯甲醛中含有少量的苯甲酸，这对实验结果会产生什么影响？应采取什么样的措施？

③ 用水蒸气蒸馏除去什么？用酸酸化时，能否用浓硫酸？

实验四十三　乙酰苯胺的制备与纯化

一、实验目的

① 熟悉乙酰化反应的原理及实验操作技术。

② 进一步熟悉重结晶提纯的操作技术。

二、实验原理

胺的酰化在有机合成中有着重要的作用。作为一种保护措施，一级和二级芳胺在合成中通常被转化为它们的乙酰基衍生物以降低胺对氧化降解的敏感性，使其不被反应试剂破坏；同时氨基酰化后降低了氨基在亲电取代反应中的活化能力，使其由很强的第一类定位基变为中等强度的第一类定位基，使反应由多元取代变为有用的一元取代。反应完成后，再将其水解，除去乙酰基。

芳胺可用酰氯、酸酐或与冰醋酸加热来进行酰化，其中苯胺与乙酰氯反应最激烈，酸酐次之，而冰醋酸最慢。但冰醋酸试剂易得，价格便宜，操作方便。本实验用冰醋酸为酰化剂制备乙酰苯胺。反应式如下：

$$C_6H_5NH_2 + CH_3COOH \longrightarrow C_6H_5NHCOCH_3 + H_2O$$

三、实验仪器与试剂

1. 实验仪器

圆底烧瓶（100mL），刺形分馏柱，温度计（200℃），接液管，锥形瓶，量筒，烧杯（250mL），布氏漏斗，抽滤瓶，安全瓶，水泵，热水漏斗，表面皿，电炉，升降台，熔点测定仪。

2. 试剂

苯胺（AR），冰醋酸（AR），锌粉。

四、实验步骤

在50mL圆底烧瓶中加入5mL新蒸馏的苯胺、7.5mL冰醋酸以及少许锌粉（约0.1g），按图2-58组装仪器，小火加热至微沸，保持回流15min后升温，控制温度计读数在105℃左右约1h，反应生成的水和部分乙酸被蒸出，当温度下降时表示反应已经完成，停止加热。趁热将反应混合物倒入盛有100mL冷水的烧杯中，充分搅拌冷却，使乙酰苯胺结晶呈细颗粒析出，抽滤，用5～10mL冷水洗涤，得粗产品。将粗产品移入盛有150mL热水的烧杯中，加热煮沸，使之完全溶解。稍冷后加入少量活性炭，再次加热煮沸5～10min，进行热过滤。滤液冷却至室温，得到白色片状晶体。抽滤，洗涤，将产品转移至一个预先称重的洁净的表面皿中，晾干或在100℃以下烘干，称重，计算产率，测定熔点。

纯乙酰苯胺的熔点为114.3℃。

五、注意事项

① 冰醋酸具有强烈刺激性，要在通风橱内取用。

② 久置的苯胺因为氧化而颜色较深，使用前要重新蒸馏。因为苯胺的沸点较高，蒸馏时选用空气冷凝管冷凝，或采用减压蒸馏。

③ 锌粉的作用是防止苯胺氧化，只要少量即可。加得过多，会出现不溶于水的氢氧化锌。

④ 反应完成后，趁热将反应混合物倒出，若让反应液冷却，则乙酰苯胺固体析出，沾在烧瓶壁上不易倒出。

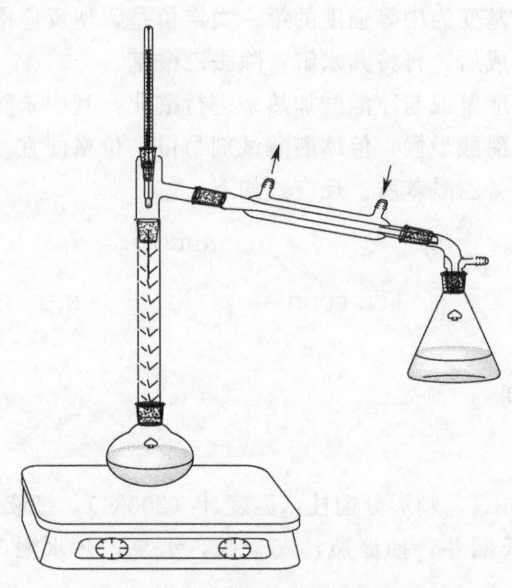

图 2-58　乙酰苯胺制备装置

⑤ 趁热过滤时，也可采用抽滤装置。但布氏漏斗和吸滤瓶一定要预热。滤纸大小要合适，抽滤过程要快，避免产品在布氏漏斗中结晶。

⑥ 加活性炭脱色时，不能加入沸腾的液体中，以免引起暴沸。

⑦ 本实验的关键是：控制分馏柱柱顶温度在 100～110℃；重结晶操作的效果。

六、思考题

① 实验中，为什么要控制分馏柱上端的温度在 105℃左右？温度过低过高对实验有什么影响？

② 在本实验中，采取什么措施可以提高乙酰苯胺的产量？

③ 在重结晶操作中溶解粗产物时，在烧杯中有油珠出现，试解释原因，应如何处理？

实验四十四　乙酸乙酯的制备

一、实验目的

① 通过乙酸乙酯的制备，了解羧酸与醇合成酯的一般原理和方法。

② 进一步掌握蒸馏、分液漏斗萃取、液体干燥等基本操作。

二、实验原理

乙酸和乙醇在浓 H_2SO_4 催化下生成乙酸乙酯

$$CH_3COOH + CH_3CH_2OH \xrightleftharpoons[110\sim120^\circ C]{浓\ H_2SO_4} CH_3COOCH_2CH_3 + H_2O$$

温度应控制在 110～120℃之间，不宜过高，因为乙醇和乙酸都易挥发。

这是一个可逆反应，生成的乙酸乙酯在同样的条件下又水解成乙酸和乙醇。为了获得较高产率的酯，通常采用增加酸或醇的用量以及不断移去产物中的酯或水的方法来进行。本实验采用回流装置及使用过量的乙醇来增加酯的产率。

反应完成后，没有反应完全的 CH_3COOH、CH_3CH_2OH 及反应中产生的 H_2O 分别用饱和 Na_2CO_3、饱和 $CaCl_2$ 及无水 Na_2SO_4（固体）除去。

三、实验仪器与试剂

1. 实验仪器

铁架台、圆底烧瓶、（带支管）蒸馏烧瓶、球形冷凝管、直形冷凝管、橡皮管、温度计、分液漏斗、小三角烧瓶、烧杯。

2. 试剂

冰醋酸、95%乙醇（化学纯）、饱和 Na_2CO_3 溶液、饱和 NaCl 溶液、固体无水 Na_2SO_4、沸石、饱和 $CaCl_2$ 溶液。

四、实验步骤

用量筒分别量取 12mL CH_3COOH、19mL CH_3CH_2OH 及 5mL 浓 H_2SO_4，置于圆底烧瓶中，充分混合后，按图 2-59 装好制备装置，再加入几粒沸石，加热前先通水 $\xrightarrow[\text{控制回流速度以每秒钟 1 滴的速度即可}]{\text{加热回流}}$ 30min $\longrightarrow$

转移圆底烧瓶中液体到蒸馏烧瓶中 $\xrightarrow{\text{采用蒸馏装置}}$ 蒸出 20mL 于小烧杯中 $\xrightarrow[\text{饱和 } Na_2CO_3 \text{ 溶液}]{\text{加入 10mL}}$ $\xrightarrow[\text{至分液漏斗}]{\text{转移混合液}}$ 分去下层水层 $\xrightarrow[\text{饱和 NaCl 溶液}]{\text{加入 10mL}}$ 分去下层水层 $\xrightarrow[\text{饱和 } CaCl_2 \text{ 溶液}]{\text{加入 10mL}}$ 分去下层水层 $\xrightarrow[CaCl_2 \text{ 溶液}]{\text{加 10mL 饱和}}$ 分去水层 $\xrightarrow[\text{小三角烧瓶中}]{\text{上层酯层转移至}}$ 加入固体 Na_2SO_4 干燥 15min，最后用量筒量取产品有多少毫升或用天平称量所得产品质量。

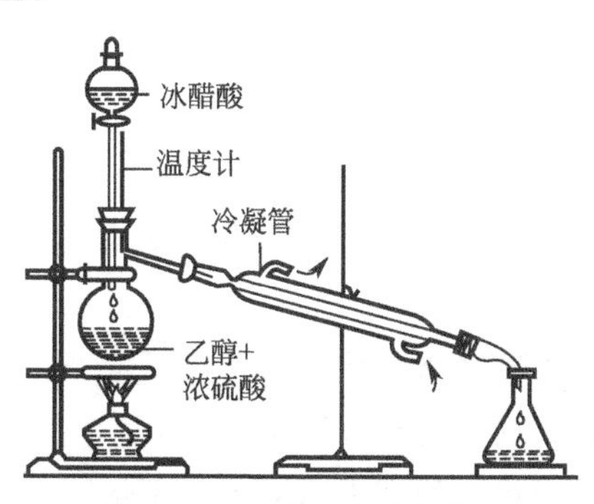

图 2-59　乙酸乙酯制备装置

五、实验结果

计算产率。

$$产率=\frac{V_{产品}}{V_{理论}}\times100\%或产率=\frac{W_{产品}}{W_{理论}}\times100\%$$

六、思考题

① 酯化反应有何特点？实验中采取哪些措施提高酯的产量？

② 为什么要用饱和 NaCl 溶液洗涤？

七、实验中应注意的问题

① 反应的温度不宜过高，因为温度过高会增加副产物的产量。

本实验中涉及的副反应较多。如：

$$2CH_3CH_2OH \longrightarrow CH_3CH_2OCH_2CH_3+H_2O$$

$$CH_3CH_2OH+H_2SO_4 \xrightarrow[\Delta]{} CH_3CHO+SO_2+2H_2O$$

② 在洗液过程中，在用饱和 Na_2CO_3 溶液萃取后，要用饱和 NaCl 溶液萃取一次，然后再用饱和 $CaCl_2$ 溶液萃取，否则，液体中如果残留有 CO_3^{2-}，则会和 Ca^{2+} 生成 $CaCO_3$ 沉淀而影响产品的纯化过程。

③ 在分去下层水层时，一定要把分液漏斗的顶部塞子打开，否则不能分去下层水层。

八、思考题

① 浓硫酸的作用是什么？

② 加入浓硫酸的量是多少？

③ 为什么要加入沸石，加入多少？

④ 为什么要使用过量的醇，能否使用过量的酸？

⑤ 为什么温度计水银球必须浸入液面以下？

⑥ 为什么调节滴加的速率（每分钟 30 滴左右）？

⑦ 为什么维持反应液温度 120℃左右？

⑧ 实验中，饱和 Na_2CO_3 溶液的作用是什么？

⑨ 酯层用饱和 Na_2CO_3 溶液洗涤过后，为什么紧跟着用饱和 NaCl 溶液洗涤，而不用 $CaCl_2$ 溶液直接洗涤？

⑩ 为什么使用 $CaCl_2$ 溶液洗涤酯层？

⑪ 使用分液漏斗，怎么区别有机层和水层？

⑫ 本实验乙酸乙酯是否可以使用无水 $CaCl_2$ 干燥？

⑬ 本实验乙酸乙酯为什么必须彻底干燥？

实验四十五 恒温水浴组装及性能测试

一、实验目的

① 了解恒温水浴的构造及恒温原理，初步掌握其装配和调试技术。

② 绘制恒温水浴的灵敏度曲线，学会分析恒温水浴的性能。

③ 掌握数字式贝克曼温度计的调节及使用方法。

二、实验原理

物质的物理性质，如黏度、密度、蒸汽压、表面张力、折射率、电导、电导率、旋光度等都随温度而改变，要测定这些性质必须在恒温条件下进行。一些物理化学常数，如平衡常数、化学反应速率常数等也与温度有关，这些常数的测定需恒温条件。因此，掌握恒温技术非常必要。

恒温控制可分为两类：一类是利用物质的相变点温度来获得恒温，但温度选择受到很大限制；另外一类是利用电子调节系统进行温度控制，此方法控温范围宽，可以任意调节设定温度。本实验讨论的恒温水浴就是一种常用的控温装置，它通过电子继电器对加热器自动调节来实现恒温的目的。当恒温水浴因热量向外扩散等原因使体系温度低于设定值时，继电器迫使加热器工作，到体系再次达到设定温度时，又自动停止加热。这样周而复始，就可以使体系的温度在一定范围内保持恒定。

恒温水浴由浴槽、加热器、搅拌器、温度计、感温元件和温度控制器等组成，其装置示意图见图 2-60。现将恒温水浴主要部件简述如下。

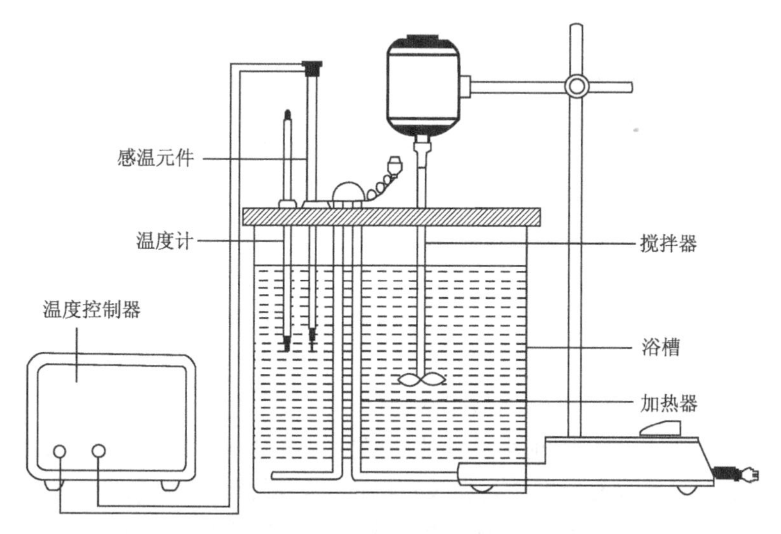

图 2-60 恒温水浴装置示意图

1. 浴槽

浴槽包括容器和液体介质。如果控制的温度同室温相差不是太大，用敞口大玻璃缸作为槽体是比较合适的。对于较高温度，则应考虑保温问题。具有循环泵的超级恒温槽，有时仅作供给恒温液体之用，而实验则在另一工作槽中进行。恒温水浴以蒸馏水为工作介质，其优点是热容量大和导热性好，从而使温度控制的稳定性和灵敏度大为提高。

2. 加热器

在要求恒定的温度高于室温时，必须不断向水浴供给热量以补偿其向环境散失的热量。对于恒温用的加热器要求热容量小、导热性好，功率适当。加热器功率的大小是根据恒温槽的大小和需要温度的高低来选择的，最好能使加热和停止的时间约各占一半。

3. 搅拌器

一般采用电动搅拌器，用变速器来调节搅拌速度。搅拌器一般安装在加热器附近，使热量迅速传递，槽内各部位温度均匀。

4. 温度计

恒温水浴中常以一支1/10℃的温度计测量恒温水浴的温度。若为了测量恒温水浴的灵敏度，则需要选用更精确灵敏的温度计，如精密电子温差测试仪、数字式贝克曼温度计等。

5. 感温元件

感温元件的作用是感知恒温水浴温度，并把温度信号变为电信号发给温度控制器。它是恒温水浴的感觉中枢，是提高恒温水浴性能的关键所在。感温元件的种类很多，如电接点水银温度计（又称为水银定温计、导电表、接触温度计）、热敏电阻感温元件等。

6. 温度控制器

温度控制器包括温度调节装置、继电器和控制电路。当恒温水浴的温度被加热或冷却到指定值时，感温元件发出信号，经控制电路放大后，推动继电器去开关加热器。

由上可见，水浴的恒温状态是通过一系列部件的作用、相互配合而获得的，因此不可避免地存在着不少滞后现象，如温度传递、感温元件、温度控制器、加热器等的滞后。由此可知，恒温水浴控制的温度有一个波动范围，并不是控制在某一固定不变的温度，并且恒温水浴内各处的温度也会因搅拌效果的优劣而不同。其工作质量由两方面考核。

① 平均温度和指定温度的差值越小越好。

② 控制温度的波动范围越小，各处的温度越均匀，恒温水浴的灵敏度越高。

测定恒温水浴灵敏度的方法是在设定温度下，用精密温差测量仪测定温度随时间的变化，绘制温度-时间曲线（即灵敏度曲线）分析其性能，如图2-61所示。

T_S为设定温度，T_1为波动最低温度，T_2为波动最高温度，则该恒温水浴灵敏度为：

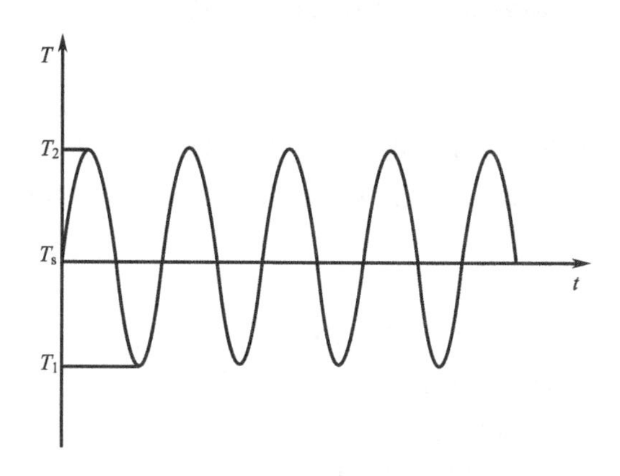

图 2-61 恒温水浴灵敏度曲线示意图

$$S=\pm\frac{T_2-T_1}{2}$$

灵敏度数值越小，表明灵敏度越高，恒温浴性能越好。恒温浴的灵敏度与采用的液体介质、感温元件、搅拌速率、加热器功率大小、温度控制器的物理性能等因素均有关。图 2-62 所示为恒温水浴灵敏度曲线的几种形式，由图中可以看出：曲线 A 表示加热器功率适中，热惰性小，温度波动小，即恒温水浴灵敏度较高；B 表示加热器功率适中，但热惰性大，恒温槽灵敏度较差；C 表示加热器功率太大，热惰性小；D 表示加热器功率太小或散热太快。

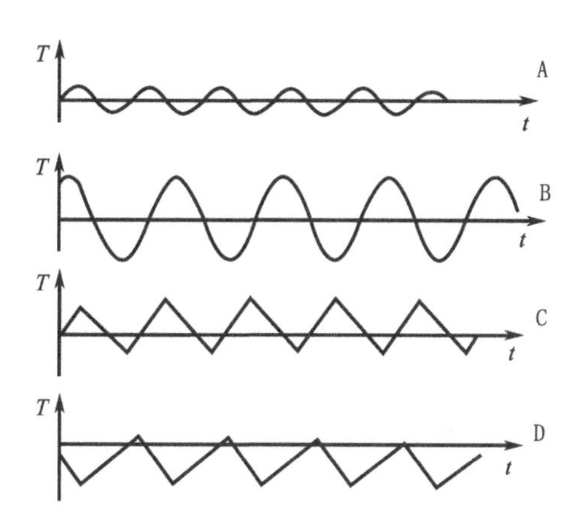

图 2-62 恒温水浴灵敏度曲线的几种形式

为了提高恒温水浴的灵敏度，在设计恒温水浴时要注意以下几点。

① 恒温浴的热容量要大，恒温介质流动性要好，传热性能要好。

② 尽可能加快加热器与感温元件间传热的速度，使被加热的液体能立即搅拌均匀并流经感温元件及时进行温度控制。为此要使感温元件的热容尽可能小；感温元件、搅拌器与电加热器间距离要近些；搅拌器效率要高。

③ 作调节温度用的加热器导热良好而且功率适宜。

三、实验仪器

玻璃浴缸1个，加热器1支，电动搅拌器1套，常规温度计1支，秒表1个，热敏电阻感温元件1支，温度控制器1套，数字式贝克曼温度计1套。

四、实验步骤

① 根据所给元件和仪器，安装恒温水浴，并接好线路。将蒸馏水灌入浴槽至容积的五分之四处，经教师检查完毕，方可接通电源。

② 调节恒温水浴至设定温度。假定室温为25℃，可设定实验温度为35℃。

③ 用数字式贝克曼温度计测定恒温水浴灵敏度曲线。当恒温水浴温度在设定温度处上下波动时，每隔30s读一次温度并记录，至少记录3个最高峰值和最低峰值。测定点固定在恒温水浴中心位置。

④ 用数字式贝克曼温度计测量已达设定温度的恒温水浴各处的温度波动值，测定点选择在恒温槽纵向上、中、下，径向左、中、右六点，测定温度波动的最高值和最低值，并记录，以确定最佳恒温区。

⑤ 实验完毕后，关闭电源，将各元件移出水面，排列整齐（搅拌器不动），整理实验台。

五、注意事项

① 数字式贝克曼温度计温差测量范围：±19.999℃，做温差测量时，为保证测量准确，“基温选择”在一次实验中不宜换挡。

② 实验完毕后，一定要将热敏电阻感温元件从恒温水浴中取出，以免生锈或损坏。

六、实验数据记录与处理

① 将时间、温度读数记录到表2-20，绘制恒温水浴的灵敏度曲线，并从曲线中确定其灵敏度。

② 将恒温水浴不同位置温度波动情况记录到表2-21，确定最佳恒温区。

③ 分析实验结果。

表2-20 恒温水浴中心位置温度波动情况

室温：____ 大气压：_Pa 设定温度：

时间/min	0.5	1	1.5	2	2.5	3	3.5	4	4.5	5	5.5
温度/℃											
时间/min	6	6.5	7	7.5	8	8.5	9	9.5	10	……	
温度/℃											

表 2-21　恒温水浴不同位置温度波动情况　　单位:℃

测温位置	最高温度	最低温度	温差	灵敏度	平均温度	温度波动[①]
中$_1$						
中$_2$						
中$_3$						
上						
下						
左						
右						

①例如写成 35.055℃±0.065℃,其中 35.055℃为恒温水浴平均温度;±0.065℃为温度波动范围,即该恒温水浴在该设定温度下的灵敏度。

七、思考题

① 简要回答恒温水浴主要由哪些部件组成? 恒温原理是什么?

② 恒温水浴内各处的温度是否相等? 为什么?

③ 欲提高恒温浴的灵敏度,可从哪些方面进行改进?

附注一　气压计

1. 气压计的使用方法

实验室中最常用的气压计是固定杯式和福廷式两种,图 2-63 所示是固定杯式气压计,它使用较为方便。读气压时,先旋动游标调节螺旋,使游标稍高于水银面。然后再慢慢旋动游标调节螺旋,使游标慢慢下降,用眼睛观察游标前后两金属曲面,后两底边的边缘重叠且与水银柱凸面相切(由游标底边的小三角面辅助对正相切)。读数时,眼睛应与水银面齐平,从游标下线零线所对标尺上的刻度,读取大气压的整数及小数点后第一位小数部分,再从游标上找出一根与标尺上某一刻度完全吻合之刻度线,则此游标上的刻度线即为大气压的小数点后第二位小数读数部分。温度可从气压计下部温度计读取当时的室温。

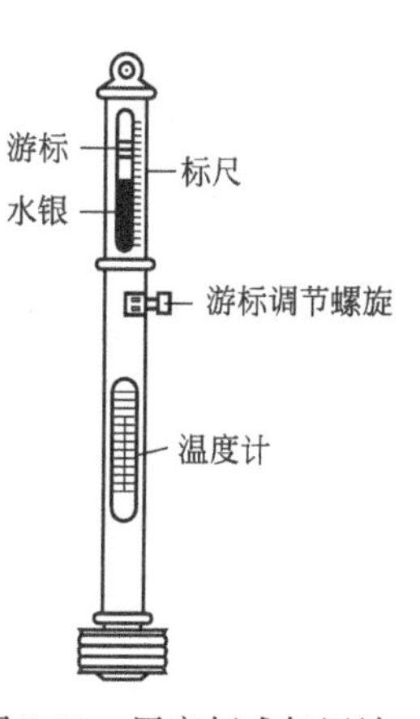

图 2-63　固定杯式气压计

在较精密的实验中,对气压计读数还常作进一步的校正。国际规定以 0℃、纬度 45°、海平面高度下 101325Pa 为一标准大气压。海拔高度不同、温度变化以及仪器构造的误差,均对气压计的直接读数带来误差,需给予校正。

2. 仪器误差的校正

可从原气压计所附的出厂校正表予以校正。

3. 温度的校正

温度改变将引起水银、玻套管、铜套管等的胀缩从而影响读数。其中以水银及铜套管影响较大，且水银受温度影响较铜大。当温度读数高于0℃时，所读取气压计读数要减去算得的校正值，低于0℃时则须加上校正值。气压温度校正式如下：

$$p_0=\frac{1+\beta t}{1+\alpha t}p$$

式中，p 为气压计读数（mmHg，1mmHg＝133.32Pa）；p_0 为换算为0℃下的气压读数；α 为常温下水银的平均体胀系数，等于0.0001818；β 为黄铜的线胀系数，等于0.0000184；t 为气压计的温度，℃。

4. 重力校正

重力加速度随纬度 A 和海拔高度 H 而改变，即气压计的读数受 A 和 H 的影响，可用下式校正：

$$p=p_0(1-2.65\times10^{-3}\cos2A-1.96\times10^{-7}H)$$

附注二　SWC-ⅡC数字式贝克曼温度计使用说明

① 在接通电源前，将传感器航空插头插入后面板上的传感器接口（槽口对准）。

② 将220V电源接入后面板上的电源插座。

③ 将传感器插入被测物中（插入深度应大于50mm）。

④ 温度测量　按下电源开关，此时显示屏显示仪表初始状态（实时温度），如25.59℃。数字后显示的“℃”表示仪器处于温度测量状态，“测量”指示灯亮。

⑤ 选择基温　根据实验所需的实际温度选择适当的基温挡，使温差的绝对值尽可能小。

⑥ 温差的测量

a. 要测量温差时，按一下温度/温差键，此时显示屏上显示温差数，如：9.598*，其中显示最末位的“*”表示仪器处于温差测量状态。若显示屏上显示为“0.000”，且闪烁跳跃，表明选择的基温挡不适当，导致仪器超量程。此时，重新选择适当的基温。

b. 再按一下温度/温差键，则返回温度测量状态。

⑦ 需要记录温度和温差的读数时，可按一下测量/保持键，使仪器处于保持状态（此时“保持”指示灯亮）。读数完毕，再按一下测量/保持键，即可转换到“测量”状态，进行跟踪测量。

注意：传感器和仪表必须配套使用（即传感器探头编号和仪表的出厂编号应一致），以保证温度检测的准确度，否则，温度检测的准确度将有所下降。

实验四十六　化学平衡常数及分配系数的测定

一、实验目的

① 了解分配定律的应用范围。

② 掌握从分配系数求平衡常数的方法。

③ 通过平衡常数计算 I_3^- 的解离焓。

二、实验原理

在一定温度下如果一个物质 A 溶解在两种互不相溶的液体溶剂中达到平衡，且 A 物质在这两种溶剂中都无缔合作用，则物质 A 在这两种溶剂中的活度之比为常数，这就是分配定律。若浓度较稀，则活度之比近似等于浓度比。用数学式（1）表示：

$$K_d=\frac{c_A^{\alpha}}{c_A^{\beta}} \tag{1}$$

式中，c_A^{α} 为 A 物质在溶剂 α 中的浓度；c_A^{β} 为 A 物质在溶剂 β 中的浓度；K_d 为与温度有关的常数，称为分配系数。式（1）只能用于理想溶液或稀溶液中，同时，溶质在两种溶剂中分子形态相同，即不发生缔合、离解、络合等现象。

在恒温下，碘（I_2）溶在含有碘离子（I^-）的溶液中，大部分成为络离子（I_3^-），并存在下列平衡：

$$I_2+I^- \rightleftharpoons I_3^-$$

其平衡常数表达式为：

$$K_a=\frac{\alpha_{I_3^-}}{\alpha_{I^-}\alpha_{I_2}}=\frac{c_{I_3^-}}{c_{I^-}c_{I_2}}\times\frac{\gamma_{I_3^-}}{\gamma_{I^-}\gamma_{I_2}} \tag{2}$$

式中，α、c、γ 分别为活度、浓度和活度系数。由于在同一溶液中，离子强度相同（I^- 与 I_3^- 价态相同）。由德拜-休克尔公式：

$$\lg\gamma_i=-0.509Z_i^2\frac{\sqrt{I}}{1+\sqrt{I}} \tag{3}$$

计算可知，活度系数

$$\gamma_{I^-}=\gamma_{I_3^-} \tag{4}$$

在水溶液中，I_2 浓度很小

$$\gamma_{I_2}\approx 1 \tag{5}$$

一定温度下，故得：

$$K_a\approx\frac{c_{I_3^-}}{c_I-c_{I_2}}=K_c \tag{6}$$

为了测定平衡常数，应在不干扰动态平衡的条件下测定平衡组成。在本实验中，当达到上述平衡时，若用硫代硫酸钠标准液来滴定溶液中的 I_2 浓度，则会随着 I_2 的消耗，平衡将向左端移动，使 $I_3{}^-$ 继续分解，因而最终只能测得溶液中 I_2 和 $I_3{}^-$ 的总量。

$$I_2+2S_2O_3{}^{2-}=2I^-+S_4O_6{}^{2-}$$

为了解决这个问题，可在上述溶液中加入四氯化碳（CCl_4），然后充分震荡

(I^-和I_3^-不溶于CCl_4)，当温度一定时，上述化学平衡及I_2在四氯化碳层和水层的分配平衡同时建立，如图2-64所示。首先测出I_2在H_2O及CCl_4层中的分配系数K_d，待平衡后再测出I_2在CCl_4中的浓度，根据分配系数，可算出I_2在KI水溶液中的浓度。再取上层水溶液分析，得到I_2和I_3^-的总量。

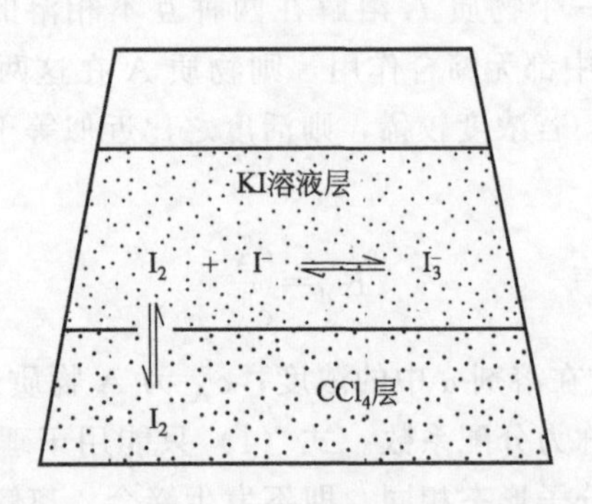

图2-64　碘在水和四氯化碳中的平衡

$$(c_{I_2}+c_{I_3^-})_{水层}-c_{I_2,水层}=c_{I_3^-,平衡} \tag{7}$$

由于在溶液中I^-总量不变，故有：

$$c_{I^-,初始}-c_{I_3^-,平衡}=c_{I^-,平衡} \tag{8}$$

因此，将平衡后各物质的浓度代入式(6)就可求出此温度下的平衡常数K_c。

改变实验温度，将得到另一个温度下的平衡常数，再由式(9)可计算的I_3^-解离焓。

$$\Delta_r H_m=\frac{RT_1T_2}{T_2-T_1}\ln\frac{K_c^{T_1}}{K_c^{T_2}} \tag{9}$$

三、实验仪器与试剂

1. 实验仪器

恒温水浴1套，250mL碘量瓶（磨口锥形瓶）2个，25mL移液管2支，5mL移液管2支，100mL量筒2个，25mL量筒1个，25mL碱式滴定管1支，微量管1支，250mL锥形瓶4个。

2. 试剂

$0.04mol\cdot L^{-1}$的I_2四氯化碳溶液，I_2的饱和水溶液，$0.100mol\cdot L^{-1}$的KI溶液，$Na_2S_2O_3$标准液（$0.05mol\cdot L^{-1}$左右），0.5%淀粉指示剂。

四、实验步骤

① 调节恒温水浴温度为(25.0±0.1)℃。

② 取2个250mL碘量瓶，标上号码，用量筒按表2-22配制溶液平衡系统。配好后立即塞紧磨口塞。

表 2-22　配制平衡体系的各溶液用量　单位：mL

编号	I_2 的饱和水溶液用量	0.100mol·L^{-1}KI 水溶液用量	0.04mol·L^{-1} 的 $I_2(CCl_4)$用量
1 号液	100	0	25
2 号液	0	100	25

③ 将配制好的系统摇荡 1min 左右，然后置于 25℃恒温水槽内，每隔 10min 取出摇荡一次，以加快分配平衡的到达，约经 1h 后，按表 2-23 用移液管准确取样，并用标准 $Na_2S_2O_3$ 溶液滴定。

表 2-23　从平衡系统取样体积　单位：mL

编号	水层取样	CCl_4 层取样
1 号液	25(用微量管滴定)	5(用 25mL 滴定管滴定)
2 号液	25(用 25mL 滴定管滴定)	5(用微量管滴定)

a. 每次取样 3 份，求取平均值。

b. 分析水层时，用标准 $Na_2S_2O_3$ 溶液滴定至淡黄色，然后加数滴淀粉指示剂，此时溶液呈蓝色，继续滴定至蓝色刚消失。

c. 取 CCl_4 层样品时勿使水层进入移液管中，为此用洗耳球使移液管尖鼓气情况下穿过水层插入 CCl_4 层中取样，在滴定 CCl_4 层样品的 I_2 时，应加入少量固体 KI（或 10mL 0.100mol/L 的 KI 水溶液）以加快 CCl_4 层中的 I_2 完全提取到水层中，这样有利于 $Na_2S_2O_3$ 滴定的顺利进行。滴定时要充分摇荡，细心地滴至水层淀粉指示剂的蓝色消失，四氯化碳层不再现红色。滴定后的和未用完的四氯化碳皆应倒入回收瓶中。

④ 将恒温水浴温度升高 10℃，再重复以上操作。注意：要防止 CCl_4 的挥发。

⑤ 实验完毕后，整理好实验仪器，做好仪器使用登记，搞好实验室卫生。

五、注意事项

① 测定分配系数 K_d 时，为了使系统加快达到平衡，水中预先溶入超过平衡时的碘量（约 0.02%），使水中的 I_2 向 CCl_4 层移动而到达平衡。

② 平衡常数和分配系数均与温度有关，因此本实验应严格控制温度。

六、实验记录与数据处理

① 将实验结果填入表 2-24。

② 根据 1 号样品的滴定结果，由式（1）计算 25℃时，I_2 在四氯化碳层和水层的分配系数 K_d。

③ 由 2 号样品的滴定结果，根据式（1）、式（7）和式（8）计算 25℃时，反应 $I_2+I^- \rightleftharpoons I_3^-$ 平衡时各物质浓度及平衡常数 K_c（T_1）。

④ 同理，计算得到 35℃的平衡常数 K_c（T_2）。

⑤ 由式（9）计算 I_3^- 解离焓。

表 2-24 实验数据记录表

恒温水浴温度：，$Na_2S_2O_3$ 浓度__mol·L^{-1}，KI 的原始浓度__mol·L^{-1}

编号	1 号液				2 号液			
取样体积	25mL 水层		5mLCCl_4 层		25mL 水层		5mLCCl_4 层	
滴定时消耗的 $Na_2S_2O_3$ 体积/mL	第一次		第一次		第一次		第一次	
	第二次		第二次		第二次		第二次	
	第三次		第三次		第三次		第三次	
	平均		平均		平均		平均	

七、思考题

① 在 $KI+I_2=KI_3$ 反应稳定常数测定实验中，所用的碘量瓶和锥形瓶哪些需要干燥？哪些不需要干燥？为什么？

② 在 $KI+I_2=KI_3$ 反应稳定常数测定实验中，配制 1 号液、2 号液的目的何在？

③ 在 $KI+I_2=KI_3$ 反应稳定常数测定实验中，滴定 CCl_4 层样品时，为什么要先加 KI 水溶液？

实验四十七 线性电位扫描法测定镍在硫酸溶液中的钝化行为

一、实验目的

① 了解金属钝化行为的原理和测量方法。

② 掌握用线性电位扫描法测定镍在硫酸溶液中的阳极极化曲线和钝化行为。

③ 测定 Cl^- 浓度对 Ni 钝化的影响。

二、实验原理

1. 金属的钝化

金属处于阳极过程时会发生电化学溶解，其反应式为：

$$M \longrightarrow M^{n+} + ne^-$$

在金属的阳极溶解过程中，其电极电势必须大于其热力学电势，电极过程才能发生。这种电极电势偏离其热力学电势的行为称为极化。当阳极极化不大时，阳极过程的速率（即溶解电流密度）随着电势变正而逐渐增大，这是金属的正常溶解。但当电极电势正到某一数值时，其溶解速率达到最大，而后，阳极溶解速率随着电势变正，反而大幅度降低，这种现象称为金属的钝化。

金属钝化一般可分为两种。若把铁浸入浓硝酸（$d>1.25$）中，一开始铁溶解在酸中并放出 NO，这时铁处于活化状态。经过一段时间后，铁几乎停止了溶解，此时的铁即使放在硝酸银溶液中也不能置换出银，这种现象被称为化学钝化。另一种钝化称为电化学钝化，即用阳极极化的方法使金属发生钝化。金属处于钝化状态时，其溶解速率较小，一般为 10^{-8}～10^{-6} A·cm^{-2}。

金属之所以会由活化状态转变为钝化状态，至今还存在着不同的观点。有人认为金属钝化是由于金属表面形成了一层具有保护性的致密氧化物膜，因而阻止了金属进一步溶解，称为氧化物理论；另一种观点则认为金属钝化是由于金属表面吸附了氧，形成了氧吸附层或含氧化物吸附层，因而抑制了腐蚀的进行，称为表面吸附理论；第三种理论认为，开始是氧的吸附，随后金属从基底迁移至氧吸附膜中，然后发展为无定形的金属-氧基结构而使金属溶解速率降低，被称为连续模型理论。

2. 影响金属钝化过程的几个因素

(1) 溶液的组成　溶液中存在的 H^+、卤素离子以及某些具有氧化性的阴离子对金属钝化现象起着显著的影响。在中性溶液中，金属一般是比较容易钝化的；而在酸性或某些碱性溶液中要困难得多。这与阳极反应产物的溶解度有关。卤素离子，特别是 Cl^- 的存在，则明显地阻止金属的钝化过程，且已经钝化了的金属也容易被它破坏（活化），这是因为 Cl^- 的存在破坏了金属表面钝化膜的完整性。溶液中如果存在具有氧化性的阴离子（如 CrO_4^{2-}），则可以促进金属的钝化。溶液中的溶解氧则可以减少金属上钝化膜遭受破坏的危险。

(2) 金属的化学组成和结构　各种纯金属的钝化能力均不相同，以 Fe、Ni、Cr 为例，易钝化的顺序 Cr＞Ni＞Fe。因此，在合金中添加一些易钝化的金属，则可提高合金的钝化能力和钝态的稳定性。不锈钢就是典型的例子。

(3) 外界因素　当温度升高或加剧搅拌，都可以推迟或防止钝化过程的发生。这显然是与离子的扩散有关。在进行测量前，对研究电极活化处理的方式及其程度也将影响金属的钝化过程。

3. 研究金属钝化的方法

电化学研究金属钝化通常有两种方法：恒电流法和恒电势法。由于恒电势法能测得完整的阳极极化曲线，因此，在金属钝化研究中比恒电流法更能反映电极的实际过程。用恒电势法测量金属钝化可有下列两种方法。

(1) 静态法　将研究电极的电势恒定在某一数值，同时测量相应极化状况下达到稳定后的电流。如此逐点测量一系列恒定电势时所对应的稳定电流值，将测得的数据绘制成电流-电势图，从图中即可得到钝化电位。

(2) 动态法　将研究电极的电势随时间线性连续地变化（图 2-65），同时记录随电势改变而变化的瞬时电流，就可得完整的极化曲线图。所采用的扫描速率（单位时间电势变化的速率）需根据研究体系的性质而定。一般来说，电极表面建立稳态的速度越慢，则扫描速度也应越慢，这样才能使所测得的极化曲线与采用静态法的相近。

上述两种方法，虽然静态法的测量结果较接近静态值，但测量时间太长，所以，在实际工作中常采用动态法来测量。本实验亦采用动态法。

用动态法测量金属的阳极极化曲线时，对于大多数金属均可得到如图 2-66 所示的形式。图中的曲线可分为四个区域。

① AB 段为活性溶解区，此时金属进行正常的阳极溶解，阳极电流随电势的变化符合塔菲尔（Tafel）公式。

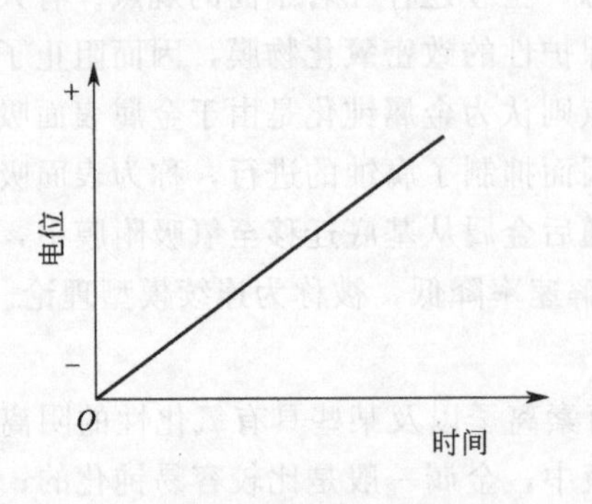

图 2-65　线性电势扫描信号示意图

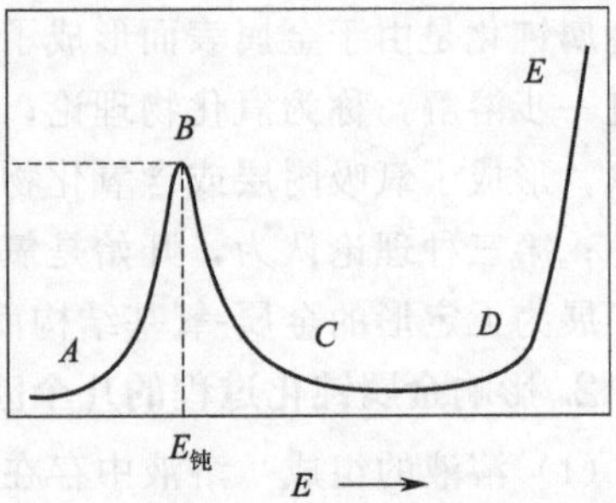

图 2-66　钝化曲线示意图

② BC 段为过渡钝化区，电势达到 B 点时，电流为最大值，此时的电流称为钝化电流（$i_{钝}$），所对应的电势称为临界电势或钝化电势（$E_{钝}$）。电势过 B 点后，金属开始钝化，其溶解速率不断降低并过渡到钝化状态（C 点之后）。

③ CD 段为稳定钝化区，在该区域中金属的溶解速率基本上不随电势而改变。此时的电流称为钝态金属的稳定溶解电流。

④ DE 段为过钝化区，D 点之后阳极电流又重新随电势的正移而增大，此时可能是高价金属离子的产生；也可能是水的电解而析出 O_2；还可能是两者同时出现。

三、实验仪器与试剂

1. 实验仪器

CHI 电化学分析仪（包括计算机）1 台，研究电极（直径为 0.5cm 的 Ni 圆盘电极）1 支，饱和甘汞电极 1 支（$0.1mol \cdot L^{-1}$ H_2SO_4 作盐桥），辅助电极 1 支（Pt 丝电极），三电极电解池 1 个，金相砂纸（02 # 和 06 #）。

2. 试剂

$0.1mol \cdot L^{-1}$ H_2SO_4 溶液，$1mol \cdot L^{-1}$、$0.1mol \cdot L^{-1}$、$0.04mol \cdot L^{-1}$ 和 $0.01mol \cdot L^{-1}$ KCl 溶液，蒸馏水。

四、实验步骤

本实验用线性电势扫描法分别测量 Ni 在 $0.1\ mol \cdot L^{-1}$ H_2SO_4、$0.1mol \cdot L^{-1}$ H_2SO_4 + $0.01mol \cdot L^{-1}$ KCl、$0.1mol \cdot L^{-1}$ H_2SO_4 + $0.04mol \cdot L^{-1}$ KCl 和 $0.1mol \cdot L^{-1}$ H_2SO_4 + $0.1mol \cdot L^{-1}$ KCl 在溶液中的阳极极化曲线。

打开仪器和计算机的电源开关，预热 10min。研究电极用 06 # 金相砂纸打磨后，用重蒸馏水冲洗干净，擦干后将其放入已洗净并装有 $0.1mol \cdot L^{-1}$ H_2SO_4 溶液的电解池中。分别装好辅助电极和参比电极，并按图 2-67 接好测量线路（红色夹子接辅助电极；绿色接研究电极；白色接参比电极）。

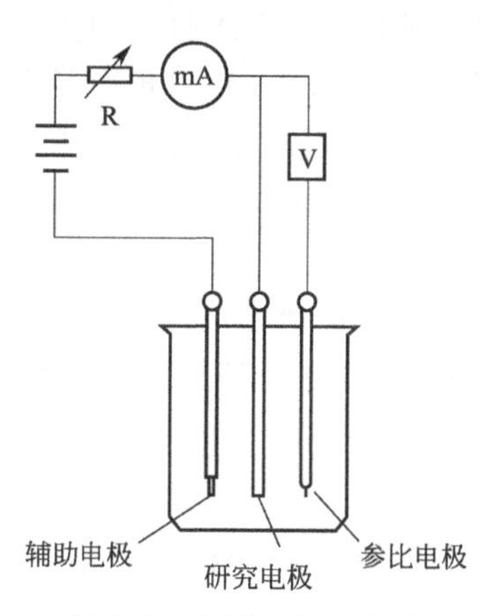

图 2-67　恒电位法测定金属钝化曲线示意图

通过计算机使 CHI 仪器进入 Windows 工作界面；在工具栏里选中“Control”，此时屏幕上显示一系列命令的菜单，再选中“Open Circuit Potential”，数秒钟后屏幕上即显示开路电势值（镍工作电极相对于参比电极的电势），记下该数值；在工具栏里选中“T”（实验技术），此时屏幕上显示一系列实验技术的菜单，再选中“Linear Sweep Voltammetry（线性扫描伏安法）”；然后在工具栏里选中“参数设定”（在“T”的右边），此时屏幕上显示一系列需设定参数的对话框：

初始电势（Init E）——设定为比先前所测得的开路电势负 0.1V；

终止电势（Final E）——设为 1.4V；

扫描速率（Scan Rate）——定为 $0.01V \cdot s^{-1}$；

采样间隔（Sample Interval）——0.01V；

初始电势下的极化时间（Quiet Time）——设为 300s；

电流灵敏度（Sensitivity）——设为 0.001A（1E-3A）。

至此参数已设定完毕，点击“OK”键；然后点击工具栏中的运行键，此时仪器开始运行，屏幕上即时显示极化时间值（即在初始电势下阴极极化），300s 后显示当时的工作状况和电流随电势的变化曲线。扫描结束后点击工具栏中的“Graphics”，再点击“Graph Option”，在对话框中分别填上电极面积和所用的参比电极及必要的注解，然后在“Graph Option”中点击“Present Data Plot”显示完整的实验结果。给实验结果取个文件名存盘。

在原有的溶液中分别添加 KCl 使之成为 $0.1mol \cdot L^{-1}$ H_2SO_4 + $0.01mol \cdot L^{-1}$ KCl、$0.1mol \cdot L^{-1}$ H_2SO_4 + $0.04mol \cdot L^{-1}$ KCl 和 $0.1mol \cdot L^{-1}$ H_2SO_4 + $0.1mol \cdot L^{-1}$ KCl 溶液，重复上述步骤进行测量。每次测量前工作电极必须用金相砂纸打磨和清洗干净。

五、注意事项

① 每次测量前工作电极必须用金相砂纸打磨和清洗干净。

② 本实验中当 KCl 浓度≥0.02mol·L^{-1} 时，钝化电流会明显增大，而稳定钝化区间（*CD* 段）会减小，此时的过钝化电流（*DE* 段）也会明显增大，为了防止损伤工作电极，一旦当 *DE* 段的电流达到 3～4mA 时应及时停止实验，此时只需点击工具栏中的停止键“■”即可。

③ 在电化学测量实验中，常用电流密度代替电流，因为电流密度的大小就是电极反应的速率。同时实验图中电位轴上应标明是相对于何种参比电极。

六、实验记录与处理

① 分别在极化曲线图上找出 $E_{钝}$、$i_{钝}$ 及钝化区间，并将数据记录到表 2-25 中。

表 2-25　实验结果记录表

溶液组成	开路电位/V	初始电位/V	钝化电位 $E_{钝}$/V	钝化电流 $i_{钝}$/mA	稳定钝化区间电流 i_{CD}/mA	过钝化区间电流 i_{DE}/mA

② 点击工具栏中的“Graphics”，再点击“Overlay Plot”，选中另 3 个文件使 4 条曲线叠加在一张图中，如果曲线溢出画面，可在“Graph Option”里选择合适的 *X*、*Y* 轴量程再作图，然后打印曲线，打印前须将打印格式设定为“横向”。

③ 比较 4 条曲线，并讨论所得实验结果及曲线的意义。

七、思考题

① 在测量前，为什么电极在进行打磨后，还需进阴极极化处理？

② 如果扫描速率改变，测得的 $E_{钝}$ 和 $i_{钝}$ 有无变化？为什么？

③ 当溶液 pH 发生改变时，Ni 电极的钝化行为有无变化？

④ 在阳极极化曲线测量线路中，参比电极和辅助电极各起什么作用？

实验四十八　固体在溶液中的吸附

一、实验目的

① 测定活性炭在醋酸水溶液中对醋酸的吸附作用，并由此计算活性炭的比表面。

② 验证弗罗因德利希（Freundlich）吸附公式和兰格缪尔（Langmuir）吸附公式。

③ 了解固-液界面的分子吸附。

二、实验原理

对于比表面积很大的多孔性或高度分散的吸附剂，像活性炭和硅胶等，在溶液中有较强的吸附能力。由于吸附剂表面结构的不同，对不同的吸附质有着不同的相互作用，因而吸附剂能够从混合溶液中有选择地把某一种溶质吸附。根据这种吸附能力的选择性，在工业上有着广泛的应用，如糖的脱色提纯等

吸附能力的大小常用吸附量 Γ 表示之。Γ 通常指每克吸附剂吸附溶质的物质的量，在恒定温度下，吸附量与溶液中吸附质的平衡浓度有关，弗罗因德利希（Freundlich）从吸附量和平衡浓度的关系曲线，得出经验方程：

$$\Gamma=\frac{x}{m}=kc^{\frac{1}{n}} \tag{1}$$

式中，x 为吸附溶质的物质的量，单位为 mol；m 为吸附剂的质量，单位为 g；c 为平衡浓度，单位为 $mol \cdot L^{-1}$；k、n 为经验常数，由温度、溶剂、吸附质及吸附剂的性质决定（n 一般在 0.1～0.5 之间）。

将式（1）取对数：

$$\lg\Gamma=\lg\frac{x}{m}=\frac{1}{n}\lg c+\lg k \tag{2}$$

以 $\lg\Gamma$ 对 $\lg c$ 作图可得一直线，从直线的斜率和截距可求得 n 和 k。式（1）纯系经验方程式，只适用于浓度不太大和不太小的溶液。从表面上看，k 为 $c=1$ 时的 Γ，但这时式（1）可能已不适用。一般吸附剂和吸附质改变时，n 改变不大，而 k 值则变化很大。

兰格缪尔（Langmuir）根据大量实验事实，提出固体对气体的单分子层吸附理论，认为固体表面的吸附作用是单分子层吸附，即吸附剂一旦被吸附质占据之后，就不能再吸附。固体表面是均匀的，各处的吸附能力相同，吸附热不随覆盖程度而变，被吸附在固体表面上的分子，相互之间无作用力；吸附平衡是动态平衡，并由此导出下列吸附等温式，在平衡浓度为 c 时的吸附量 Γ 可用下式表示：

$$\Gamma=\Gamma_{\infty}\frac{ck}{1+ck} \tag{3}$$

Γ_{∞} 为饱和吸附量，即表面被吸附质铺满单分子层时的吸附量。k 是常数，也称吸附系数。

将式（3）重新整理可得：

$$\frac{c}{\Gamma}=\frac{1}{\Gamma_{\infty}k}+\frac{1}{\Gamma_{\infty}}c \tag{4}$$

以 c/Γ 对 c 作图，得一直线，由这一直线的斜率可求得 Γ_{∞}，再结合截距可求得常数 k。这个 k 实际上带有吸附和脱附平衡的平衡常数的性质，而不同于弗罗因德利希方程式中的 k。

根据 Γ_{∞} 的数值，按照兰格缪尔单分子层吸附的模型，并假定吸附质分子在吸附剂表面上是直立的，每个醋酸分子所占的面积以 $0.243nm^2$ 计算（此数据是根据

水-空气界面上对于直链正脂肪酸测定的结果而得)。则吸附剂的比表面积 S_0 可按下式计算得到:

$$S_0=\Gamma_\infty N_0 a_\infty=\frac{\Gamma_\infty\times 6.02\times 10^{23}\times 0.243}{10^{18}} \tag{5}$$

式中,S_0 为比表面积,即每克吸附剂具有的总表面积(m^2/g);N_0 为阿伏伽德罗常数(6.02×10^{23});α_∞ 为每个吸附分子的横截面积;10^{18} 是因为 $1m^2=10^{18}nm^2$ 所引入的换算因子。

根据上述所得的比表面积,往往要比实际数值小一些。原因有二:一是忽略了界面上被溶剂占据的部分;二是吸附剂表面上有小孔,醋酸不能钻进去,故这一方法所得的比表面积一般偏小。不过这一方法测定时手续简便,又不要特殊仪器,故是了解固体吸附剂性能的一种简便方法。

三、实验仪器与试剂

1. 实验仪器

HY-4 型调速多用振荡器(江苏金坛)1 台,带塞锥形瓶(125mL)7 只,移液管(25mL、5mL、10mL)各 1 支,洗耳球 1 支,碱式滴定管 1 支,温度计 1 支,电子天平 1 台,称量瓶 1 个。

2. 试剂

NaOH 标准溶液($0.1mol\cdot L^{-1}$),醋酸标准溶液($0.4mol\cdot L^{-1}$),活性炭,酚酞指示剂。

四、实验步骤

① 准备 6 个干的编好号的 125mL 锥形瓶(带塞)。按记录表格中所规定的浓度配制 50mL 醋酸溶液,注意随时盖好瓶塞,以防醋酸挥发。

② 将 120℃下烘干的活性炭(本实验不宜用骨炭)装在称量瓶中,瓶里放上小勺,用差减法称取活性炭各约 1g(准确到 0.001g)放于锥形瓶中。塞好瓶塞,在振荡器上振荡半小时,或在不时用手摇动下放置 1h。

③ 使用颗粒活性炭时,可直接从锥形瓶里取样分析。如果是粉状性活性炭,则应过滤,弃去最初 10mL 滤液。按记录表规定的体积取样,用 $0.1mol\cdot L^{-1}$ 标准碱溶液滴定。

④ 活性炭吸附醋酸是可逆吸附。使用过的活性炭可用蒸馏水浸泡数次,烘干后回收利用。

五、注意事项

① 温度及气压不同,得出的吸附常数不同。

② 使用的仪器须干燥无水;注意密闭,防止与空气接触影响活性炭对醋酸的吸附。

③ 滴定时注意观察终点的到达。

④ 在浓的 HAc 溶液中，应该在操作过程中防止 HAc 的挥发，以免引起较大的误差。

⑤ 本实验溶液配制用不含 CO_2 的蒸馏水进行。

六、实验记录与处理

① 将实验数据记录到表 2-26。

② 由平衡浓度 c 及初始浓度 c_0，按公式：$\Gamma=(c_0-c)V/m$ 计算吸附量，式中，V 为溶液总体积，单位为 L；m 为活性炭的质量，单位为 g。

③ 作吸附量 Γ 对平衡浓度 c 的等温线。

④ 以 $\lg\Gamma$ 对 $\lg c$ 作图，从所得直线的斜率和截距可求得式（1）中的常数 n 和 k。

⑤ 计算 c/Γ，作 c/Γ-c 图，由图求得 Γ_∞，将 Γ_∞ 值用虚线作一水平线在 Γ-c 图上。这一虚线即是吸附量 Γ 的渐近线。

⑥ 由 Γ_∞ 根据式（5）计算活性炭的比表面积。

表 2-26　实验数据记录

实验温度：　　　　大气压：

编号	1	2	3	4	5	6
0.4mol/L HAc 的用量/mL	50	25	15	7.5	4	2
水的用量/mL	0	25	35	42.5	46	48
活性炭量/g						
醋酸初浓度/(mol/L)						
滴定时取样量/mL	5	10	25	25	25	25
滴定耗碱量/mL						
醋酸平衡浓度/(mol/L)						

七、思考题

① 吸附作用与哪些因素有关？固体吸附剂吸附气体与从溶液中吸附溶质有何不同？

② 试比较弗罗因德利希吸附公式与兰缪尔吸附公式的优缺点？

③ 如何加快吸附平衡的到达？如何判定平衡已经到达？

④ 讨论本实验中引入误差的主要因素？

实验四十九　凝固点降低法测定相对分子质量

一、实验目的

① 测定溶液的凝固点降低值，计算萘的摩尔质量。

② 掌握溶液凝固点的测定技术，加深对稀溶液依数性的理解。

③ 掌握精密数字温度（温差）测量仪的使用方法。

二、实验原理

当稀溶液凝固析出纯固体溶剂时，则溶液的凝固点低于纯溶剂的凝固点，其降低值与溶液的质量摩尔浓度成正比。即：

$$\Delta T_f = T_f^* - T_f = K_f m \tag{1}$$

式(1) 中，T_f^* 为纯溶剂的凝固点，T_f 为溶液的凝固点，m 为溶液的质量摩尔浓度，单位为 $mol \cdot kg^{-1}$，K_f 为溶剂的质量摩尔凝固点降低常数，单位为 $K \cdot mol^{-1} \cdot kg^{-1}$，它的数值仅与溶剂的性质有关。环己烷 $K_f = 20.0K \cdot mol^{-1} \cdot kg^{-1}$。

若称取一定量的溶质 W_B 和溶剂 W_A，配成稀溶液，则此溶液的质量摩尔浓度为：

$$m = \frac{W_B}{M_B W_A} \tag{2}$$

式中，M_B 为溶质 B 的摩尔质量，单位为 $kg \cdot mol^{-1}$。将该式代入式(1)，整理得：

$$M_B = K_f \frac{W_B}{\Delta T_f W_A} \tag{3}$$

若已知某溶剂的凝固点降低常数 K_f 值，通过实验测定此溶液的凝固点降低值 ΔT_f，即可计算溶质的摩尔质量 M_B。

通常测凝固点的方法是将溶液逐渐冷却，但冷却到凝固点，并不析出晶体，往往成为过冷溶液。然后由于搅拌或加入晶种促使溶剂结晶，由结晶放出的凝固热，使体系温度回升，当放热与散热达到平衡时，温度不再改变。此固液两相共存的平衡温度即为溶液的凝固点。但过冷太厉害或寒剂温度过低，则凝固热抵偿不了散热，此时温度不能回升到凝固点，在温度低于凝固点时完全凝固，就得不到正确的凝固点。从相律看，溶剂与溶液的冷却曲线形状不同。对纯溶剂两相共存时，条件自由度 $f^* = 1 - 2 + 1 = 0$，冷却曲线出现水平线段，其形状如图 2-68(1) 所示。对溶液两相共存时，条件自由度 $f^* = 2 - 2 + 1 = 1$，温度仍可下降，但由于溶剂凝固时放出凝固热，使温度回升，但回升到最高点又开始下降，所以冷却曲线不出现水平线段，如图 2-68(2) 所示。由于溶剂析出后，剩余溶液浓度变大，显然回升的最高温度不是原浓度溶液的凝固点，严格的做法应作冷却曲线，并加以校正。但由于冷却曲线不易测出，而真正的平衡浓度又难于直接测定，实验总是用稀溶液，并控制条件使其晶体析出量很少，所以以起始浓度代替平衡浓度，对测定结果不会产生显著影响。

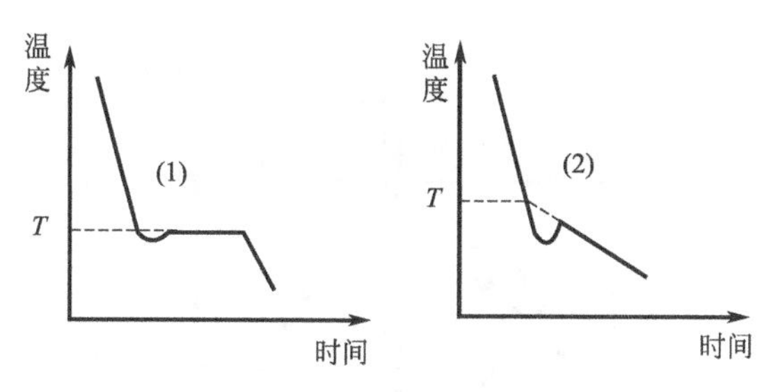

图 2-68 溶剂与溶液的冷却曲线

本实验测纯溶剂与溶液凝固点之差，由于差值较小，所以测温需用较精密的仪器，本实验使用数字式贝克曼温度计。

三、实验仪器与试剂

1. 实验仪器

烧杯 2 个（1000mL），数字式贝克曼温度计 1 套，普通温度计（0～50℃）1 支，压片机 1 台，吸耳球 1 个，移液管（20mL）1 根。

2. 试剂

萘丸（分析纯），环己烷（分析纯）。

四、实验步骤

(1) 仪器安装　将仪器按图 2-69 安装好，取自来水注入冰浴槽中（水量以注至浴槽体积 2/3 为宜），然后加入冰屑以保持水温在 3～5℃。

(2) 纯溶剂环己烷凝固点的测定

① 纯溶剂环己烷近似凝固点的测定　用移液管取 50mL 环己烷注入冷冻管并浸入水浴中，不断搅拌该液，使之逐渐冷却，当有固体开始析出时，停止搅拌，擦去冷冻管外的水，移到空气浴的外套管中，再一起插入冰水浴中，缓慢搅拌该液，同时观察数字式贝克曼温度计读数，当温度稳定后，记下读数，即为环己烷的近似凝固点。

② 纯溶剂环己烷精确凝固点的测定　取出冷冻管，温热之，使环己烷的结晶全部融化。再次将冷冻管插入冰水浴中，缓慢搅拌，使之逐渐冷却，并观察温度计温度，当环己烷液的温度降至高于近似凝固点的 0.5℃时，迅速取出冷冻管，擦去水后插入空气套管中，并缓慢搅拌（每秒 1 次），使环己烷温度均匀地逐渐降低。当温度低于近似凝固点 0.2-0.3℃时应急速搅拌（防止过冷超过 0.5℃），促使固体析出。当固体析出时，温度开始回升，立即改为缓慢搅拌，一直到温度达到最高点，此时记下的温度即为纯溶剂的精确凝固点。

重复 3 次取其平均值。

(3) 溶液的凝固点的测定　取出冷冻管，温热之，使环己烷结晶融化。取 0.114g 的萘片由加样口投入冷冻管内的环己烷液中，待萘全部溶解后，依（2）的步骤测定溶液的近似凝固点与精确凝固点，重复 3 次，取平均值，再加 0.120g，

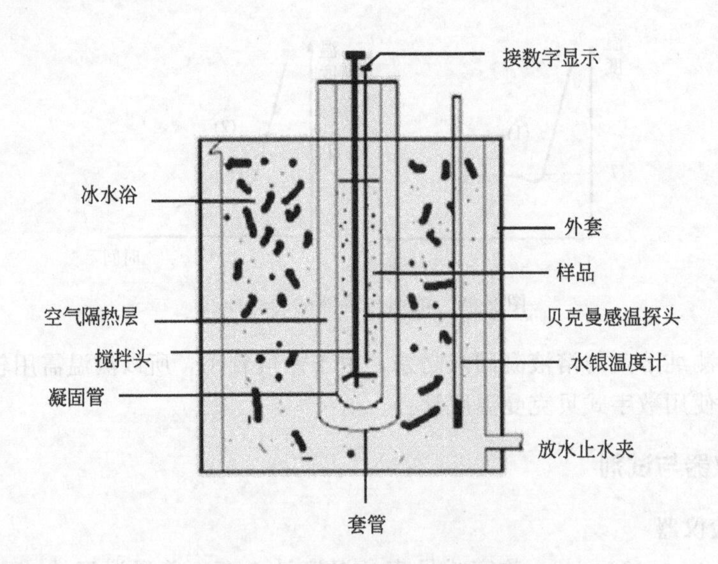

图 2-69 凝固点降低实验装置

按同样的方法，测另一浓度的凝固点。

五、注意事项

① 搅拌速度的控制是做好本实验的关键，每次测定应按要求的速度搅拌，并且测溶剂与溶液凝固点时搅拌条件要完全一致。

② 寒剂温度对实验结果也有很大影响，过高会导致冷却太慢，过低则测不出正确的凝固点。

③ 凝固点的确定较为困难。先测一个近似凝固点，精确测量时，在接近近似凝固点时，降温速度要减慢，到凝固点时快速搅拌。

④ 实验所用的内套管必须洁净、干燥。

⑤ 冷却过程中的搅拌要充分，但不可使搅拌桨超出液面，以免把样品溅在器壁上。

六、实验记录与处理

① 将实验数据列入表 2-27 中。

② 由所得数据计算萘的摩尔质量，并计算与理论值的相对误差。

表 2-27 实验数据记录表

物质	质量/g	凝固点/℃			凝固点降低值/℃
		测量值		平均值	
环己烷		1			
		2			
		3			

续表

物质	质量/g	凝固点/℃			凝固点降低值/℃
		测量值		平均值	
萘		1			
		2			
		3			
		1			
		2			
		3			

七、思考题

① 什么叫凝固点？凝固点降低公式在什么条件下才适用？它能否用于电解质溶液？
② 为什么会产生过冷现象？如何控制过冷程度？
③ 为什么要使用空气夹套？过冷太甚有何弊病？
④ 为什么要先测近似凝固点？
⑤ 根据什么原则考虑加入溶质的量，太多或太少影响如何？
⑥ 当溶质在溶液中有解离、缔合、溶剂化或形成配合物时，测定的结果有何意义？

实验五十　乙酸乙酯皂化反应速率常数的测定

一、实验目的

① 通过电导法测定乙酸乙酯皂化反应速率常数和活化能。
② 了解二级反应的特点，学会用图解法求出二级反应速率常数。
③ 熟悉电导率仪的使用方法。

二、实验原理

乙酸乙酯皂化反应是一个典型的二级反应，反应关系式为：

$$CH_3COOC_2O_5+OH^- \longrightarrow CH_3COO^-+C_2H_5OH$$

设反应物乙酸乙酯与碱的起始浓度相同，则反应速率方程为：

$$-\frac{dc}{dt}=kc^2$$

积分后可得反应速率常数表达式：

$$k=\frac{1}{tc_0}\times\frac{c_0-c}{c}$$

式中，c_0 为反应物的起始浓度；c 为反应进行中任一时刻反应物的浓度。为求得某温度下 k 值，需知该温度下反应过程中任一时刻 t 的浓度 c。测定这一浓度的方法很多，本实验采用电导法。

本实验中乙酸乙酯和乙醇不具有明显的导电性，它们的浓度变化不致影响电导的数值。反应中 Na^{+} 的浓度始终不变，它对溶液的电导具有固定的贡献，而与电导的变化无关。体系中 OH^{-} 和 CH_3COO^{-} 的浓度变化对电导的影响较大，由于 OH^{-} 的迁移速率约是 CH_3COO^{-} 的五倍，所以溶液的电导随着 OH^{-} 的消耗而逐渐降低。因此可以通过测定反应过程中溶液的电导追踪反应历程。

$$k=\frac{1}{tc_0}\times\frac{G_0-G_t}{G_t-G_\infty}$$

利用作图法或计算法均可求此反应的速率常数 k。

三、实验仪器与试剂

1. 实验仪器

恒温槽，电导仪，锥形瓶（250mL），停表，烧杯（250mL），移液管（25mL），容量瓶（100mL）。

2. 试剂

NaOH 溶液（$0.01\,mol\cdot L^{-1}$，$0.02\,mol\cdot L^{-1}$），$CH_3COOC_2H_5$ 溶液（$0.02mol\cdot L^{-1}$），CH_3COONa 溶液（$0.01mol\cdot L^{-1}$）。

四、实验步骤

① 打开恒温水浴的“搅拌”和“电源”两个开关，设置温度为35℃，预热电导仪。在两个锥形瓶中分别取 $0.02mol\cdot L^{-1}$ NaOH 和 $CH_3OOC_2H_5$ 各25mL，恒温10min，快速在电导池中混合均匀（倒入溶液时计时），测量不同时刻的 G_t。从 $t=0$ 起2min后记第一个数据，以后每2min读一次，测30min。

② 取适量的 $0.01mol\cdot L^{-1}$ NaOH 溶液注入干燥的双叉管中，插入电极，溶液液面必须浸没铂黑电极。置于恒温槽中恒温15min，待恒温后测其电导，此值即为 G_0。记下数据。取 $0.01mol\cdot L^{-1}$ CH_3COONa 约60mL，恒温10min，测定35℃时的 G_∞；取 $0.02mol\cdot L^{-1}$ NaOH 50mL，稀释定容100mL，恒温测 G_0，然后用前述溶液在45℃测 G_∞ 与 G_0。

③ 在45℃重复按上述步骤进行实验，测 G_t。

五、实验记录与数据处理

实验记录见表2-28。

表 2-28　实验记录　　$G_0=$　　$T=$　　℃

t/min									
$G_t\times10^{-1}$/S									
G_0-G_t									
$(G_0-G_t)/t$									

① 利用表中数据以 G_t 对 $(G_0-G_t)/t$ 作图，求两温度下的 k 值。

② 利用所作之图求两温度下的 G_∞。

③ 求此反应在 25℃和 35℃时的半衰期 $t_{1/2}$。

六、注意事项

① 电极的引线不能潮湿，否则将测不准。

② 注意每次测量之前都应该校正。

③ 进行实验时，溶液面必须浸没电极，实验完毕，一定要用蒸馏水把电极冲洗干净并放入去离子水中保存。

七、思考题

① 为什么以 0.01mol/L 的 NaOH 溶液和 0.01mol/L 的 CH_3COONa 溶液测得的电导，就可以认为是 G_0 和 G_∞。

② 为什么本实验要在恒温条件下进行？而且 NaOH 溶液和 $CH_3COOC_2H_5$ 溶液在混合前还要预先恒温？

③ 如何从实验结果来验证乙酸乙酯皂化反应为二级反应？

附录

附录 1　不同温度下水的饱和蒸气压

单位：kPa

t/℃	0	1	2	3	4	5	6	7	8	9
0	0.61129	0.65716	0.70605	0.75813	0.81359	0.87260	0.93537	1.0021	1.0730	1.1482
10	1.2281	1.3129	1.4027	1.4979	1.5988	1.7056	1.8185	1.9380	2.0644	2.1978
20	2.3388	2.4877	2.6447	2.8104	2.9850	3.1690	3.3629	3.5670	3.7818	4.0078
30	4.2455	4.4953	4.7578	5.0335	5.3229	5.6267	5.9453	6.2795	6.6298	6.6299
40	7.3814	7.7840	8.2054	8.6463	9.1075	9.5898	10.094	10.620	11.171	11.745
50	12.344	12.970	13.623	14.303	15.012	15.752	16.522	17.324	18.159	19.028
60	19.932	20.873	21.851	22.868	23.925	25.022	26.163	27.347	28.576	29.852
70	31.176	32.549	33.972	35.448	36.978	38.563	40.205	41.905	43.665	45.487
80	47.373	49.324	51.342	53.428	55.585	57.815	60.119	62.499	64.958	67.496
90	70.117	72.823	75.614	78.494	81.465	84.529	87.688	90.945	94.301	97.759
100	101.32	104.99	108.77	112.66	116.67	120.79	125.03	129.39	133.88	138.50
110	143.24	148.12	153.13	158.29	163.58	169.02	174.61	180.34	186.23	192.28
120	198.48	204.85	211.38	218.09	224.96	232.01	239.24	246.66	254.25	262.04
130	270.02	278.20	286.57	295.15	303.93	312.93	322.14	331.57	341.22	351.09
140	361.19	371.51	382.11	392.92	403.98	415.29	426.85	438.67	450.75	463.10
150	475.72	488.61	501.78	515.23	528.96	542.99	557.32	571.94	586.87	602.11
160	617.66	633.53	649.73	666.25	683.10	700.29	717.84	735.70	753.94	772.52
170	791.47	810.78	830.47	850.53	870.98	891.80	913.03	934.64	956.66	979.09
180	1001.9	1025.2	1048.9	1073.0	1097.5	1122.5	1147.9	1173.8	1200.1	1226.9
190	1254.2	1281.9	1310.1	1338.8	1368.0	1397.6	1427.8	1458.5	1489.7	1521.4
200	1553.6	1586.4	1619.7	1653.6	1688.0	1722.9	1758.4	1794.5	1831.1	1868.4
210	1906.2	1944.6	1983.6	2023.2	2063.4	2104.2	2145.7	2187.8	2230.5	2273.8
220	2317.8	2362.5	2407.8	2453.8	2500.5	2547.9	2595.9	2644.6	2694.1	2744.2
230	2795.1	2846.7	2899.0	2952.1	3005.9	3060.4	3115.7	3171.8	3228.6	3286.3

续表

t/℃	0	1	2	3	4	5	6	7	8	9
240	3344.7	3403.9	3463.9	3524.7	3586.3	3648.8	3712.1	3776.2	3841.2	3907.0
250	3973.6	4041.2	4109.6	4178.9	4249.1	4320.2	4392.2	4465.1	4539.0	4613.7
260	4689.4	4766.1	4843.7	4922.3	5001.8	5082.3	5163.8	5246.3	5329.8	5414.3
270	5499.9	5586.4	5674.0	5762.7	5852.4	5943.1	6035.0	6127.9	6221.9	6317.0
280	6413.2	6510.5	6608.9	6708.5	6809.2	6911.1	7014.1	7118.3	7223.7	7330.2
290	7438.0	7547.0	7657.2	7768.6	7881.3	7995.2	8110.3	8226.8	8344.5	8463.5
300	8583.8	8705.4	8828.3	8952.6	9078.2	9205.1	9333.4	9463.1	9594.2	9762.7
310	9860.5	9995.8	10133	10271	10410	10551	10694	10838	10984	11131
320	11279	11429	11581	11734	11889	12046	12204	12364	12525	12688
330	12852	13019	13187	13357	13528	13701	13876	14053	14232	14412
340	14594	14778	14964	15152	15342	15533	15727	15922	16120	16320
350	16521	16725	16931	17138	17348	17561	17775	17992	18211	18432
360	18655	18881	19110	19340	19574	19809	20048	20289	20533	20780

附录 2 一些无机化合物的溶解度

单位：g/100mLH_2O

化合物	溶解度	T/℃	化合物	溶解度	T/℃
Ag_2O	0.0013	20	LiCl	63.7	0
BaO	3.48	20	$LiCl \cdot H_2O$	86.2	20
$BaO_2 \cdot 8H_2O$	0.168	—	NaCl	35.7	0
As_2O_3	3.7	20	$NaOCl \cdot 5H_2O$	29.3	0
As_2O_5	150	16	KCl	23.8	20
LiOH	12.8	20	$KCl \cdot MgCl_2 \cdot 6H_2O$	64.5	19
NaOH	42	0	$MgCl_2 \cdot 6H_2O$	167	20
KOH	107	15	$CaCl_2$	74.5	20
$Ca(OH)_2$	0.185	0	$CaCl_2 \cdot 6H_2O$	279	0
$Ba(OH)_2 \cdot 8H_2O$	5.6	15	$BaCl_2$	37.5	26
$Ni(OH)_2$	0.013	—	$BaCl_2 \cdot 6H_2O$	58.7	100
BaF_2	0.12	25	$AlCl_3$	69.9	15
AlF_3	0.559	25	$SnCl_2$	83.9	0
AgF	182	15.5	$CuCl_2 \cdot 2H_2O$	110.4	0
NH_4F	100	0	$ZnCl_2$	432	25
$(NH_4)SiF_6$	18.6	17	$CdCl_2$	140	20

续表

化合物	溶解度	T/℃	化合物	溶解度	T/℃
$CdCl_2 \cdot 2.5H_2O$	168	20	$Ba(NO_3)_2 \cdot H_2O$	63	20
$HgCl$	6.9	20	$Al(NO_3)_3 \cdot 9H_2O$	63.7	25
$[Cr(H_2O)_4Cl_2] \cdot 2H_2O$	58.5	25	$Pb(NO_3)_2$	37.65	0
$MnCl_2 \cdot 4H_2O$	151	8	$Cu(NO_3)_2 \cdot 6H_2O$	243.7	0
$FeCl_2 \cdot 4H_2O$	160.1	10	$AgNO_3$	122	0
$FeCl_3 \cdot 6H_2O$	91.9	20	$Zn(NO_3)_2 \cdot 6H_2O$	184.3	20
$CoCl_3 \cdot 6H_2O$	76.7	0	$Cd(NO_3)_2 \cdot 4H_2O$	215	40
$MnSO_4 \cdot 6H_2O$	147.4	—	$Mn(NO_3)_2 \cdot 4H_2O$	426.4	0
$MnSO_4 \cdot 7H_2O$	172	—	$Fe(NO_3)_2 \cdot 6H_2O$	83.5	20
$FeSO_4 \cdot H_2O$	50.9	70	$Fe(NO_3)_3 \cdot 6H_2O$	150	0
	43.6	80	$Co(NO_3)_2 \cdot 6H_2O$	133.8	0
	37.3	90	NH_4NO_3	118.3	0
$FeSO_4 \cdot 7H_2O$	15.65	0	Na_2CO_3	7.1	0
	26.5	20	$Na_2CO_3 \cdot 10H_2O$	21.52	0
	40.2	40	K_2CO_3	112	20
	48.6	50	$NiCl_2 \cdot 6H_2O$	254	20
$Fe_2(SO_4)_3 \cdot 9H_2O$	440	—	NH_4Cl	29.7	0
$CoSO_4 \cdot 7H_2O$	60.4	3	$NaBr \cdot 2H_2O$	79.5	0
$NiSO_4 \cdot 6H_2O$	62.52	0	KBr	53.48	0
$NiSO_4 \cdot 7H_2O$	75.6	15.5	NH_4Br	97	25
$(NH_4)_2SO_4$	70.6	0	HIO_3	286	0
$NH_4Al(SO_4)_2 \cdot 12H_2O$	15	20	NaI	184	25
$NH_4Cr(SO_4)_2 \cdot 12H_2O$	21.2	25	$NaI \cdot 2H_2O$	31709	0
$(NH_4)_2SO_4 \cdot FeSO_4 \cdot 6H_2O$	26.9	20	KI	127.5	0
$NH_4Fe(SO_4)_2 \cdot 12H_2O$	124.0	25	KIO_3	4.74	0
$Na_2S_2O_3 \cdot 5H_2O$	79.4	0	KIO_4	0.66	15
$NaNO_2$	81.5	15	NH_4I	154.2	0
KNO_2	281	0	Na_2S	15.4	10
	413	100	$Na_2S \cdot 9H_2O$	47.5	10
$LiNO_2 \cdot 3H_2O$	34.8	0	NH_4HS	128.1	0
KNO_3	13.3	0	$Na_2SO_3 \cdot 7H_2O$	32.8	0
	247	100	$Na_2SO_4 \cdot 10H_2O$	11	0
$Mg(NO_3)_2 \cdot 6H_2O$	125			92.7	30
$Ca(NO_3)_2 \cdot 4H_2O$	266	0	$NaHSO_4$	28.6	25
$Sr(NO_3)_2 \cdot 4H_2O$	60.43	0	$Li_2SO_4 \cdot H_2O$	34.9	25

续表

化合物	溶解度	T/℃	化合物	溶解度	T/℃
$KAl(SO_4)\cdot 12H_2O$	5.9	20	NH_4CNS	128	0
	11.7	40	KCN	50	20
	17.0	50	$K_4[Fe(CN)_6]\cdot 3H_2O$	14.5	0
$KCr(SO_4)\cdot 12H_2O$	24.39	25	$K_3[Fe(CN)_6]$	33	4
$BeSO_4\cdot 4H_2O$	42.5	25	H_3PO_4	548	0
$MgSO_4\cdot 7H_2O$	71	20	$Na_3PO_4\cdot 10H_2O$	8.8	0
$CaSO_4\cdot 0.5H_2O$	0.3	20	$(NH_4)_3PO_4\cdot 3H_2O$	26.1	25
$CaSO_4\cdot 2H_2O$	0.241		$NH_4MgPO_4\cdot 6H_2O$	0.0231	0
$Al_2(SO_4)_3$	31.3	0	$Na_4P_2O_7\cdot 10H_2O$	5.41	0
$Al_2(SO_4)_3\cdot 18H_2O$	86.9	0	$Na_2HPO_4\cdot 7H_2O$	104	40
$CuSO_4$	14.3	0	H_3BO_3	6.35	20
$CuSO_4\cdot 5H_2O$	31.6	0	$Na_2B_4O_7\cdot 10H_2O$	2.01	0
$[Cu(NH_3)_4]SO_4\cdot H_2O$	18.5	21.5	$(NH_4)_2B_4O_7\cdot 4H_2O$	7.27	18
Ag_2SO_4	0.57	0	$NH_4B_5O_8\cdot 4H_2O$	7.03	18
$ZnSO_4\cdot 7H_2O$	96.5	20	K_2CrO_4	62.9	20
$3CdSO_4\cdot 8H_2O$	113	0	Na_2CrO_4	87.3	20
$HgSO_4\cdot 2H_2O$	0.003	18	$Na_2CrO_4\cdot 10H_2O$	50	10
$Cr_2(SO_4)_3\cdot 18H_2O$	120	20	$CaCrO_4\cdot 2H_2O$	16.3	20
$CrSO_4\cdot 7H_2O$	12.35	0	$(NH_4)_2CrO_4$	40.5	30
$K_2CO_3\cdot 2H_2O$	146.9	—	$Na_2Cr_2O_7\cdot 2H_2O$	238	0
$(NH_4)_2CO_3\cdot H_2O$	100	15	$K_2Cr_2O_7$	4.9	0
$NaHCO_3$	6.9	0	$(NH_4)_2Cr_2O_7$	30.8	15
NH_4HCO_3	11.9	0	$H_2MoO_4\cdot H_2O$	0.133	18
$Na_2C_2O_4$	3.7	20	$Na_2MoO_4\cdot 2H_2O$	56.2	0
$FeC_2O_4\cdot 2H_2O$	0.022		$(NH_4)_6Mo_7O_{24}\cdot 4H_2O$	43	—
$(NH_4)_2C_2O_4\cdot H_2O$	2.54	0	$Na_2WO_4\cdot 2H_2O$	41	0
$NaC_2H_3O_2$	119	0	$KMnO_4$	6.38	20
$NaC_2H_3O_2\cdot 3H_2O$	76.2	0	$Na_3AsO_4\cdot 12H_2O$	38.9	15.5
$Pb(C_2H_3O_2)_2$	44.3	20	$NH_4H_2AsO_4$	33.74	0
$Zn(C_2H_3O_2)_2\cdot 2H_2O$	31.1	20	NH_4VO_3	0.52	15
$NH_4C_2H_3O_2$	148	4	$NaVO_3$	21.1	25
$KCNS$	177.2	0			

附录 3　气体在水中的溶解度

单位：mL/100mL

气体	T/℃	溶解度	气体	T/℃	溶解度	气体	T/℃	溶解度
H_2	0	2.14	N_2	0	2.33	O_2	0	4.89
	20	0.85		40	1.42		25	3.16
CO	0	3.5	NO	0	7.34	H_2S	0	437
	20	2.32		60	2.37		40	186
CO_2	0	171.3	NH_3	0	89.9	Cl_2	10	310
	20	90.1		100	7.4		30	177
SO_2	0	22.8						

附录 4　常用酸、碱的浓度

试剂名称	密度/(g/cm^3)	质量分数/%	物质的量浓度/(mol/L)	试剂名称	密度/(g/cm^3)	质量分数/%	物质的量浓度/(mol/L)
浓硫酸	1.84	98	18.39	氢溴酸	1.38	40	6.82
稀硫酸	1.01	9	0.93	氢碘酸	1.70	57	7.58
浓盐酸	1.19	38	12.40	冰醋酸	1.05	99	17.3
稀盐酸	1.00	7	1.92	稀醋酸	1.04	30	5.2
浓硝酸	1.40	68	15.10	稀醋酸	1.00	12	2
稀硝酸	1.20	32	6.09	浓氢氧化钠	1.44	41	14.76
稀硝酸	1.10	12	2.09	稀氢氧化钠	1.10	8	2.2
浓磷酸	1.70	85	14.74	浓氨水	0.91	≈28	≈14.16
稀磷酸	1.05	9	1	稀氨水	1.00	3.5	1.94
浓高氯酸	1.67	70	11.6	氢氧化钙水溶液	≈1.01	0.15	≈0.02
稀高氯酸	1.12	19	2.1	氢氧化钡水溶液	≈1.02	2	≈0.12
浓氢氟酸	1.13	40	22.6				

附录 5 弱电解质的电离常数（离子强度等于零的稀溶液）

一、弱酸的电离常数

酸	t/℃	级数	Ka	pKa
砷酸（H_3AsO_4）	25	1	5.5×10^{-2}	1.26
	25	2	1.7×10^{-7}	6.77
	25	3	5.1×10^{-12}	11.29
亚砷酸（H_3AsO_3）	25	1	5.1×10^{-10}	9.29
正硼酸（H_3BO_3）	20	1	5.4×10^{-10}	9.27
碳酸（H_2CO_3）	25	1	4.5×10^{-7}	6.35
	25	2	4.7×10^{-11}	10.33
铬酸（H_2CrO_4）	25	1	1.8×10^{-1}	0.74
	25	2	3.2×10^{-7}	6.49
氢氰酸（HCN）	25	1	6.2×10^{-10}	9.21
氢氟酸（HF）	25	1	6.3×10^{-4}	3.20
氢硫酸（H_2S）	25	1	8.9×10^{-8}	7.05
	25	2	1×10^{-19}	19
过氧化氢（H_2O_2）	25	1	2.4×10^{-12}	11.62
次溴酸（HBrO）	18	1	2.8×10^{-9}	8.55
次氯酸（HClO）	25	1	2.95×10^{-8}	7.53
次碘酸（HIO）	25	1	3×10^{-11}	10.5
碘酸（HIO_3）	25	1	1.7×10^{-11}	0.77
亚硝酸（HNO_2）	25	1	5.6×10^{-4}	3.25
高碘酸（HIO_4）	25	1	2.3×10^{-2}	1.64
正磷酸（H_3PO_4）	25	1	6.9×10^{-3}	2.16
	25	2	6.23×10^{-8}	7.21
	25	3	4.8×10^{-13}	12.32
亚磷酸（H_3PO_3）	20	1	5×10^{-2}	1.30
	20	2	2.0×10^{-7}	6.70
焦磷酸（$H_4P_2O_7$）	25	1	1.2×10^{-1}	0.91
	25	2	7.9×10^{-3}	2.10
	25	3	2.0×10^{-7}	6.70
	25	4	4.8×10^{-10}	9.32
硒酸（H_2SeO_4）	25	2	2×10^{-2}	1.70
亚硒酸（H_2SeO_3）	25	1	2.4×10^{-3}	2.62
	25	2	4.8×10^{-9}	8.32

续表

酸	t/℃	级数	Ka	pKa
硅酸 (H_2SiO_3)	30	1	1×10^{-10}	10.00
	30	2	2×10^{-12}	11.70
硫酸(H_2SO_4)	25	2	1.0×10^{-2}	2.00
亚硫酸(H_2SO_3)	25	1	1.4×10^{-2}	1.85
	25	2	6×10^{-8}	7.22
甲酸(HCOOH)	20	1	1.77×10^{-4}	3.75
醋酸(HAC)	25	1	1.76×10^{-5}	4.75
草酸 ($H_2C_2O_4$)	25	1	5.90×10^{-2}	1.23
	25	2	6.40×10^{-5}	4.19

二、弱碱的电离常数

碱	t/℃	级数	K_b	pK_b
氨水($NH_3\cdot H_2O$)	25	1	1.79×10^{-5}	4.75
氢氧化铍[$Be(OH)_2$]	25	2	5×10^{-11}	10.30
氢氧化钙 [$Ca(OH)_2$]	25	1	3.74×10^{-3}	2.43
	30	2	4.0×10^{-2}	1.40
联氨(NH_2NH_2)	20	1	1.2×10^{-6}	5.92
羟胺(NH_2OH)	25	1	8.71×10^{-9}	8.06
氢氧化铅[$Pb(OH)_2$]	25	1	9.6×10^{-4}	3.02
氢氧化银(AgOH)	25	1	1.1×10^{-4}	3.96
氢氧化锌[$Zn(OH)_2$]	25	1	9.6×10^{-4}	3.02

附录 6　溶度积

化合物	溶度积(温度/℃)	化合物	溶度积(温度/℃)
铝		碘酸钡	4.01×10^{-9}(25)
铝酸	1.1×10^{-15}(18)	二水合草酸钡 $BaC_2O_4\cdot2H_2O$	1.2×10^{-7}(18)
	3.7×10^{-15}(25)	硫酸钡	1.08×10^{-10}(25)
氢氧化铝	1.9×10^{-33}(18～20)	镉	
钡		三水合草酸镉 $CdC_2O_4\cdot3H_2O$	1.42×10^{-8}(25)
碳酸钡	2.58×10^{-9}(25)	氢氧化镉	7.2×10^{-15}(25)
铬酸钡	1.17×10^{-10}(25)	硫化镉	3.6×10^{-29}(18)
氟化钡	1.84×10^{-7}(25)	钙	
二水合碘酸钡 $Ba(IO_3)_2\cdot2H_2O$	1.67×10^{-9}(25)	碳酸钙	3.36×10^{-9}(25)

续表

化合物	溶度积(温度/℃)	化合物	溶度积(温度/℃)
氟化钙	3.45×10^{-11}(25)	镁	
六水合碘酸钙 $Ca(IO_3)_2\cdot6H_2O$	7.10×10^{-7}(25)	磷酸镁铵	2.5×10^{-13}(25)
碘酸钙	6.47×10^{-6}(25)	碳酸镁	6.82×10^{-6}(25)
草酸钙	2.32×10^{-9}(25)	氟化镁	5.16×10^{-11}(25)
一水合草酸钙 $CaC_2O_4\cdot H_2O$	2.57×10^{-9}(25)	氢氧化镁	5.61×10^{-12}(25)
硫酸钙	4.93×10^{-5}(25)	二水合草酸镁	4.83×10^{-6}(25)
钴		锰	
硫化钴(Ⅱ)α-CoS	4.0×10^{-21}(18~25)	氢氧化锰	4×10^{-14}(18)
β-CoS	2.0×10^{-25}(18~25)	硫化锰	1.4×10^{-15}(18)
铜		汞	
硫化铜	8.5×10^{-45}(18)	氢氧化汞	3.0×10^{-26}(18~25)
溴化亚铜	6.27×10^{-9}(25)	硫化汞(红)	4.0×10^{-53}(18~25)
氯化亚铜	1.72×10^{-7}(25)	硫化汞(黑)	1.6×10^{-52}(18~25)
碘化亚铜	1.27×10^{-12}(25)	氯化亚汞	1.43×10^{-18}(25)
硫化亚铜	2×10^{-47}(18~25)	碘化亚汞	5.2×10^{-29}(25)
硫氰酸亚铜	1.77×10^{-13}(25)	溴化亚汞	6.4×10^{-23}(25)
亚铁氰化铜	1.3×10^{-16}(18~25)	镍	
一水合碘酸铜	6.94×10^{-8}(25)	硫化镍(Ⅱ)α-NiS	3.2×10^{-19}(18~25)
草酸铜	4.43×10^{-10}(25)	β-NiS	1.0×10^{-24}(18~25)
铁		γ-NiS	2.0×10^{-26}(18~25)
氢氧化铁	2.79×10^{-39}(25)	银	
氢氧化亚铁	4.87×10^{-17}(18)	溴化银	5.35×10^{-13}(25)
草酸亚铁	2.1×10^{-7}(25)	碳酸银	8.46×10^{-12}(25)
硫化亚铁	3.7×10^{-19}(18)	氯化银	1.77×10^{-10}(25)
铅		铬酸银	1.2×10^{-10}(14.8)
碳酸铅	7.4×10^{-14}(25)	铬酸银	1.12×10^{-12}(25)
铬酸铅	1.77×10^{-14}(18)	重铬酸银	2×10^{-7}(25)
氟化铅	3.3×10^{-8}(25)	氢氧化银	1.52×10^{-8}(20)
碘酸铅	3.69×10^{-13}(25)	碘酸银	3.17×10^{-8}(25)
碘化铅	9.8×10^{-9}(25)	碘化银	0.32×10^{-16}(13)
草酸铅	2.74×10^{-11}(18)	碘化银	8.52×10^{-17}(25)
硫酸铅	2.53×10^{-8}(25)	硫化银	1.6×10^{-49}(18)
硫化铅	3.4×10^{-28}(18)	溴化银	5.38×10^{-5}(25)
锂		硫氰酸银	0.49×10^{-12}(18)
碳酸锂	8.15×10^{-4}(25)	硫氰酸银	1.03×10^{-12}(25)

续表

化合物	溶度积(温度/℃)	化合物	溶度积(温度/℃)
锶		铬酸锶	2.2×10^{-5}(18～25)
碳酸锶	5.60×10^{-10}(25)	锌	
氟化锶	4.33×10^{-9}(25)	氢氧化锌	3×10^{-17}(25)
草酸锶	5.61×10^{-8}(25)	草酸锌 $ZnC_2O_4\cdot2H_2O$	1.38×10^{-9}(25)
硫酸锶	3.44×10^{-7}(25)	硫化锌	1.2×10^{-23}(18)

附录 7 常见沉淀物的 pH

一、金属氢氧化物沉淀的 pH（包括形成氢氧配离子的大约值）

氢氧化物	开始沉淀的 pH 初浓度$[M^{n+}]$		沉淀完成时的 pH	沉淀开始溶解的 pH	沉淀完全溶解的 pH
	$1mol\cdot L^{-1}$	$0.01mol\cdot L^{-1}$			
$Sn(OH)_4$	0	0.5	1	13	15
$TiO(OH)_2$	0	0.5	2.0	—	—
$Sn(OH)_2$	0.9	2.1	4.7	10	13.5
$ZrO(OH)_2$	1.3	2.3	3.8	—	—
HgO	1.5	2.4	5.0	11.5	—
$Fe(OH)_3$	3.3	2.3	4.1	14	—
$Al(OH)_3$	4.0	4.0	5.2	7.8	10.8
$Cr(OH)_3$	5.2	4.9	6.8	12	15
$Be(OH)_2$	5.4	6.2	8.8	—	—
$Zn(OH)_2$	6.2	6.4	8.0	10.5	12～13
Ag_2O	6.5	8.2	11.2	12.7	—
$Fe(OH)_2$	6.6	7.5	9.7	13.5	—
$Co(OH)_2$	6.7	7.6	9.2	14.1	—
$Ni(OH)_2$	7.2	7.7	9.5	—	—
$Cd(OH)_2$	7.8	8.2	9.7	—	—
$Mn(OH)_2$	9.4	8.8	10.4	14	—
$Mg(OH)_2$	—	10.4	12.4	—	—
$Pb(OH)_2$	—	7.2	8.7	10	13
$Ce(OH)_4$	—	0.8	1.2	—	—
$Th(OH)_4$	—	0.5	—	—	—
$Tl(OH)_3$	—	≈0.6	≈1.6	—	—
H_2WO_4	—	≈0	≈0	—	—
H_2MoO_4	—			≈8	≈9
H_2UO_4	—	3.6	5.1	—	—

二、沉淀金属硫化物的 pH

pH	被 H_2S 所沉淀的金属
1	Cu,Ag,Hg,Pb,Bi,Cd,Rh,Pd,Os
	As,Au,Pt,Sb,Ir,Ge,Se,Te,Mo
2~3	Zn,Ti,In,Ga
5~6	Co,Ni
>7	Mn,Fe

三、溶液中硫化物能沉淀时的盐酸最高浓度

硫化物	Ag_2S	HgS	CuS	Sb_2S_3	Bi_2S_3	SnS_2	CdS
盐酸浓度/$mol \cdot L^{-1}$	12	7.5	7.0	3.7	2.5	2.3	0.7
硫化物	PbS	SnS	ZnS	CoS	NiS	FeS	MnS
盐酸浓度/$mol \cdot L^{-1}$	0.35	0.30	0.02	0.001	0.001	0.0001	0.00008

附录 8 某些离子和化合物的颜色

一、离子

1. 无色离子

Na^+、K^+、$NH_4{}^+$、Mg^{2+}、Ca^{2+}、Sr^{2+}、Ba^{2+}、Al^{3+}、Sn^{2+}、Sn^{4+}、Pb^{2+}、Bi^{3+}、Ag^+、Zn^{2+}、Cd^{2+}、Hg^{2+}等阳离子。

$B(OH)_4^-$、$B_4O_7^{2-}$、$C_2O_4^{2-}$、Ac^-、CO_3^{2-}、SiO_3^{2-}、NO_3^-、NO_2^-、PO_4^{3-}、AsO_3^{3-}、AsO_4^{3-}、$[SbCl_6]^{3-}$、$[SbCl_6]^-$、SO_3^{2-}、SO_4^{2-}、S^{2-}、$S_2O_3^{2-}$、F^-、Cl^-、ClO_3^-、Br^-、BrO_3^-、I^-、SCN^-、$[CuCl_2]^-$、TiO^{2+}、VO_3^-、VO_4^{3-}、MoO_4^{2-}、WO_4^{2-} 等阴离子。

2. 有色离子

离子	$[Cu(H_2O)_4]^{2+}$	$[CuCl_4]^{2-}$	$[Cu(NH_3)_4]^{2+}$
颜色	浅蓝色	黄色	深蓝色
离子	$[Ti(H_2O)_6]^{3+}$	$[Ti(H_2O)_4]^{2+}$	$[TiO(H_2O_2)]^{2+}$
颜色	紫色	绿色	橘黄色
离子	$[V(H_2O)_6]^{2+}$	$[V(H_2O)_6]^{3+}$	VO^{2+}
颜色	紫色	绿色	蓝色
离子	$VO_2{}^+$	$[VO_2(O_2)_2]^{3-}$	$[V(O_2)]^{3+}$
颜色	浅黄色	黄色	深红色

续表

离子	$[Cr(H_2O)_6]^{2+}$	$[Cr(H_2O)_6]^{3+}$	$[Cr(H_2O)_5Cl]^{2+}$
颜色	蓝色	紫色	浅绿色
离子	$[Cr(H_2O)_4Cl_2]^{+}$	$[Cr(NH_3)_2(H_2O)_4]^{3+}$	$[Cr(NH_3)_3(H_2O)_3]^{3+}$
颜色	暗绿色	紫红色	浅红色
离子	$[Cr(NH_3)_4(H_2O)_2]^{3+}$	$[Cr(NH_3)_5(H_2O)_3]^{2+}$	$[Cr(NH_3)_6]^{3+}$
颜色	橙红色	橙黄色	黄色
离子	CrO_2^{-}	CrO_4^{2-}	$Cr_2O_7^{2-}$
颜色	绿色	黄色	橙色
离子	$[Mn(H_2O)_6]^{2+}$	MnO_4^{2-}	MnO_4^{-}
颜色	肉色	绿色	紫红色
离子	$[Fe(H_2O)_6]^{2+}$	$[Fe(H_2O)_6]^{3+}$	$[Fe(CN)_6]^{4-}$
颜色	浅绿色	淡紫色	黄色
离子	$[Fe(CN)_6]^{3-}$	$[Fe(NCS)_n]^{3-n}$	$[Co(H_2O)_6]^{2+}$
颜色	浅橘黄色	血红色	粉红色
离子	$[Co(NH_3)_6]^{2+}$	$[Co(NH_3)_6]^{3+}$	$[CoCl(NH_3)_5]^{2+}$
颜色	黄色	橙黄色	红紫色
离子	$[Co(NH_3)_5(H_2O)]^{3+}$	$[Co(NH_3)_4CO_3]^{+}$	$[Co(CN)_6]^{3-}$
颜色	粉红色	紫红色	紫色
离子	$[Co(SCN)_4]^{2-}$	$[Ni(H_2O)_6]^{2+}$	$[Mn(NH_3)_6]^{2+}$
颜色	蓝色	亮绿色	蓝色

二、化合物

1. 氧化物

氧化物	CuO	Cu_2O	Ag_2O	ZnO	CdO	Hg_2O	HgO
颜色	黑色	暗红色	暗棕色	白色	棕红色	黑褐色	红色或黄色
氧化物	TiO_2	VO	V_2O_3	VO_2	V_2O_5	Cr_2O_3	CrO_3
颜色	白色	亮灰色	黑色	深蓝色	红棕色	绿色	红色
氧化物	MnO_2	MoO_2	WO_2	FeO	Fe_2O_3	Fe_3O_4	CoO
颜色	棕褐色	铅灰色	棕红色	黑色	砖红色	黑色	灰绿色
氧化物	Co_2O_3	NiO	Ni_2O_3	PbO	Pb_3O_4		
颜色	黑色	暗绿色	黑色	黄色	红色		

2. 氢氧化物

氢氧化物	$Zn(OH)_2$	$Pb(OH)_2$	$Mg(OH)_2$	$Sn(OH)_2$	$Sn(OH)_4$	$Mn(OH)_2$	$Fe(OH)_2$
颜色	白色	白色	白色	白色	白色	白色	白色或苍绿色

续表

2. 氢氧化物

氢氧化物	$Fe(OH)_3$	$Cd(OH)_2$	$Al(OH)_3$	$Bi(OH)_3$	$Sb(OH)_3$	$Cu(OH)_2$	$Cu(OH)$
颜色	红棕色	白色	白色	白色	白色	浅蓝色	黄色
氢氧化物	$Ni(OH)_2$	$Ni(OH)_3$	$Co(OH)_2$	$Co(OH)_3$	$Cr(OH)_3$		
颜色	浅绿色	黑色	粉红色	褐棕色	灰绿色		

3. 氯化物

氯化物	$AgCl$	Hg_2Cl_2	$PbCl_2$	$CuCl$	$CuCl_2$	$CuCl_2 \cdot 2H_2O$
颜色	白色	白色	白色	白色	棕色	蓝色
氯化物	$Hg(NH_2)Cl$	$CoCl_2$	$CoCl_2 \cdot H_2O$	$CoCl_2 \cdot 2H_2O$	$CoCl_2 \cdot 6H_2O$	$FeCl_3 \cdot 6H_2O$
颜色	白色	蓝色	蓝紫色	紫红色	粉红色	黄棕色
氯化物	$TiCl_3 \cdot 6H_2O$	$TiCl_2$				
颜色	紫色或绿色	黑色				

4. 溴化物

溴化物	$AgBr$	$AsBr$	$CuBr_2$
颜色	淡黄色	浅黄色	黑紫色

5. 碘化物

碘化物	AgI	Hg_2I_2	HgI_2	PbI_2	CuI	SbI_3
颜色	黄色	黄绿色	红色	黄色	白色	红黄色
碘化物	BiI_3	TiI_4				
颜色	绿黑色	暗棕色				

6. 卤酸盐

卤酸盐	$Ba(IO_3)_2$	$AgIO_3$	$KClO_4$	$AgBrO_3$
颜色	白色	白色	白色	白色

7. 硫化物

硫化物	Ag_2S	HgS	PbS	CuS	Cu_2S	FeS
颜色	灰黑色	红色或黑色	黑色	黑色	黑色	棕黑色
硫化物	Fe_2S_3	CoS	NiS	Bi_2S_3	SnS	SnS_2
颜色	黑色	黑色	黑色	黑褐色	褐色	金黄色
硫化物	CdS	Sb_2S_3	Sb_2S_5	MnS	ZnS	As_2S_3
颜色	黄色	橙色	橙红色	肉色	白色	黄色

8. 硫酸盐

硫酸盐	Ag_2SO_4	Hg_2SO_4	$PbSO_4$	$CaSO_4 \cdot 2H_2O$	$SrSO_4$
颜色	白色	白色	白色	白色	白色
硫酸盐	$BaSO_4$	$[Fe(NO)]SO_4$	$Cu_2(OH)_2SO_4$	$CuSO_4 \cdot 5H_2O$	$CuSO_4 \cdot 7H_2O$
颜色	白色	深棕色	浅蓝色	蓝色	红色
硫酸盐	$Cu_2(SO_4)_3 \cdot 18H_2O$	$KCr(SO_4)_2 \cdot 12H_2O$			
颜色	蓝紫色	紫色			

续表

9. 碳酸盐

碳酸盐	Ag_2CO_3	$CaCO_3$	$SrCO_3$	$BaCO_3$	$MnCO_3$
颜色	白色	白色	白色	白色	白色
碳酸盐	$CdCO_3$	$Zn_2(OH)_2CO_3$	$BiOHCO_3$	$Hg_2(OH)_2CO_3$	$Co_2(OH)_2CO_3$
颜色	白色	白色	白色	红褐色	白色
碳酸盐	$Cu_2(OH)_2CO_3$	$Ni_2(OH)_2CO_3$			
颜色	暗绿色	浅绿色			

10. 磷酸盐

磷酸盐	Ca_3PO_4	$CaHPO_3$	$Ba_3(PO_4)_2$	$FePO_4$	Ag_3PO_4	NH_4MgPO_4
颜色	白色	白色	白色	浅黄色	黄色	白色

11. 铬酸盐

铬酸盐	Ag_2CrO_4	$PbCrO_4$	$BaCrO_4$	$FeCrO_4 \cdot 2H_2O$
颜色	砖红色	黄色	黄色	黄色

12. 硅酸盐

硅酸盐	$BaSiO_3$	$CuSiO_3$	$CoSiO_3$	$Fe_2(SiO_3)_3$	$MnSiO_3$	$NiSiO_3$	$ZnSiO_3$
颜色	白色	蓝色	紫色	棕红色	肉色	翠绿色	白色

13. 草酸盐

草酸盐	CaC_2O_4	$Ag_2C_2O_4$	$FeC_2O_4 \cdot 2H_2O$
颜色	白色	白色	黄色

14. 类卤化合物

类卤化合物	AgCN	$Ni(CN)_2$	$Cu(CN)_2$	CuCN	AgSCN	$Cu(SCN)_2$
颜色	白色	浅绿色	浅棕黄色	白色	白色	黑绿色

15. 其他含氧酸盐

含氧酸盐	NH_4MgAsO_4	Ag_3AsO_4	$Ag_2S_2O_3$	$BaSO_3$	$SrSO_3$
颜色	白色	红褐色	白色	白色	白色

16. 其他化合物

化合物	$Fe[Fe(CN)_6]_3 \cdot 2H_2O$	$Cu_2[Fe(CN)_6]$	$Ag_3[Fe(CN)_6]$
颜色	蓝色	红褐色	橙色
化合物	$Zn_3[Fe(CN)_6]_2$	$Co_2[Fe(CN)_6]$	$Ag_4[Fe(CN)_6]$
颜色	黄褐色	绿色	白色
化合物	$Zn_2[Fe(CN)_6]$	$K_3[Co(NO_2)_6]$	$K_2Na[Co(NO_2)_6]$
颜色	白色	黄色	黄色
化合物	$(NH_4)_2Na[Co(NO_2)_6]$	$K_2[PtCl_6]$	$KHC_4H_4O_6$
颜色	黄色	黄色	白色
化合物	$Na[Sb(OH)_6]$	$Na[Fe(CN)_5NO] \cdot 2H_2O$	$NaAc \cdot Zn(Ac)_2 \cdot 3[UO_2(Ac)_2] \cdot 9H_2O$
颜色	白色	红色	黄色

续表

16. 其他化合物			
化合物	$[Hg_2O \cdot NH_2]I$（Hg—O—Hg 与 NH_2 成环）	$[(IHg)_2NH_2]I$（I—Hg、I—Hg 与 NH_2 相连）	$(NH_4)_2MoS_4$
颜色	红棕色	深褐色或红棕色	血红色

附录 9　标准电极电势

1. 在酸性溶液中（298K）

电对	方程式	E/V
Li(Ⅰ)－(0)	$Li^+ + e^- \rightleftharpoons Li$	−3.0401
Cs(Ⅰ)－(0)	$Cs^+ + e^- \rightleftharpoons Cs$	−3.026
Rb(Ⅰ)－(0)	$Rb^+ + e^- \rightleftharpoons Rb$	−2.98
K(Ⅰ)－(0)	$K^+ + e^- \rightleftharpoons K$	−2.931
Ba(Ⅱ)－(0)	$Ba^{2+} + 2e^- \rightleftharpoons Ba$	−2.912
Sr(Ⅱ)－(0)	$Sr^{2+} + 2e^- \rightleftharpoons Sr$	−2.89
Ca(Ⅱ)－(0)	$Ca^{2+} + 2e^- \rightleftharpoons Ca$	−2.868
Na(Ⅰ)－(0)	$Na^+ + e^- \rightleftharpoons Na$	−2.71
La(Ⅲ)－(0)	$La^{3+} + 3e^- \rightleftharpoons La$	−2.379
Mg(Ⅱ)－(0)	$Mg^{2+} + 2e^- \rightleftharpoons Mg$	−2.372
Ce(Ⅲ)－(0)	$Ce^{3+} + 3e^- \rightleftharpoons Ce$	−2.336
H(0)－(－Ⅰ)	$H_2(g) + 2e^- \rightleftharpoons 2H^-$	−2.23
Al(Ⅲ)－(0)	$AlF_6^{3-} + 3e^- \rightleftharpoons Al + 6F^-$	−2.069
Th(Ⅳ)－(0)	$Th^{4+} + 4e^- \rightleftharpoons Th$	−1.899
Be(Ⅱ)－(0)	$Be^{2+} + 2e^- \rightleftharpoons Be$	−1.847
U(Ⅲ)－(0)	$U^{3+} + 3e^- \rightleftharpoons U$	−1.798
Hf(Ⅳ)－(0)	$HfO^{2+} + 2H + + 4e^- \rightleftharpoons Hf + H_2O$	−1.724
Al(Ⅲ)－(0)	$Al^{3+} + 3e^- \rightleftharpoons Al$	−1.662
Ti(Ⅱ)－(0)	$Ti^{2+} + 2e^- \rightleftharpoons Ti$	−1.630
Zr(Ⅳ)－(0)	$ZrO_2 + 4H^+ + 4e^- \rightleftharpoons Zr + 2H_2O$	−1.553
Si(Ⅳ)－(0)	$[SiF_6]^{2-} + 4e^- \rightleftharpoons Si + 6F^-$	−1.24
Mn(Ⅱ)－(0)	$Mn^{2+} + 2e^- \rightleftharpoons Mn$	−1.185
Cr(Ⅱ)－(0)	$Cr^{2+} + 2e^- \rightleftharpoons Cr$	−0.913
Ti(Ⅲ)－(Ⅱ)	$Ti^{3+} + e^- \rightleftharpoons Ti^{2+}$	−0.9

续表

电对	方程式	E/V
B(Ⅲ)-(0)	$H_3BO_3+3H^++3e^-$ ══ $B+3H_2O$	-0.8698
Ti(Ⅳ)-(0)	$TiO_2+4H^++4e^-$ ══ $Ti+2H_2O$	-0.86
Te(0)-(-Ⅱ)	$Te+2H^++2e^-$ ══ H_2Te	-0.793
Zn(Ⅱ)-(0)	$Zn^{2+}+2e^-$ ══ Zn	-0.7618
Ta(Ⅴ)-(0)	$Ta_2O_5+10H^++10e^-$ ══ $2Ta+5H_2O$	-0.750
Cr(Ⅲ)-(0)	$Cr^{3+}+3e^-$ ══ Cr	-0.744
Nb(Ⅴ)-(0)	$Nb_2O_5+10H^++10e^-$ ══ $2Nb+5H_2O$	-0.644
As(0)-(-Ⅲ)	$As+3H^++3e^-$ ══ AsH_3	-0.608
U(Ⅳ)-(Ⅲ)	$U^{4+}+e^-$ ══ U^{3+}	-0.607
Ga(Ⅲ)-(0)	$Ga^{3+}+3e^-$ ══ Ga	-0.549
P(Ⅰ)-(0)	$H_3PO_2+H^++e^-$ ══ $P+2H_2O$	-0.508
P(Ⅲ)-(Ⅰ)	$H_3PO_3+2H^++2e^-$ ══ $H_3PO_2+H_2O$	-0.499
C(Ⅳ)-(Ⅲ)	$2CO_2+2H^++2e^-$ ══ $H_2C_2O_4$	-0.49
Fe(Ⅱ)-(0)	$Fe^{2+}+2e^-$ ══ Fe	-0.447
Cr(Ⅲ)-(Ⅱ)	$Cr^{3+}+e^-$ ══ Cr^{2+}	-0.407
Cd(Ⅱ)-(0)	$Cd^{2+}+2e^-$ ══ Cd	-0.4030
Se(0)-(-Ⅱ)	$Se+2H^++2e^-$ ══ $H_2Se(aq)$	-0.399
Pb(Ⅱ)-(0)	PbI_2+2e^- ══ $Pb+2I^-$	-0.365
Eu(Ⅲ)-(Ⅱ)	$Eu^{3+}+e^-$ ══ Eu^{2+}	-0.36
Pb(Ⅱ)-(0)	$PbSO_4+2e^-$ ══ $Pb+SO_4^{2-}$	-0.3588
In(Ⅲ)-(0)	$In^{3+}+3e^-$ ══ In	-0.3382
Tl(Ⅰ)-(0)	Tl^++e^- ══ Tl	-0.336
Co(Ⅱ)-(0)	$Co^{2+}+2e^-$ ══ Co	-0.28
P(Ⅴ)-(Ⅲ)	$H_3PO_4+2H^++2e^-$ ══ $H_3PO_3+H_2O$	-0.276
Pb(Ⅱ)-(0)	$PbCl_2+2e^-$ ══ $Pb+2Cl^-$	-0.2675
Ni(Ⅱ)-(0)	$Ni^{2+}+2e^-$ ══ Ni	-0.257
V(Ⅲ)-(Ⅱ)	$V^{3+}+e^-$ ══ V^{2+}	-0.255
Ge(Ⅳ)-(0)	$H_2GeO_3+4H^++4e^-$ ══ $Ge+3H_2O$	-0.182
Ag(Ⅰ)-(0)	$AgI+e^-$ ══ $Ag+I^-$	-0.15224
Sn(Ⅱ)-(0)	$Sn^{2+}+2e^-$ ══ Sn	-0.1375
Pb(Ⅱ)-(0)	$Pb^{2+}+2e^-$ ══ Pb	-0.1262
C(Ⅳ)-(Ⅱ)	$CO_2(g)+2H^++2e^-$ ══ $CO+H_2O$	-0.12
P(0)-(-Ⅲ)	$P(white)+3H^++3e^-$ ══ $PH_3(g)$	-0.063
Hg(Ⅰ)-(0)	$Hg_2I_2+2e^-$ ══ $2Hg+2I^-$	-0.0405
Fe(Ⅲ)-(0)	$Fe^{3+}+3e^-$ ══ Fe	-0.037

续表

电对	方程式	E/V
H(Ⅰ)-(0)	$2H^+ + 2e^- = H_2$	0.0000
Ag(Ⅰ)-(0)	$AgBr + e^- = Ag + Br^-$	0.07133
S(Ⅱ,Ⅳ)-(Ⅱ)	$S_4O_6^{2-} + 2e^- = 2S_2O_3^{2-}$	0.08
Ti(Ⅳ)-(Ⅲ)	$TiO^{2+} + 2H^+ + e^- = Ti^{3+} + H_2O$	0.1
S(0)-(-Ⅱ)	$S + 2H^+ + 2e^- = H_2S(aq)$	0.142
Sn(Ⅳ)-(Ⅱ)	$Sn^{4+} + 2e^- = Sn^{2+}$	0.151
Sb(Ⅲ)-(0)	$Sb_2O_3 + 6H^+ + 6e^- = 2Sb + 3H_2O$	0.152
Cu(Ⅱ)-(Ⅰ)	$Cu^{2+} + e^- = Cu^+$	0.153
Bi(Ⅲ)-(0)	$BiOCl + 2H^+ + 3e^- = Bi + Cl^- + H_2O$	0.1583
S(Ⅵ)-(Ⅳ)	$SO_4^{2-} + 4H^+ + 2e^- = H_2SO_3 + H_2O$	0.172
Sb(Ⅲ)-(0)	$SbO^+ + 2H^+ + 3e^- = Sb + H_2O$	0.212
Ag(Ⅰ)-(0)	$AgCl + e^- = Ag + Cl^-$	0.22233
As(Ⅲ)-(0)	$HAsO_2 + 3H^+ + 3e^- = As + 2H_2O$	0.248
Hg(Ⅰ)-(0)	$Hg_2Cl_2 + 2e^- = 2Hg + 2Cl^-$(饱和 KCl)	0.26808
Bi(Ⅲ)-(0)	$BiO^+ + 2H^+ + 3e^- = Bi + H_2O$	0.320
U(Ⅵ)-(Ⅳ)	$UO_2^{2+} + 4H^+ + 2e^- = U^{4+} + 2H_2O$	0.327
C(Ⅳ)-(Ⅲ)	$2HCNO + 2H^+ + 2e^- = (CN)_2 + 2H_2O$	0.330
V(Ⅳ)-(Ⅲ)	$VO^{2+} + 2H^+ + e^- = V^{3+} + H_2O$	0.337
Cu(Ⅱ)-(0)	$Cu^{2+} + 2e^- = Cu$	0.3419
Re(Ⅶ)-(0)	$ReO_4^- + 8H^+ + 7e^- = Re + 4H_2O$	0.368
Ag(Ⅰ)-(0)	$Ag_2CrO_4 + 2e^- = 2Ag + CrO_4^{2-}$	0.4470
S(Ⅳ)-(0)	$H_2SO_3 + 4H^+ + 4e^- = S + 3H_2O$	0.449
Cu(Ⅰ)-(0)	$Cu^+ + e^- = Cu$	0.521
I(0)-(-Ⅰ)	$I_2 + 2e^- = 2I^-$	0.5355
I(0)-(-Ⅰ)	$I_3^- + 2e^- = 3I^-$	0.536
As(Ⅴ)-(Ⅲ)	$H_3AsO_4 + 2H^+ + 2e^- = HAsO_2 + 2H_2O$	0.560
Sb(Ⅴ)-(Ⅲ)	$Sb_2O_5 + 6H^+ + 4e^- = 2SbO^+ + 3H_2O$	0.581
Te(Ⅳ)-(0)	$TeO_2 + 4H^+ + 4e^- = Te + 2H_2O$	0.593
U(Ⅴ)-(Ⅳ)	$UO_2^+ + 4H^+ + e^- = U^{4+} + 2H_2O$	0.612
Hg(Ⅱ)-(Ⅰ)	$2HgCl_2 + 2e^- = Hg_2Cl_2 + 2Cl^-$	0.63
Pt(Ⅳ)-(Ⅱ)	$[PtCl_6]^{2-} + 2e^- = [PtCl_4]^{2-} + 2Cl^-$	0.68
O(0)-(-Ⅰ)	$O_2 + 2H^+ + 2e^- = H_2O_2$	0.695
Pt(Ⅱ)-(0)	$[PtCl_4]^{2-} + 2e^- = Pt + 4Cl^-$	0.755
Se(Ⅳ)-(0)	$H_2SeO_3 + 4H^+ + 4e^- = Se + 3H_2O$	0.74
Fe(Ⅲ)-(Ⅱ)	$Fe^{3+} + e^- = Fe^{2+}$	0.771

续表

电对	方程式	E/V
Hg(Ⅰ)-(0)	$Hg_2^{2+}+2e^-$ ══ $2Hg$	0.7973
Ag(Ⅰ)-(0)	Ag^++e^- ══ Ag	0.7996
Os(Ⅷ)-(0)	$OsO_4+8H^++8e^-$ ══ $Os+4H_2O$	0.8
N(Ⅴ)-(Ⅳ)	$2NO_3^-+4H^++2e^-$ ══ $N_2O_4+2H_2O$	0.803
Hg(Ⅱ)-(0)	$Hg^{2+}+2e^-$ ══ Hg	0.851
Si(Ⅳ)-(0)	(quartz)$SiO_2+4H^++4e^-$ ══ $Si+2H_2O$	0.857
Cu(Ⅱ)-(Ⅰ)	$Cu^{2+}+I^-+e^-$ ══ CuI	0.86
N(Ⅲ)-(Ⅰ)	$2HNO_2+4H^++4e^-$ ══ $H_2N_2O_2+2H_2O$	0.86
Hg(Ⅱ)-(Ⅰ)	$2Hg^{2+}+2e^-$ ══ Hg_2^{2+}	0.920
N(V)-(Ⅲ)	$NO_3^-+3H^++2e^-$ ══ HNO_2+H_2O	0.934
Pd(Ⅱ)-(0)	$Pd^{2+}+2e^-$ ══ Pd	0.951
N(V)-(Ⅱ)	$NO_3^-+4H^++3e^-$ ══ $NO+2H_2O$	0.957
N(Ⅲ)-(Ⅱ)	$HNO_2+H^++e^-$ ══ $NO+H_2O$	0.983
I(Ⅰ)-(-Ⅰ)	$HIO+H^++2e^-$ ══ I^-+H_2O	0.987
V(Ⅴ)-(Ⅳ)	$VO_2^++2H^++e^-$ ══ $VO_2^++H_2O$	0.991
V(Ⅴ)-(Ⅳ)	$V(OH)_4^++2H^++e^-$ ══ $VO^{2+}+3H_2O$	1.00
Au(Ⅲ)-(0)	$[AuCl_4]^-+3e^-$ ══ $Au+4Cl^-$	1.002
Te(Ⅵ)-(Ⅳ)	$H_6TeO_6+2H^++2e^-$ ══ TeO_2+4H_2O	1.02
N(Ⅳ)-(Ⅱ)	$N_2O_4+4H^++4e^-$ ══ $2NO+2H_2O$	1.035
N(Ⅳ)-(Ⅲ)	$N_2O_4+2H^++2e^-$ ══ $2HNO_2$	1.065
I(Ⅴ)-(-Ⅰ)	$IO_3^-+6H^++6e^-$ ══ I^-+3H_2O	1.085
Br(0)-(-Ⅰ)	$Br_2(aq)+2e^-$ ══ $2Br^-$	1.0873
Se(Ⅵ)-(Ⅳ)	$SeO_4^{2-}+4H^++2e^-$ ══ $H_2SeO_3+H_2O$	1.151
Cl(Ⅴ)-(Ⅳ)	$ClO_3^-+2H^++e^-$ ══ ClO_2+H_2O	1.152
Pt(Ⅱ)-(0)	$Pt^{2+}+2e^-$ ══ Pt	1.18
Cl(Ⅶ)-(Ⅴ)	$ClO_4^-+2H^++2e^-$ ══ $ClO_3^-+H_2O$	1.189
I(Ⅴ)-(0)	$2IO_3^-+12H^++10e^-$ ══ I_2+6H_2O	1.195
Cl(Ⅴ)-(Ⅲ)	$ClO_3^-+3H++2e^-$ ══ $HClO_2+H_2O$	1.214
Mn(Ⅳ)-(Ⅱ)	$MnO_2+4H^++2e^-$ ══ $Mn^{2+}+2H_2O$	1.224
O(0)-(-Ⅱ)	$O_2+4H^++4e^-$ ══ $2H_2O$	1.229
Tl(Ⅲ)-(Ⅰ)	$Tl^{3+}+2e^-$ ══ Tl^+	1.252
Cl(Ⅳ)-(Ⅲ)	$ClO_2+H^++e^-$ ══ $HClO_2$	1.277
N(Ⅲ)-(Ⅰ)	$2HNO_2+4H^++4e^-$ ══ N_2O+3H_2O	1.297
Cr(Ⅵ)-(Ⅲ)	$Cr_2O_7^{2-}+14H^++6e^-$ ══ $2Cr^{3+}+7H_2O$	1.33
Br(Ⅰ)-(-Ⅰ)	$HBrO+H^++2e^-$ ══ Br^-+H_2O	1.331

续表

电对	方程式	E/V
Cr(Ⅵ)-(Ⅲ)	$HCrO_4^- + 7H^+ + 3e^- = Cr^{3+} + 4H_2O$	1.350
Cl(0)-(-Ⅰ)	$Cl_2(g) + 2e^- = 2Cl^-$	1.35827
Cl(Ⅶ)-(-Ⅰ)	$ClO_4^- + 8H^+ + 8e^- = Cl^- + 4H_2O$	1.389
Cl(Ⅶ)-(0)	$ClO_4^- + 8H^+ + 7e^- = 1/2Cl_2 + 4H_2O$	1.39
Au(Ⅲ)-(Ⅰ)	$Au^{3+} + 2e^- = Au^+$	1.401
Br(Ⅴ)-(-Ⅰ)	$BrO_3^- + 6H^+ + 6e^- = Br^- + 3H_2O$	1.423
I(Ⅰ)-(0)	$2HIO + 2H^+ + 2e^- = I_2 + 2H_2O$	1.439
Cl(Ⅴ)-(-Ⅰ)	$ClO_3^- + 6H^+ + 6e^- = Cl^- + 3H_2O$	1.451
Pb(Ⅳ)-(Ⅱ)	$PbO_2 + 4H^+ + 2e^- = Pb^{2+} + 2H_2O$	1.455
Cl(Ⅴ)-(0)	$ClO_3^- + 6H^+ + 5e^- = 1/2Cl_2 + 3H_2O$	1.47
Cl(Ⅰ)-(-Ⅰ)	$HClO + H^+ + 2e^- = Cl^- + H_2O$	1.482
Br(Ⅴ)-(0)	$BrO_3^- + 6H^+ + 5e^- = 1/2Br_2 + 3H_2O$	1.482
Au(Ⅲ)-(0)	$Au^{3+} + 3e^- = Au$	1.498
Mn(Ⅶ)-(Ⅱ)	$MnO_4^- + 8H^+ + 5e^- = Mn^{2+} + 4H_2O$	1.507
Mn(Ⅲ)-(Ⅱ)	$Mn^{3+} + e^- = Mn^{2+}$	1.5415
Cl(Ⅲ)-(-Ⅰ)	$HClO_2 + 3H^+ + 4e^- = Cl^- + 2H_2O$	1.570
Br(Ⅰ)-(0)	$HBrO + H^+ + e^- = 1/2Br_2(aq) + H_2O$	1.574
N(Ⅱ)-(Ⅰ)	$2NO + 2H^+ + 2e^- = N_2O + H_2O$	1.591
I(Ⅶ)-(Ⅴ)	$H_5IO_6 + H^+ + 2e^- = IO_3^- + 3H_2O$	1.601
Cl(Ⅰ)-(0)	$HClO + H^+ + e^- = 1/2Cl_2 + H_2O$	1.611
Cl(Ⅲ)-(Ⅰ)	$HClO_2 + 2H^+ + 2e^- = HClO + H_2O$	1.645
Ni(Ⅳ)-(Ⅱ)	$NiO_2 + 4H^+ + 2e^- = Ni^{2+} + 2H_2O$	1.678
Mn(Ⅶ)-(Ⅳ)	$MnO_4^- + 4H^+ + 3e^- = MnO_2 + 2H_2O$	1.679
Pb(Ⅳ)-(Ⅱ)	$PbO_2 + SO_4^{2-} + 4H^+ + 2e^- = PbSO_4 + 2H_2O$	1.6913
Au(Ⅰ)-(0)	$Au^+ + e^- = Au$	1.692
Ce(Ⅳ)-(Ⅲ)	$Ce^{4+} + e^- = Ce^{3+}$	1.72
N(Ⅰ)-(0)	$N_2O + 2H^+ + 2e^- = N_2 + H_2O$	1.766
O(-Ⅰ)-(-Ⅱ)	$H_2O_2 + 2H^+ + 2e^- = 2H_2O$	1.776
Co(Ⅲ)-(Ⅱ)	$Co^{3+} + e^- = Co^{2+}$ ($2mol \cdot L^{-1}$ H_2SO_4)	1.83
Ag(Ⅱ)-(Ⅰ)	$Ag^{2+} + e^- = Ag^+$	1.980
S(Ⅶ)-(Ⅵ)	$S_2O_8^{2-} + 2e^- = 2SO_4^{2-}$	2.010
O(0)-(-Ⅱ)	$O_3 + 2H^+ + 2e^- = O_2 + H_2O$	2.076
O(Ⅱ)-(-Ⅱ)	$F_2O + 2H^+ + 4e^- = H_2O + 2F^-$	2.153
Fe(Ⅵ)-(Ⅲ)	$FeO_4^{2-} + 8H^+ + 3e^- = Fe^{3+} + 4H_2O$	2.20
O(0)-(-Ⅱ)	$O(g) + 2H^+ + 2e^- = H_2O$	2.421

续表

电对	方程式	E/V
F(0)－(－Ⅰ)	F_2+2e^- ══ $2F^-$	2.866
	$F_2+2H^++2e^-$ ══ $2HF$	3.053

2. 在碱性溶液中（298K）

电对	方程式	E/V
Ca(Ⅱ)－(0)	$Ca(OH)_2+2e^-$ ══ $Ca+2OH^-$	－3.02
Ba(Ⅱ)－(0)	$Ba(OH)_2+2e^-$ ══ $Ba+2OH^-$	－2.99
La(Ⅲ)－(0)	$La(OH)_3+3e^-$ ══ $La+3OH^-$	－2.90
Sr(Ⅱ)－(0)	$Sr(OH)_2\cdot 8H_2O+2e^-$ ══ $Sr+2OH^-+8H_2O$	－2.88
Mg(Ⅱ)－(0)	$Mg(OH)_2+2e^-$ ══ $Mg+2OH^-$	－2.690
Be(Ⅱ)－(0)	$Be_2O_3^{2-}+3H_2O+4e^-$ ══ $2Be+6OH^-$	－2.63
Hf(Ⅳ)－(0)	$HfO(OH)_2+H_2O+4e^-$ ══ $Hf+4OH^-$	－2.50
Zr(Ⅳ)－(0)	$H_2ZrO_3+H_2O+4e^-$ ══ $Zr+4OH^-$	－2.36
Al(Ⅲ)－(0)	$H_2AlO_3^-+H_2O+3e^-$ ══ $Al+OH^-$	－2.33
P(Ⅰ)－(0)	$H_2PO_2^-+e^-$ ══ $P+2OH^-$	－1.82
B(Ⅲ)－(0)	$H_2BO_3^-+H_2O+3e^-$ ══ $B+4OH^-$	－1.79
P(Ⅲ)－(0)	$HPO_3^{2-}+2H_2O+3e^-$ ══ $P+5OH^-$	－1.71
Si(Ⅳ)－(0)	$SiO_3^{2-}+3H_2O+4e^-$ ══ $Si+6OH^-$	－1.697
P(Ⅲ)－(Ⅰ)	$HPO_3^{2-}+2H_2O+2e^-$ ══ $H_2PO_2^-+3OH^-$	－1.65
Mn(Ⅱ)－(0)	$Mn(OH)_2+2e^-$ ══ $Mn+2OH^-$	－1.56
Cr(Ⅲ)－(0)	$Cr(OH)_3+3e^-$ ══ $Cr+3OH^-$	－1.48
Zn(Ⅱ)－(0)	$[Zn(CN)_4]^{2-}+2e^-$ ══ $Zn+4CN^-$	－1.26
Zn(Ⅱ)－(0)	$Zn(OH)_2+2e^-$ ══ $Zn+2OH^-$	－1.249
Ga(Ⅲ)－(0)	$H_2GaO_3^-+H_2O+2e^-$ ══ $Ga+4OH^-$	－1.219
Zn(Ⅱ)－(0)	$ZnO_2^{2-}+2H_2O+2e^-$ ══ $Zn+4OH^-$	－1.215
Cr(Ⅲ)－(0)	$CrO_2^-+2H_2O+3e^-$ ══ $Cr+4OH^-$	－1.2
Te(0)－(－Ⅰ)	$Te+2e^-$ ══ Te^{2-}	－1.143
P(Ⅴ)－(Ⅲ)	$PO_4^{3-}+2H_2O+2e^-$ ══ $HPO_3^{2-}+3OH^-$	－1.05
Zn(Ⅱ)－(0)	$[Zn(NH_3)_4]^{2+}+2e^-$ ══ $Zn+4NH_3$	－1.04
W(Ⅵ)－(0)	$WO_4^{2-}+4H_2O+6e^-$ ══ $W+8OH^-$	－1.01
Ge(Ⅳ)－(0)	$HGeO_3^-+2H_2O+4e^-$ ══ $Ge+5OH^-$	－1.0
Sn(Ⅳ)－(Ⅱ)	$[Sn(OH)_6]^{2-}+2e^-$ ══ $HSnO_2^-+H_2O+3OH^-$	－0.93

续表

电对	方程式	E/V
S(Ⅵ)-(Ⅳ)	$SO_4^{2-}+H_2O+2e^-═SO_3^{2-}+2OH^-$	-0.93
Se(0)-(-Ⅱ)	$Se+2e^-═Se^{2-}$	-0.924
Sn(Ⅱ)-(0)	$HSnO_2^-+H_2O+2e^-═Sn+3OH^-$	-0.909
P(0)-(-Ⅲ)	$P+3H_2O+3e^-═PH_3(g)+3OH^-$	-0.87
N(Ⅴ)-(Ⅳ)	$2NO_3^-+2H_2O+2e^-═N_2O_4+4OH^-$	-0.85
H(Ⅰ)-(0)	$2H_2O+2e^-═H_2+2OH^-$	-0.8277
Cd(Ⅱ)-(0)	$Cd(OH)_2+2e^-═Cd(Hg)+2OH^-$	-0.809
Co(Ⅱ)-(0)	$Co(OH)_2+2e^-═Co+2OH^-$	-0.73
Ni(Ⅱ)-(0)	$Ni(OH)_2+2e^-═Ni+2OH^-$	-0.72
As(Ⅴ)-(Ⅲ)	$AsO_4^{3-}+2H_2O+2e^-═AsO_2^-+4OH^-$	-0.71
Ag(Ⅰ)-(0)	$Ag_2S+2e^-═2Ag+S^{2-}$	-0.691
As(Ⅲ)-(0)	$AsO_2^-+2H_2O+3e^-═As+4OH^-$	-0.68
Sb(Ⅲ)-(0)	$SbO_2^-+2H_2O+3e^-═Sb+4OH^-$	-0.66
Re(Ⅶ)-(Ⅳ)	$ReO_4^-+2H_2O+3e^-═ReO_2+4OH^-$	-0.59
Sb(Ⅴ)-(Ⅲ)	$SbO_3^-+H_2O+2e^-═SbO_2^-+2OH^-$	-0.59
Re(Ⅶ)-(0)	$ReO_4^-+4H_2O+7e^-═Re+8OH^-$	-0.584
S(Ⅳ)-(Ⅱ)	$2SO_3^{2-}+3H_2O+4e^-═S_2O_3^{2-}+6OH^-$	-0.58
Te(Ⅳ)-(0)	$TeO_3^{2-}+3H_2O+4e^-═Te+6OH^-$	-0.57
Fe(Ⅲ)-(Ⅱ)	$Fe(OH)_3+e^-═Fe(OH)_2+OH^-$	-0.56
S(0)-(-Ⅱ)	$S+2e^-═S^{2-}$	-0.47627
Bi(Ⅲ)-(0)	$Bi_2O_3+3H_2O+6e^-═2Bi+6OH^-$	-0.46
N(Ⅲ)-(Ⅱ)	$NO_2^-+H_2O+e^-═NO+2OH^-$	-0.46
Co(Ⅱ)-(0)	$[Co(NH_3)_6]^{2+}+2e^-═Co+6NH_3$	-0.422
Se(Ⅳ)-(0)	$SeO_3^{2-}+3H_2O+4e^-═Se+6OH^-$	-0.366
Cu(Ⅰ)-(0)	$Cu_2O+H_2O+2e^-═2Cu+2OH^-$	-0.360
Tl(Ⅰ)-(0)	$Tl(OH)+e^-═Tl+OH^-$	-0.34
Ag(Ⅰ)-(0)	$[Ag(CN)_2]^-+e^-═Ag+2CN^-$	-0.31
Cu(Ⅱ)-(0)	$Cu(OH)_2+2e^-═Cu+2OH^-$	-0.222
Cr(Ⅵ)-(Ⅲ)	$CrO_4^{2-}+4H_2O+3e^-═Cr(OH)_3+5OH^-$	-0.13
Cu(Ⅰ)-(0)	$[Cu(NH_3)_2]^++e^-═Cu+2NH_3$	-0.12
O(0)-(-Ⅰ)	$O_2+H_2O+2e^-═HO_2^-+OH^-$	-0.076

续表

电对	方程式	E/V
Ag(Ⅰ)-(0)	$AgCN+e^- = Ag+CN^-$	-0.017
N(Ⅴ)-(Ⅲ)	$NO_3^-+H_2O+2e^- = NO_2^-+2OH^-$	0.01
Se(Ⅵ)-(Ⅳ)	$SeO_4^{2-}+H_2O+2e^- = SeO_3^{2-}+2OH^-$	0.05
Pd(Ⅱ)-(0)	$Pd(OH)_2+2e^- = Pd+2OH^-$	0.07
S(Ⅱ,Ⅴ)-(Ⅱ)	$S_4O_6^{2-}+2e^- = 2S_2O_3^{2-}$	0.08
Hg(Ⅱ)-(0)	$HgO+H_2O+2e^- = Hg+2OH^-$	0.0977
Co(Ⅲ)-(Ⅱ)	$[Co(NH_3)_6]^{3+}+e^- = [Co(NH_3)_6]^{2+}$	0.108
Pt(Ⅱ)-(0)	$Pt(OH)_2+2e^- = Pt+2OH^-$	0.14
Co(Ⅲ)-(Ⅱ)	$Co(OH)_3+e^- = Co(OH)_2+OH^-$	0.17
Pb(Ⅳ)-(Ⅱ)	$PbO_2+H_2O+2e^- = PbO+2OH^-$	0.247
Ⅰ(Ⅴ)-(-Ⅰ)	$IO_3^-+3H_2O+6e^- = I^-+6OH^-$	0.26
Cl(Ⅴ)-(Ⅲ)	$ClO_3^-+H_2O+2e^- = ClO_2^-+2OH^-$	0.33
Ag(Ⅰ)-(0)	$Ag_2O+H_2O+2e^- = 2Ag+2OH^-$	0.342
Fe(Ⅲ)-(Ⅱ)	$[Fe(CN)_6]^{3-}+e^- = [Fe(CN)_6]^{4-}$	0.358
Cl(Ⅶ)-(Ⅴ)	$ClO_4^-+H_2O+2e^- = ClO_3^-+2OH^-$	0.36
Ag(Ⅰ)-(0)	$[Ag(NH_3)_2]^++e^- = Ag+2NH_3$	0.373
O(0)-(-Ⅱ)	$O_2+2H_2O+4e^- = 4OH^-$	0.401
I(Ⅰ)-(-Ⅰ)	$IO^-+H_2O+2e^- = I^-+2OH^-$	0.485
Ni(Ⅳ)-(Ⅱ)	$NiO_2+2H_2O+2e^- = Ni(OH)_2+2OH^-$	0.490
Mn(Ⅶ)-(Ⅵ)	$MnO_4^-+e^- = MnO_4^{2-}$	0.558
Mn(Ⅶ)-(Ⅳ)	$MnO_4^-+2H_2O+3e^- = MnO_2+4OH^-$	0.595
Mn(Ⅵ)-(Ⅳ)	$MnO_4^{2-}+2H_2O+2e^- = MnO_2+4OH^-$	0.60
Ag(Ⅱ)-(Ⅰ)	$2AgO+H_2O+2e^- = Ag_2O+2OH^-$	0.607
Br(Ⅴ)-(-Ⅰ)	$BrO_3^-+3H_2O+6e^- = Br^-+6OH^-$	0.61
Cl(Ⅴ)-(-Ⅰ)	$ClO_3^-+3H_2O+6e^- = Cl^-+6OH^-$	0.62
Cl(Ⅲ)-(Ⅰ)	$ClO_2^-+H_2O+2e^- = ClO^-+2OH^-$	0.66
I(Ⅶ)-(Ⅴ)	$H_3IO_6^{2-}+2e^- = IO_3^-+3OH^-$	0.7
Cl(Ⅲ)-(-Ⅰ)	$ClO_2^-+2H_2O+4e^- = Cl^-+4OH^-$	0.76
Br(Ⅰ)-(-Ⅰ)	$BrO^-+H_2O+2e^- = Br^-+2OH^-$	0.761
Cl(Ⅰ)-(-Ⅰ)	$ClO^-+H_2O+2e^- = Cl^-+2OH^-$	0.841
Cl(Ⅳ)-(Ⅲ)	$ClO_2(g)+e^- = ClO_2^-$	0.95
O(0)-(-Ⅱ)	$O_3+H_2O+2e^- = O_2+2OH^-$	1.24

附录 10 常见配离子的稳定常数

配离子	$K_{稳}$	$\lg K_{稳}$	配离子	$K_{稳}$	$\lg K_{稳}$
1∶1			1∶3		
$[NaY]^{3-}$①	5.0×10^{1}	1.70	$[Fe(NCS)_3]$	2.0×10^{3}	3.30
$[AgY]^{3-}$	2.0×10^{7}	7.30	$[CdI_3]^{-}$	1.2×10^{1}	1.08
$[CuY]^{2-}$	6.8×10^{18}	18.83	$[Cd(CN)_3]^{-}$	1.1×10^{4}	4.04
$[MgY]^{2-}$	4.9×10^{8}	8.69	$[Ag(CN)_3]^{-}$	5×10^{0}	0.70
$[CaY]^{2-}$	3.7×10^{10}	10.57	$[Ni(en)_3]^{2+}$	3.9×10^{18}	18.59
$[SrY]^{2-}$	4.2×10^{8}	8.62	$[Al(C_2O_4)_3]^{3-}$	2.0×10^{16}	16.30
$[BaY]^{2-}$	6.0×10^{7}	7.78	$[Fe(C_2O_4)_3]^{3-}$	1.6×10^{20}	20.20
$[ZnY]^{2-}$	3.1×10^{16}	16.49	1:4		
$[CdY]^{2-}$	3.8×10^{16}	16.58	$[Cu(NH_3)_4]^{2+}$	4.8×10^{12}	12.68
$[HaY]^{2-}$	6.3×10^{21}	21.80	$[Zn(NH_3)_4]^{2+}$	5.0×10^{8}	8.70
$[PbY]^{2-}$	1.0×10^{18}	18.00	$[Cd(NH_3)_4]^{2+}$	3.6×10^{6}	6.56
$[MnY]^{2-}$	1.0×10^{14}	14.00	$[Zn(CNS)_4]^{2-}$	2.0×10^{1}	1.30
$[FeY]^{2-}$	2.1×10^{14}	14.32	$[Zn(CN)_4]^{2-}$	1.0×10^{16}	16.00
$[CoY]^{2-}$	1.6×10^{16}	16.20	$[Cd(SCN)_4]^{2-}$	1.0×10^{3}	3.00
$[NiY]^{2-}$	4.1×10^{18}	18.61	$[CdCl_4]^{2-}$	3.1×10^{2}	2.49
$[FeY]^{-}$	1.2×10^{25}	25.08	$[CdI_4]^{2-}$	3.0×10^{6}	6.48
$[CoY]^{-}$	1.0×10^{36}	36.00	$[Cd(CN)_4]^{2-}$	1.3×10^{18}	18.11
$[GaY]^{-}$	1.8×10^{20}	20.26	$[Hg(CN)_4]^{2-}$	3.1×10^{41}	41.49
$[InY]^{-}$	8.9×10^{24}	24.95	$[Hg(SCN)_4]^{2-}$	7.7×10^{21}	21.89
$[TlY]^{-}$	3.2×10^{22}	22.51	$[HgCl_4]^{2-}$	1.6×10^{15}	15.20
$[TIHY]$	1.5×10^{23}	23.18	$[HgI_4]^{2-}$	7.2×10^{20}	20.86
$[CuOH]^{+}$	1.0×10^{5}	5.00	$[Co(NCS)_4]^{2-}$	3.8×10^{2}	2.58
$[AgNH_3]^{+}$	2.0×10^{6}	6.30	$[Ni(CN)_4]^{2-}$	1.0×10^{22}	22.00
1∶2			1∶6		
$[Cu(NH_3)_2]^{+}$	7.4×10^{10}	10.87	$[Cd(NH_3)_6]^{2+}$	1.4×10^{6}	6.15
$[Cu(CN)_2]^{-}$	2.0×10^{18}	38.30	$[Co(NH_3)_6]^{2+}$	2.4×10^{4}	4.38
$[Ag(NH_3)_2]^{+}$	1.7×10^{7}	7.23	$[Ni(NH_3)_6]^{2+}$	1.1×10^{8}	8.04
$[Ag(en)_2]^{+}$	7.0×10^{7}	7.85	$[Co(NH_3)_6]^{3+}$	1.4×10^{35}	35.15
$[Ag(NCS)_2]^{-}$	4.0×10^{8}	8.60	$[AlF_6]^{3-}$	6.9×10^{19}	19.84
$[Ag(CN)_2]^{-}$	1.0×10^{21}	21.00	$[Fe(CN)_6]^{3-}$	1.0×10^{24}	24.00
$[Au(CN)_2]^{-}$	2.0×10^{38}	38.30	$[Fe(CN)_6]^{4-}$	1.0×10^{35}	35.00
$[Cu(en)_2]^{2+}$②	4.0×10^{19}	19.60	$[Co(CN)_6]^{3-}$	1.0×10^{64}	64.00
$[Ag(S_2O_3)_2]^{3-}$	1.6×10^{13}	13.20	$[FeF_6]^{3-}$	1.0×10^{16}	16.00

① 表中 Y 表示 EDTA 的酸根。

② en 表示乙二胺。

附录 11 某些试剂溶液的配制

试剂	浓度 /mol·L^{-1}	配制方法
格里斯试剂		①在加热下溶解 0.5g 对-氨基苯磺酸于 50mL30%HAc 中,储于暗处保存 ②将 0.4gα-萘胺与 100mL 水混合煮沸,在从蓝色渣滓中倾出的无色溶液中加入 6mL80%HAc 使用前将①、②两液体等体积混合
打萨宗(二苯缩氨硫脲)		溶解 0.1g 打萨宗于 1LCCl_4 或 $CHCl_3$ 中
甲基红	0.1%(质量分数)	每升 60%乙醇中溶解 2g
甲基橙	0.1%(质量分数)	每升水中溶解 1g
酚酞	0.1%(质量分数)	每升 90%乙醇中溶解 1g
溴甲酚蓝(溴甲酚绿)		0.1g 该指示剂与 2.9mL 0.05mol·L^{-1}NaOH 一起搅匀,用水稀释至 250mL;或每升 20%乙醇中溶解 1g 该指示剂
石蕊		2g 石蕊溶于 50mL 水中,静置一昼夜后过滤。在滤液中加 30mL95%乙醇,再加水稀释至 100mL
氨水		在水中通入氨气直至饱和,该溶液使用时临时配制
溴水		在水中滴入液溴至饱和
碘液	0.01	溶解 1.3g 碘和 5gKI 于尽可能少量的水中,加水稀释至 1L
品红溶液		0.01%的水溶液
淀粉溶液	0.2%(质量分数)	将 0.2g 淀粉和少量冷水调成糊状,倒入 100mL 沸水中,煮沸后冷却即可
NH_3-NH_4Cl 缓冲溶液		20gNH_4Cl 溶于适量水中,加入 100mL 氨水(密度 0.9g·cm^{-3}),混合后稀释至 1L,即为 pH=10 的缓冲溶液
仲钼酸铵[$(NH_4)_6Mo_7O_{24}\cdot 4H_2O$]	0.1	溶解 124g$(NH_4)_6Mo_7O_{24}\cdot 4H_2O$ 于 1L 水中,将所得溶液倒入 1L6mol·$L^{-1}$$HNO_3$ 中,放置 24h,取其澄清溶液
硫化铵[$(NH_4)_2S$]	3	取一定量氨水,将其平均分配成两份,把其中一份通入 H_2S 至饱和,而后与另一份氨水混合
铁氰化钾{$K_3[Fe(CN)_6]$}		取铁氰化钾 0.7~1g 溶解于水中,稀释至 100mL(使用前临时配制)
铬黑 T		将铬黑 T 和烘干的 NaCl 按 1∶100 的比例研细,均匀混合,储于棕色瓶中
二苯胺		将 1g 二苯胺在搅拌下溶于 100mL 密度为 1.84g·cm^{-3} 的硫酸或 100mL 密度为 1.7g·cm^{-3} 的磷酸中(该溶液可保存较长时间)
镍试剂		溶解 10g 镍试剂于 1L95%的酒精中
镁试剂		溶解 0.01g 镁试剂于 1L1mol·L^{-1} 的 NaOH 溶液中
铝试剂		1g 铝试剂溶于 1L 水中
镁铵试剂		将 100g$MgCl_2\cdot 6H_2O$ 和 100gNH_4Cl 溶于水中,加入 50mL 浓氨水,用水稀释至 1L
奈氏试剂		溶解 115gHgI_2 和 80gKI 于水中,稀释至 500mL,加入 500mL6mol·L^{-1} NaOH 溶液,静置后取其清液,保存在棕色瓶中
五氰亚硝酰合铁(Ⅲ)酸钠{$Na_2[Fe(CN)_5NO]$}		10g 五氰亚硝酰合铁(Ⅲ)酸钠溶解于 100mLH_2O 中,保存在棕色瓶中,如果溶液变绿就不能用了

续表

试剂	浓度/mol·L^{-1}	配制方法
三氯化铋($BiCl_3$)	0.1	溶解31.6g$BiCl_3$于330mL6mol·L^{-1}HCl中,加水稀释至1L
三氯化锑($SbCl_3$)	0.1	溶解22.8g$SbCl_3$于330mL6mol·L^{-1}HCl中,加水稀释至1L
氯化亚锡($SnCl_2$)	0.1	溶解22.6g$SnCl_2$·$2H_2O$于330mL6mol·L^{-1}HCl中,加水稀释至1L,加入数粒纯锡,以防氧化
硝酸汞[$Hg(NO_3)_2$]	0.1	溶解33.4$Hg(NO_3)_2$·½H_2O于0.6mol·$L^{-1}$$HNO_3$中,加水稀释至1L
硝酸亚汞[$Hg_2(NO_3)_2$]	0.1	溶解56.1$Hg_2(NO_3)_2$·½H_2O于0.6mol·$L^{-1}$$HNO_3$中,加水稀释至1L,并加入少许金属汞
碳酸铵[$(NH_4)_2CO_3$]	1	96g研细的$(NH_4)_2CO_3$溶于1L2mol·L^{-1}氨水
硫酸铵[$(NH_4)_2SO_4$]	饱和	50g$(NH_4)_2SO_4$溶于100mL热水,冷却后过滤
硫酸亚铁($FeSO_4$)	0.5	溶解69.5g$FeSO_4$·$7H_2O$于适量水中,加入5mL18mol·L^{-1} H_2SO_4,用水稀释至1L,置入小铁钉数枚
六羟基锑酸钠{$Na[Sb(OH)_6]$}	0.1	溶解12.2g锑粉于50mL浓HNO_3微热,使锑粉全部作用成白色粉末,用倾析法洗涤数次,然后加入50mL6mol·L^{-1}NaOH使之溶解,稀释至1L
六硝基钴酸钠{$Na_3[Co(NO_2)_6]$}		溶解230g$NaNO_2$于500mL水中,加入165mL6mol·L^{-1}HAc和30g$Co(NO_3)_2$·$6H_2O$放置24h,取其清液,稀释至1L,保存在棕色瓶中。此溶液应呈橙色,若变成红色,表示已分解,应重新配制
硫化钠(Na_2S)	2	溶解240gNa_2S·$9H_2O$和40gNaOH于水中,稀释至1L

附录12 危险药品的分类、性质和管理

危险药品是指受光、热、空气、水或撞击等外界因素的影响，可能引起燃烧爆炸的药品，或具有强腐蚀性、剧毒性的药品。常用危险的药品按危害性可分为以下几类。

类别		举例	性质	注意事项
爆炸品		硝酸铵、苦味酸、三硝基甲苯	遇高热、摩擦、撞击等,引起剧烈反应,放出大量气体和热量,产生猛烈爆炸	存放于阴凉、低下处,轻拿轻放
易燃品	易燃液体	丙酮、乙醚、甲醇、乙醇、苯等有机溶剂	沸点低,易挥发,遇火则燃烧,甚至引起爆炸	存放阴凉处,远离热源,使用时注意通风,不得有明火
	易燃固体	赤磷、硫、萘、硝化纤维	燃点低,受热、摩擦、撞击或遇氧化剂,可引起剧烈连续燃烧爆炸	存放阴凉处,远离热源,使用时注意通风,不得有明火
	易燃气体	氢气、乙炔、甲烷	因撞击、受热引起燃烧,与空气按一定比例混合会爆炸	使用时注意通风,如为钢瓶气,不得在实验室存放
	遇水易燃品	钠、钾	遇水剧烈反应,产生可燃气体并放出热量。此反应热会引起燃烧	保存于煤油中,切勿与水接触
	自燃物品	黄磷	在适当温度下被空气氧化放热,达到燃点而引起自燃	保存于水中

续表

类别	举例	性 质	注 意 事 项
氧化剂	硝酸钾、氯酸钾、过氧化氢、过氧化钠、高锰酸钾	具有强氧化性,遇酸受热或与有机物、易燃品、还原剂等混合时,因反应引起燃烧或爆炸	不得与易燃品、爆炸品、还原剂等一起存放
剧毒素	氰化钾、三氧化二砷、升汞、氯化钡	剧毒,少量侵入人体(误食或接触伤口)引使中毒,甚至死亡	专人、专柜保管,现用现领,用后的剩余物,不论是固体或液体都应交回保管人,并应设有使用登记制度
腐蚀性药品	强酸、强碱、氟化氢、溴、酚	具有强腐蚀性,触及物品造成腐蚀、破坏;触及人体皮肤,引起化学烧伤	不要与氧化剂、易燃品、爆炸品放在一起

附录13 相对原子质量表

元素		相对原子质量	元素		相对原子质量	元素		相对原子质量	元素		相对原子质量
符号	名称		符号	名称		符号	名称		符号	名称	
Ac	锕	[227]	Cn	鿔	[285]	Hg	汞	200.6	Nd	钕	144.2
Ag	银	107.9	Co	钴	58.93	Ho	钬	164.9	Ne	氖	20.18
Al	铝	26.98	Cr	铬	52.00	Hs	𬭶	[273]	Nh	鿭	[285]
Am	镅	[243]	Cs	铯	132.9	I	碘	126.9	Ni	镍	58.69
Ar	氩	39.95	Cu	铜	63.55	In	铟	114.8	No	锘	[259]
As	砷	74.92	Db	𬭊	[268]	Ir	铱	192.2	Np	镎	[237]
At	砹	[210]	Ds	𫟼	[281]	K	钾	39.10	O	氧	16.00
Au	金	197.0	Dy	镝	162.50	Kr	氪	83.80	Og	鿫	[294]
B	硼	10.81	Er	铒	167.3	La	镧	138.9	Os	锇	190.2
Ba	钡	137.3	Es	锿	[252]	Li	锂	6.941	P	磷	30.97
Be	铍	9.012	Eu	铕	152.0	Lr	铹	[262]	Pa	镤	231.0
Bh	𬭛	[270]	F	氟	19.00	Lu	镥	175.0	Pb	铅	207.2
Bi	铋	209.0	Fe	铁	55.85	Lv	鿬	[293]	Pd	钯	106.4
Bk	锫	[247]	Fl	𫓧	[289]	Mc	镆	[289]	Pm	钷	[145]
Br	溴	79.90	Fm	镄	[257]	Md	钔	[258]	Po	钋	[209]
C	碳	12.01	Fr	钫	[223]	Mg	镁	24.31	Pr	镨	140.9
Ca	钙	40.08	Ga	镓	69.72	Mn	锰	54.94	Pt	铂	195.1
Cd	镉	112.4	Gd	钆	157.3	Mo	钼	95.96	Pu	钚	[244]
Ce	铈	140.1	Ge	锗	72.63	Mt	鿏	[276]	Ra	镭	[226]
Cf	锎	[251]	H	氢	1.008	N	氮	14.01	Rb	铷	85.47
Cl	氯	35.45	He	氦	4.003	Na	钠	22.99	Re	铼	186.2
Cm	锔	[247]	Hf	铪	178.5	Nb	铌	92.91	Rf	𬬻	[267]

续表

元素		相对原子质量	元素		相对原子质量	元素		相对原子质量	元素		相对原子质量
符号	名称		符号	名称		符号	名称		符号	名称	
Rg	轮	[282]	Sg	𨭎	[271]	Te	碲	127.6	V	钒	50.94
Rh	铑	102.9	Si	硅	28.09	Th	钍	232.0	W	钨	183.8
Rn	氡	[222]	Sm	钐	150.4	Ti	钛	47.87	Xe	氙	131.3
Ru	钌	101.1	Sn	锡	118.7	Tl	铊	204.4	Y	钇	88.91
S	硫	32.06	Sr	锶	87.62	Tm	铥	168.9	Yb	镱	173.1
Sb	锑	121.8	Ta	钽	180.9	Ts	石田	[294]	Zn	锌	65.38
Sc	钪	44.96	Tb	铽	158.9	U	铀	238.0	Zr	锆	91.22
Se	硒	78.96	Tc	锝	[98]						

附录 14 常用指示剂

一、酸碱指示剂（18～25℃）

指示剂名称	pH 变化范围	颜色变化	溶液配制方法
甲基紫（第一变色范围）	0.13～0.5	黄～绿	1g/L 或 0.5g/L 的水溶液
甲酚红（第一变色范围）	0.2～1.8	红～黄	0.04g 指示剂溶于 100mL50%乙醇
甲基紫（第二变色范围）	1.0～1.5	绿～蓝	1g/L 水溶液
百里酚蓝(麝香草酚蓝)（第一变色范围）	1.2～2.8	红～黄	0.1g 指示剂溶于 100mL20%乙醇
甲基紫（第三变色范围）	2.0～3.0	蓝～紫	1g/L 水溶液
甲基橙	3.1～4.4	红～黄	1g/L 水溶液
溴酚蓝	3.0～4.6	黄～蓝	0.1g 指示剂溶于 100mL20%乙醇
刚果红	3.0～5.2	蓝紫～红	1g/L 水溶液
溴甲酚绿	3.8～5.4	黄～蓝	0.1g 指示剂溶于 100mL20%乙醇
甲基红	4.4～6.2	红～黄	0.1g 或 0.2g 指示剂溶于 100mL60%乙醇
溴酚红	5.0～6.8	黄～红	0.1g 或 0.04g 指示剂溶于 100mL20%乙醇
溴百里酚蓝	6.0～7.6	黄～蓝	0.05g 指示剂溶于 100mL20%乙醇
中性红	6.8～8.0	红～亮黄	0.1g 指示剂溶于 100mL60%乙醇
酚红	6.8～8.0	黄～红	0.1g 指示剂溶于 100mL20%乙醇
甲酚红（第二变色范围）	7.2～8.8	亮黄～紫红	0.1g 指示剂溶于 100mL50%乙醇
百里酚蓝(麝香草酚蓝)（第二变色范围）	8.0～9.6	黄～蓝	参看第一变色范围
酚酞	8.2～10.0	无色～紫红	0.1g 指示剂溶于 100mL60%乙醇
百里酚酞	9.3～10.5	无色～蓝	0.1g 指示剂溶于 100mL90%乙醇

二、酸碱混合指示剂

指示剂溶液的组成	pH变色点	颜色		备注
		酸色	碱色	
三份1g/L溴甲酚绿酒精溶液 一份2g/L甲基红酒精溶液	5.1	酒红	绿	
一份2g/L甲基红酒精溶液 一份1g/L次甲基蓝酒精溶液	5.4	红紫	绿	pH5.2红紫 pH5.4暗蓝 pH5.6绿
一份1g/L溴甲酚绿钠盐水溶液 一份1g/L氯酚红钠盐水溶液	6.1	黄绿	蓝紫	pH5.4蓝绿 pH5.8蓝 pH6.2蓝紫
一份1g/L中性红酒精溶液 一份1g/L次甲基蓝酒精溶液	7.0	蓝紫	绿	pH7.0蓝紫
一份1g/L溴百里酚蓝钠盐水溶液 一份1g/L酚红钠盐水溶液	7.5	黄	绿	pH7.2暗绿 pH7.4淡紫 pH7.6深紫
一份1g/L甲酚红钠盐水溶液 三份1g/L百里酚蓝钠盐水溶液	8.3	黄	紫	pH8.2玫瑰色 pH8.4紫色

三、金属离子指示剂

指示剂名称	离解平衡和颜色变化	溶液配制方法
铬黑T (EBT)	$H_2In^- \xrightleftharpoons{pk^\theta_{a2}=6.3} HIn^{2-} \xrightleftharpoons{pk^\theta_{a3}=11.5} In^{3-}$ 紫红　　蓝　　橙	$5g \cdot L^{-1}$ 水溶液
二甲酚橙 (XO)	$H_3In^{4-} \xrightleftharpoons{pk^\theta_{a}=6.3} H_2In^{5-}$ 黄　　红	$2g \cdot L^{-1}$ 水溶液
K-B指示剂	$H_2In \xrightleftharpoons{pk^\theta_{a1}=8} HIn^- \xrightleftharpoons{pk^\theta_{a2}=13} In^{2-}$ 红　　蓝　　紫红 (酸性铬蓝K)	0.2g酸性铬蓝K与0.4g萘酚绿B溶于100mL水中
钙指示剂	$H_2In^- \xrightleftharpoons{pk^\theta_{a2}=7.4} HIn^{2-} \xrightleftharpoons{pk^\theta_{a3}=13.5} In^{3-}$ 酒红　　蓝　　酒红	$5g \cdot L^{-1}$ 的乙醇溶液
吡啶偶氮萘酚(PAN)	$H_2In^+ \xrightleftharpoons{pk^\theta_{a2}=1.9} HIn \xrightleftharpoons{pk^\theta_{a3}=12.2} In^{2-}$ 黄绿　　黄　　淡红	$1g \cdot L^{-1}$ 的乙醇溶液
Cu-PAN (CuY-PAN溶液)	$CuY + PAN + M^{n+} \rightleftharpoons MY + Cu\text{-}PAN$ 浅绿　　无色　红色	取 $0.05mol \cdot L^{-1}$ Cu^{2+} 溶液10mL，加pH5～6的HAc缓冲溶液5mL，1滴PAN指示剂，加热至60°C左右，用EDTA滴至绿色，得到约 $0.025mol \cdot L^{-1}$ 的CuY溶液。使用时取2～3mL于试液中，再加数滴PAN溶液

续表

指示剂名称	离解平衡和颜色变化	溶液配制方法
磺基水杨酸	$H_2In \underset{}{\overset{pk^\theta_{a1}=2.7}{\rightleftharpoons}} HIn^- \underset{}{\overset{pk^\theta_{a2}=13.1}{\rightleftharpoons}} In^{2-}$ 红紫 无色 黄色	10g·L^{-1} 的水溶液
钙镁试剂 (Calmagite)	$H_2In^- \underset{}{\overset{pk^\theta_{a2}=8.4}{\rightleftharpoons}} HIn^{2-} \underset{}{\overset{pk^\theta_{a3}=13.4}{\rightleftharpoons}} In^{3-}$ 红 蓝 红橙	5g·L^{-1} 水溶液

注：EBT、钙指示剂、K-B指示剂等在水溶液中稳定性较差，可以配成指示剂与 NaCl 之比为 1∶100 或 1∶200 的固体粉末。

四、氧化还原指示剂

指示剂名称	变色电势/V	颜色变化		溶液配制方法
		氧化态	还原态	
二苯胺	0.76	紫	无色	10g/L 的浓 H_2SO_4 溶液
二苯胺磺酸钠	0.85	紫红	无色	5g/L 的水溶液
N-邻苯氨基苯甲酸	1.08	紫红	无色	0.1g 指示剂加 20mL50g/L 的 $NaCO_3$ 溶液，用水稀释至 100mL
邻二氮菲-Fe(Ⅱ)	1.06	浅蓝	红	1.485g 邻二氮菲加 0.965g$FeSO_4$ 溶解，稀至 100mL(0.025mol·L^{-1} 水溶液)
5-硝基邻二氮菲-Fe(Ⅱ)	1.25	浅蓝	紫红	1.608g5-硝基邻二氮菲加 0.695g$FeSO_4$ 溶解，稀至 100mL(0.025mol/L 水溶液)

五、吸附指示剂

名称	配制	用于测定		
		可测元素(括号内为滴定剂)	颜色变化	测定条件
荧光黄	1%钠盐水溶液	Cl^-，Br^-，I^-，SCN^-(Ag^+)	黄绿～粉红	中性或弱碱性
二氯荧光黄	1%钠盐水溶液	Cl^-，Br^-，I^-(Ag^+)	黄绿～粉红	pH=4.4～7.2
四溴荧光黄(曙红)	1%钠盐水溶液	Br^-，I^-(Ag^+)	橙红～红紫	pH=1～2

附录 15 常用缓冲溶液的配制

缓冲溶液组成	pK_a	缓冲液 pH	缓冲溶液配制方法
氨基乙酸-HCl	2.35 (pK_{a1})	2.3	取氨基乙酸 150 g 溶于 500mL 水中，加浓 HCl 溶液 80mL，用水稀释至 1L
H_3PO_4-柠檬酸盐	—	2.5	取 $Na_2HPO_4 \cdot 12H_2O$113g 溶于 200mL 水后，加柠檬酸 387g，溶解，过滤后，稀释至 1L
一氯乙酸-NaOH	2.86	2.8	取 200g 一氯乙酸溶于 200mL 水中，加 NaOH 40g，溶解，稀释至 1L
邻苯二甲酸氢钾-HCl	2.95 (pK_{a1})	2.9	取 500g 邻苯二甲酸氢钾溶于 500mL 水中，加浓 HCl 溶液 80mL，稀释至 1L

续表

缓冲溶液组成	pK_a	缓冲液 pH	缓冲溶液配制方法
甲酸-NaOH	3.76	3.7	取 95g 甲酸和 40gNaOH 于 500mL 水中，溶解，稀释至 1L
NaAc-HAc	4.74	4.7	取无水 NaAc 83g 溶于水中，加冰醋酸 60mL，稀释至 1L
六亚甲基四胺-HCl	5.15	5.4	取六亚甲基四胺 40g 溶于 200mL 水中，加浓 HCl10mL，稀释至 1L
Tris-HCl	8.21	8.2	取 25g Tris 试剂溶于水中，加浓 HCl 溶液 8mL，稀释至 1L
NH_3-NH_4Cl	9.26	9.2	取 NH_4Cl 54g 溶于水中，加浓氨水 63mL，稀释至 1L

注：1. 缓冲液配制后可用 pH 试纸检查。如 pH 不对，可用共轭酸或碱调节。pH 值欲调节精确时，可用 pH 计调节。

2. 若需增加或减少缓冲液的缓冲容量时，可相应增加或减少共轭酸碱对物质的量，再调节之。

附录 16 常用基准物质及其干燥条件与应用

基准物质		干燥后组成	干燥条件/℃	标定对象
名称	分子式			
碳酸氢钠	$NaHCO_3$	Na_2CO_3	270～300	酸
碳酸钠	$Na_2CO_3 \cdot 10H_2O$	Na_2CO_3	270～300	酸
硼砂	$Na_2B_4O_7 \cdot 10H_2O$	$Na_2B_4O_7 \cdot 10H_2O$	放在含 NaCl 和蔗糖饱和液的干燥器中	酸
碳酸氢钾	$KHCO_3$	K_2CO_3	270～300	酸
草酸	$H_2C_2O_4 \cdot 2H_2O$	$H_2C_2O_4 \cdot 2H_2O$	室温空气干燥	碱或 $KMnO_4$
邻苯二甲酸氢钾	$KHC_8H_4O_4$	$KHC_8H_4O_4$	110～120	碱
重铬酸钾	$K_2Cr_2O_7$	$K_2Cr_2O_7$	140～150	还原剂
溴酸钾	$KBrO_3$	$KBrO_3$	130	还原剂
碘酸钾	KIO_3	KIO_3	130	还原剂
铜	Cu	Cu	室温干燥器中保存	还原剂
三氧化二砷	As_2O_3	As_2O_3	同上	氧化剂
草酸钠	$Na_2C_2O_4$	$Na_2C_2O_4$	130	氧化剂
碳酸钙	$CaCO_3$	$CaCO_3$	110	EDTA
锌	Zn	Zn	室温干燥器中保存	EDTA
氧化锌	ZnO	ZnO	900～1000	EDTA
氯化钠	NaCl	NaCl	500～600	$AgNO_3$
氯化钾	KCl	KCl	500～600	$AgNO_3$
硝酸银	$AgNO_3$	$AgNO_3$	280～290	氯化物
氨基磺酸	$HOSO_2NH_2$	$HOSO_2NH_2$	在真空 H_2SO_4 干燥中保存 48h	碱
氟化钠	NaF	NaF	铂坩埚中 500～550℃下保存 40～50min 后，H_2SO_4 干燥器中冷却	硝酸镧

附录 17　常用熔剂和坩埚

熔剂混合熔剂名称	所用熔剂量对试样量而言	熔融用坩埚材料①						熔剂的性质和用途
		铂	铁	镍	磁	石英	银	
Na_2CO_3(无水)	6～10 倍	+	+	+	−	−	−	碱性熔剂，用于分析酸性矿渣、黏土、耐火材料、不溶于酸的残渣、难溶硫酸盐等
$NaHCO_3$	12～14 倍	+	+	+	−	−	−	碱性熔剂，用于分析酸性矿渣、黏土、耐火材料、不溶于酸的残渣、难溶硫酸盐等
Na_2CO_3-K_2CO_3(1∶1)	6～8 倍	+	+	+	−	−	−	碱性熔剂，用于分析酸性矿渣、黏土、耐火材料、不溶于酸的残渣、难溶硫酸盐等
Na_2CO_3-KNO_3(6∶0.5)	8～10 倍	+	+	+	−	−	−	碱性氧化熔剂，用于测定矿石中的总 S、As、Cr、V，分离 V、Cr 等物中的 Ti
$KNaCO_3$-$Na_2B_4O_7$(3∶2)	10～12 倍	+	−	−	+	+	−	碱性氧化熔剂，用于分析铬铁矿、钛铁矿等
Na_2CO_3-MgO(2∶1)	10～14 倍	+	+	+	+	+	−	碱性氧化熔剂，用于分解铁合金、铬铁矿等
Na_2CO_3-ZnO(2∶1)	8～10 倍	−	−	−	+	+	−	碱性氧化熔剂，用于测定矿石中的硫
Na_2O_2	6～8 倍	−	+	+	−	−	−	碱性氧化熔剂，用于测定矿石和铁合金中的 S、Cr、V、Mn、Si、P；辉钼矿中的 Mo 等
NaOH(KOH)	8～10 倍	−	+	+	−	−	+	碱性熔剂，用以测定锡石中的 Sn，分解硅酸盐等
KH SO_4($K_2S_2O_7$)	12～14 (8～12)倍	+	−	−	+	+	−	碱性熔剂，用以分解硅酸盐、钨矿石；熔融 Ti、Al、Fe、Cu 等的氧化物
Na_2CO_3∶粉末结晶硫黄(1∶1)	8～12 倍	−	−	−	+	+	−	碱性硫化熔剂用于从铅、铜、银等分离钼、锑、砷、锡；分解有色矿石烘烧后的产品，分离钛和钫等
硼酸酐(熔融、研细)	5～8 倍	+	−	−	−	−	−	主要用于分解硅酸盐(当测定其中的碱金属时)

①“+”可以进行熔融，“−”不能用以熔融，以免损坏坩埚。近年来采用聚四氟乙烯坩埚，代替铂器皿用于氢氟酸溶样。

附录 18 常用酸碱溶液的质量分数、相对密度和溶解度

一、盐酸

质量分数/%	相对密度	S /(g/100mLH_2O)	质量分数/%	相对密度	S /(g/100mLH_2O)
1	1.0032	1.003	22	1.1083	24.38
2	1.0082	2.006	24	1.1187	26.85
4	1.0181	4.007	26	1.1290	29.35
6	1.0279	6.167	28	1.1392	31.90
8	1.0376	8.301	30	1.1492	34.48
10	1.0474	10.47	32	1.1593	37.10
12	1.0574	12.69	34	1.1691	39.75
14	1.0675	14.95	36	1.1789	42.44
16	1.0776	17.24	38	1.1885	45.16
18	1.0878	19.58	40	1.1980	47.92
20	1.0980	21.96			

二、硫酸

质量分数/%	相对密度	S /(g/100mLH_2O)	质量分数/%	相对密度	S /(g/100mLH_2O)
1	1.0051	1.005	70	1.6105	112.7
2	1.0118	2.024	80	1.7272	138.2
3	1.0184	3.055	90	1.8144	163.3
4	1.0250	4.100	91	1.8195	165.6
5	1.0317	5.159	92	1.8240	167.8
10	1.0661	10.66	93	1.8279	170.2
15	1.1020	16.53	94	1.8312	172.1
20	1.1394	22.79	95	1.8337	174.2
25	1.1783	29.46	96	1.8355	176.2
30	1.2185	36.56	97	1.8364	178.1
40	1.3028	52.11	98	1.8361	179.9
50	1.3951	69.76	99	1.8342	181.6
60	1.4983	89.90	100	1.8305	183.1

三、发烟硫酸

游离 SO_3 质量分数/%	相对密度	S /(g/100mLH_2O)	游离 SO_3 质量分数/%	相对密度	S /(g/100mLH_2O)
10	1.800	83.46	60	2.020	92.65
20	1.920	85.30	70	2.018	94.48
30	1.957	87.14	90	1.990	98.16
50	2.00	90.81	100	1.984	100.00

四、氢氧化钠溶液

质量分数/%	相对密度	S /(g/100mLH_2O)	质量分数/%	相对密度	S /(g/100mLH_2O)
1	1.0095	1.010	26	1.2848	33.40
5	1.0538	5.269	30	1.3279	39.84
10	1.1089	11.09	35	1.3798	48.31
16	1.1751	18.80	40	1.4300	57.20
20	1.2191	24.38	50	1.5253	76.27

五、氨水

质量分数/%	相对密度	S /(g/100mLH_2O)	质量分数/%	相对密度	S /(g/100mLH_2O)
1	0.9939	9.94	16	0.9362	149.8
2	0.9895	19.97	18	0.9295	167.3
4	0.9811	39.24	20	0.9229	184.6
6	0.9730	58.38	22	0.9164	201.6
8	0.9651	77.21	24	0.9101	218.4
10	0.9575	95.75	26	0.9040	235.0
12	0.9501	114.0	28	0.8980	251.4
14	0.9430	132.0	30	0.8920	267.6

六、碳酸钠

质量分数/%	相对密度	S /(g/100mLH_2O)	质量分数/%	相对密度	S /(g/100mLH_2O)
1	1.0086	1.009	12	1.1244	13.49
2	1.0190	2.038	14	1.1463	16.05
4	1.0398	4.159	16	1.1682	13.50
6	1.0606	6.364	18	1.1905	21.33
8	1.0816	8.653	20	1.2132	24.26
10	1.1029	11.03			

参 考 文 献

[1] 北京师范大学无机教研室编．无机化学实验［M］．3版．北京：高等教育出版社，2001.

[2] 罗士平，陈若愚．基础化学实验（上）［M］．3版．北京：化学工业出版社，2005.

[3] 孙立平．基础化学实验［M］．北京：化学工业出版社，2016.

[4] 刘约权，李贵深．实验化学（上册）［M］．2版．北京：高等教育出版社，2005.

[5] 陈三平，崔斌．基础化学实验［M］．北京：科学出版社，2011.

[6] 赵滨，马林，沈建中．无机化学与化学分析实验［M］．上海：复旦大学出版社，2008.

[7] 毛海荣．无机化学实验［M］．南京：东南大学出版社，2006.

[8] 崔学桂，张晓丽．基础化学实验（I）——无机及分析化学部分［M］．北京：化学工业出版社，2003.

[9] 王兴民，李铁汉．基础化学实验［M］．北京：中国农业出版社，2006.

[10] 徐伟亮．基础化学实验［M］．北京：科学出版社，2005.

[11] 高丽华．基础化学实验［M］．北京：化学工业出版社，2004.

[12] 揭念芹，张春荣，吕苏琴．基础化学实验（1）［M］．北京：科学出版社，2000.

[13] 华中师范大学，东北师范大学，陕西师范大学，等．分析化学实验［M］．3版．北京：高等教育出版社，2015.

[14] 彭晓文，程玉红．分析化学实验［M］．北京：中国铁道出版社，2014.

[15] 武汉大学化学与分子科学学院实验中心．分析化学实验［M］．2版．武汉：武汉大学出版社，2013.

[16] 中国科学技术大学无机化学实验课程组．无机化学实验［M］．合肥：中国科学技术大学出版社，2012.

[17] 刘翠格．基础化学实验［M］．北京：化学工业出版社，2017.

[18] 何盈盈．分析化学实验［M］．北京：科学出版社，2015.

[19] 龚凡．分析化学实验［M］．哈尔滨：哈尔滨工程大学出版社，2000.

[20] 欧阳玉祝．基础化学实验［M］．北京：化学工业出版社，2012.

[21] 辛海量，吴迎春，徐燕丰，等．对萼猕猴桃根与茎的比较研究［J］．第二军医大学学报，2008，29（3）：298-303.

[22] 刘亚非．火焰原子吸收法测定全血中铁、锌、钙［J］．中国卫生检验杂志，2009，19（5）：1050-1051.

[23] 周考文，马艳玲，王飞旭．火焰原子吸收法测定人参中的微量镁［J］．生命科学仪器，2009，7（1）：35-37.

[24] 符斌．有色冶金分析手册［M］．北京：冶金工业出版社．2004.

[25] 蒋碧仙，周正．硫氰酸钾-十二烷基磺酸钠分光光度法测定矿石中钼［J］．岩矿测试，2007，26（6）：500-502.

[26] 曾昭琼．有机化学实验［M］．2版．北京：高等教育出版社，2000.

[27] 胡春．有机化学实验［M］．北京：中国医药科技出版社，2007.

[28] 吴景梅，王传虎．有机化学实验［M］．北京：北京师范大学出版社，2016.

[29] 杨道武，曾巨澜．基础化学实验（下）［M］．武汉：华中科技大学出版社出版，2009.

[30] 郭书好主编．有机化学实验［M］．3版．武汉：华中科技大学出版社，2008.

[31] 蔡会武，曲建林．有机化学实验［M］．西北工业大学出版社，2007.

[32] 杜永芳．基础化学实验（下）［M］．合肥：中国科学技术出版社，2012.

[33] 关烨第．有机化学实验［M］．北京：北京大学出版社，2002.

[34] 李霁良．微型半微型有机化学实验［M］．北京：高等教育出版社，2003.

[35] 陈大勇，肖繁花．实验化学Ⅱ［M］．北京：化学工业出版社，2000.

[36] 吉卯祉，葛正华．有机化学实验［M］．北京：科学出版社，2002.

[37] 陈同云．工科化学实验 [M]．北京：化学工业出版社，2003.
[38] 蔡炳新，陈贻文．基础化学实验 [M]．2版．北京：科学出版社，2007.
[39] 赵振波，柳翱，孙国英，等．工科基础化学实验 [M]．北京：化学工业出版社，2015.
[40] 复旦大学，等．物理化学实验 [M]．2版．北京：高等教育出版社，1993.
[41] 李红，程时．物理化学实验 [M]．武汉：华中科技大学出版社，2019.
[42] 复旦大学．物理化学实验（上册）[M]．北京：人民教育出版社，1979.
[43] 方能虎．实验化学（下册）[M]．北京：科学出版社，2005.
[44] 周伟舫．电化学测量 [M]．上海：上海科技出版社，1984.
[45] 复旦大学，等．物理化学实验 [M]．3版．北京：高等教育出版社，2004.
[46] 戴维·P·休梅尔，等．物理化学实验 [M]．俞鼎琼，廖代伟译．4版．北京：化学工业出版社，1990.
[47] 傅献彩，沈文霞，姚天扬．物理化学（下册）[M]．5版．北京：高等教育出版社，2005.
[48] 罗澄源．物理化学实验 [M]．北京：高等教育出版社，2003.
[49] 申金山，段叔德，马子川．化学实验（下册）[M]．北京：化学工业出版社，2009.
[50] 北京大学化学系物理化学教研室．物理化学实验 [M]．3版．北京：北京大学出版社，1995.
[51] 东北师范大学，等．物理化学实验 [M]．2版．北京：高等教育出版社，1990.